高职高专土建类"十二五"规划教材

房屋建筑构造

（第二版）

主　编　李春亭　刘　靓

副主编　赵桂生　高　杰　眭晓龙
　　　　杨林林

U0303178

华中科技大学出版社

中国·武汉

图书在版编目(CIP)数据

房屋建筑构造/李春亭,刘靓主编. —2版. —武汉:华中科技大学出版社,2014.8(2022.8重印)
ISBN 978-7-5680-0315-5

Ⅰ.①房… Ⅱ.①李… ②刘… Ⅲ.①建筑构造-高等学校职业教育-教材 Ⅳ.①TU22

中国版本图书馆 CIP 数据核字(2014)第 183261 号

房屋建筑构造(第二版) 李春亭 刘 靓 主编

策划编辑:简晓思
责任编辑:李 莹
封面设计:张 璐
责任校对:马燕红
责任监印:张贵君
出版发行:华中科技大学出版社(中国·武汉) 电话:(027)81321913
　　　　　武汉市东湖新技术开发区华工科技园 邮编:430223
录　排:华中科技大学惠友文印中心
印　刷:武汉邮科印务有限公司
开　本:850mm×1065mm 1/16
印　张:21.5
字　数:470千字
版　次:2022年8月第2版第8次印刷
定　价:48.00元

内 容 提 要

　　建筑构造是专门研究建筑物各组成部分的构造原理和构造方法的学科,是建筑设计中不可分割的一部分,是建筑初步设计的继续和深入。其研究目的是根据建筑物的功能、技术、经济、造型等要求,提出实用、经济、安全、美观的构造方案,作为解决建筑设计中各种技术问题及进行施工图设计的依据。

　　本书阐述了房屋建筑构造的基础知识和民用建筑的特点。全书包括以下几个方面的内容:基础和地下室,墙体构造,楼板层与地面,屋顶构造,楼梯与电梯,门窗构造,变形缝,大跨度建筑构造,民用建筑抗震构造,民用建筑工业化以及构造实录。

　　本书由 12 个章节组成,每章都以知识点、学习要求开起正文,以本章小结、思考与练习结束该章。通过对建筑构造组成、分类与等级、设计标准与统一模数制以及技术要求的学习,使读者掌握建筑的构造组成以及各个组成部分的作用及要求,了解分类方法和建筑等级的划分、设计标准的意义,掌握模数制的应用。

　　本书可作为高职高专院校土建类专业教材,也可供建筑行业相关人员参考使用。

第二版前言

本书按照房屋建筑构造的规律,从基础、墙体、楼地层、屋顶、楼梯、门窗等组成部分入手,结合建筑设计的部分内容,并以民用建筑构造实录的形式达到建筑构造与建筑设计的完整统一。本书特点如下。

(1)突出职业教育特点,坚持以"训"代练,在实践中实现职业技能的提高与培养。

(2)从我国注册建造师的实际和高自考的现状出发,理论联系实际,图标选配得当。

(3)符合认识论的规律,认识-实践-再认识-再实践,先从实例入手,增强认同感;再通过建筑构造实录达到理论与实践的统一,培养学生对规范、标准的理解和把握。

(4)为方便教学要求,章前有知识点罗列和学习要求;章后有思考和练习,并附有答案,力求给教师和学生提供必要的帮助。

本书可作为高职高专土建类专业教材,可作为工科其他专业选用教材,也可供从事相关专业的工程技术人员使用或参考。

本书编写分工如下:北京农业职业学院李春亭编写第1、2、6章;北京农业职业学院刘靓编写第4、5、12章;北京农业职业学院赵桂生编写第7、11章;北京农业职业学院高杰编写第3、10章;北京农业职业学院眭晓龙编写第9章;北京农业职业学院杨林林编写第8章。全书由李春亭统稿。

本书在编写过程中吸取了部分院校相关教材的资料,在此对相关作者深表感谢。感谢北京西飞世纪门窗幕墙工程有限责任公司为本书提供节能门窗资料。

鉴于作者水平所限,书中不免有不足之处,敬请指正。

编　者

2014 年 6 月

第一版前言

本书按照房屋建筑构造的规律,从基础、墙体、楼地层、屋顶、楼梯、门窗等组成部分入手,结合建筑设计的部分内容,并以民用建筑构造实录的形式达到建筑构造与建筑设计的完整统一。本书特点如下。

(1)突出职业教育特点,坚持以"训"代练,在实践中实现职业技能的提高与培养。

(2)从我国注册建造师的实际和高自考的现状出发,理论联系实际,图标选配得当。

(3)符合认识论的规律,认识—实践—再认识—再实践,先从实例入手,增强认同感;再通过建筑构造实录达到理论与实践的统一,培养学生对规范、标准的理解和把握。

(4)为方便教学要求,章前有知识点及学习要求;章后有思考与练习,并附有答案,力求给教师和学生提供必要的帮助。

本书可作为高职高专土建类专业教材,可作为工科其他专业选用教材,也可供从事相关专业的工程技术人员使用或参考。

本书编写分工如下:北京农业职业学院李春亭编写第1、2、6章;贵州师范大学材建学院陈燕菲编写第11章;北京农业职业学院刘靓编写第4、5、9章;北京农业职业学院赵桂生编写第8、10章;北京农业职业学院高杰编写第3、7章。北京农业职业学院睦晓龙编写第12章,北京农业职业学院刘春鸣参与了个别章节的编写。全书由李春亭统稿。

本书在编写过程中吸取了部分院校相关教材的资料,在此对相关作者深表感谢。

鉴于作者水平所限,书中不免有不足之处,敬请指正。

编 者

2010 年 5 月

目　　录

第1章 民用建筑构造概述

【知识点及学习要求】

知 识 点	学 习 要 求
1. 民用建筑构造组成	掌握民用建筑的构造组成,了解各个组成部分的作用及要求
2. 民用建筑的分类与等级	了解民用建筑的分类方法和建筑等级的划分
3. 设计标准化与统一模数制	了解设计标准化的意义,掌握模数制的应用
4. 建筑热工技术要求	了解传热方式和传热过程,熟悉建筑材料的热物理特性,掌握提高结构保温效果的途径
5. 建筑节能	了解建筑节能的有关知识,熟悉建筑节能相关措施
6. 建筑隔声	了解噪声的危害及传播,掌握围护结构的隔声措施和楼板层隔绝撞击声的措施

建筑构造是专门研究建筑物各组成部分的构造原理和构造方法的学科,是建筑设计中不可分割的一部分,是建筑初步设计的继续和深入。其研究目的是根据建筑物的功能、性质、经济、造型等要求,提出适用、经济、安全、美观的构造方案,作为解决建筑设计中各种技术问题及进行施工图设计的依据。

建筑构造原理是运用多方面技术知识,考虑影响建筑构造的各种客观因素,分析各种构、配件及其细部构造的合理性,来最大限度地满足建筑使用功能要求的理论。

建筑构造方法则是在该理论指导下,运用不同的建筑材料,有机地组合各种构配件,使构配件之间相互牢固连接的具体办法。

建筑构造具有实践性和综合性强的特点。只有不断丰富设计者的实践经验,综合运用建筑材料、建筑物理、建筑力学、建筑结构、建筑施工、建筑经济及建筑艺术等多方面的知识,才有可能提出理想的构造方案和构造措施,从而有效提高建筑物抵御自然界各种不利影响的能力,延长建筑物的使用年限。

1.1 民用建筑构造组成

1.1.1 民用建筑的构造组成及作用

一幢民用建筑,一般是由基础、墙和柱、楼板层及地坪、楼梯、屋顶以及门和窗等几部分所组成(见图 1-1)。它们在不同的部位,有着不同的作用。

基础是建筑物埋在地面以下的承重构件,其作用是承受建筑物的全部荷载,并将这些荷载传给地基。

墙和柱在建筑物基础的上部,它们都是建筑物的竖向承重物件,承受屋顶、楼层等构件传来的荷载,并将这些荷载传给基础。墙体不仅具有承重作用,同时还具有围护和分隔的作用。不同位置不同性质的墙,所起的作用不同。例如:承重外墙兼起承重与围护的作用;非承重外墙则只起分隔建筑物内外空间,抵御自然界各种因素对室内侵袭的作用;承重内墙兼起承重和分隔作用;而非承重内墙只起分隔建筑内部空间,保证室内具有舒适的环境的作用。

为了扩大建筑的使用空间,提高空间布局的灵活性及满足结构的需要,有时用柱来代替墙体作为建筑物的竖向承重构件,形成框架结构。此时,墙体只起围护和分隔作用,由柱承受屋顶、楼板层等构件传来的荷载。

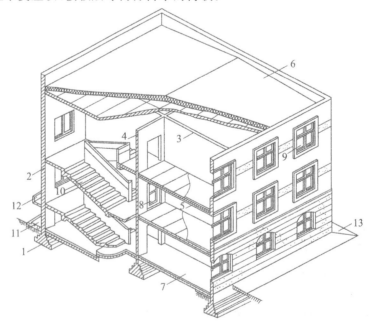

图 1-1 建筑物的基本组成

1—基础;2—外墙;3—内横墙;4—内纵墙;5—楼板;6—屋顶;

7—地坪;8—门;9—窗;10—楼梯;11—台阶;12—雨篷;13—散水

楼板层及地坪是建筑物分隔水平空间的构件。楼板层承受家具、设备、人及其自重等荷载,并将这些荷载传给墙或柱,同时楼板层支撑在墙或柱上,对它们又起着水平支撑的作用。地坪是首层房间与地基土层相接的构件,直接承受各种使用荷载的作用,并将这些荷载传给其下的地基。

楼梯是楼房建筑的垂直交通设施,供人们平时上下楼层和紧急疏散之用。

屋顶是房屋最上层的承重兼围护构件。它既要承受作用于其上的风雪、自重及检修荷载,并将这些荷载传给墙或柱,又要抵抗风吹、雨淋、日晒等各种自然因素的侵袭,起到保温隔热的作用。

门和窗开在墙上,均属非承重构件,是房屋围护结构的组成部分。门主要供人们出入交通和内外联系之用,有时兼有采光和通风的作用。窗的主要作用是采光、通风和眺望,有时也起到分隔和围护的作用。

在房屋构造组成中,基础、墙和柱、楼地层、屋顶都是承重构件,是建筑物的主要组成部分,它们组成建筑承重的骨架,即称为“结构”。墙体、屋顶还是围护构件,抵御外界气候变化的影响。楼梯、门窗是建筑物的附属组成部分,主要作用分别是疏散和采光、通风。

一幢民用建筑物中除了上述这些基本组成构件以外,还有一些为人们使用、为建筑物本身所必需的其他构件和设施,如壁橱、阳台、雨篷、烟道、垃圾道等。

1.1.2　影响建筑构造的因素

为了提高建筑物的使用质量,延长建筑物的使用寿命,更好地满足建筑物的功能要求,在进行建筑构造设计时,必须充分考虑影响建筑构造的各种因素,尽量利用有利因素,避免或减轻不利因素的影响,针对不同影响,采取相应的构造措施和构造方案。

影响建筑构造的因素很多,大致可分为以下几方面。

1. 自然气候条件

我国疆土辽阔,东西南北各地区自然气候条件相差悬殊。风吹、日晒、雨淋、霜冻这些不可抗拒的自然现象构成了影响建筑物的气候因素。如果对自然气候因素估计不足,设计不当,就会出现建筑物的构配件因热胀冷缩而开裂,出现渗漏,或因室内温度不宜影响正常工作和生活等。因此,在构造设计时必须掌握建筑物所在地区的自然气候条件及其对建筑物的影响性质和程度,对建筑物相应的构件采取必要的防范措施,如防水、防潮、隔热、保温、加设变形缝等。同时,还应充分利用自然环境的有利因素,如利用风压通风降温、利用太阳辐射改善室内热环境等。

2. 结构上的作用

能使结构产生效应(如内力、应力、应变、位移等)的各种因素,称为结构上的作用。它分为直接作用和间接作用。

直接作用是指直接作用到结构上的力,也称荷载。荷载又分为永久荷载(如结构自重)、可变荷载(如人、家具、设备、雪、风的重量)和偶然荷载(如爆炸力、撞击力等)。

间接作用是指使结构产生效应但不直接以力的形式出现的各种因素。如温度变化、材料收缩、徐变、地基沉降、地壳运动(地震),等等。

结构上作用的大小是结构设计的主要依据,决定着建筑物组成构件的选材、形状、尺度,而这些又与建筑构造设计密切相关。因此,在构造设计时,必须考虑结构上的作用这一影响因素,采取一些措施,保证建筑物的安全和正常使用。

在结构上的作用中,风力的影响不可忽视。风力一般随距离地面高度的增加而增大,特别是沿海地区,风力影响更大。它往往是高层建筑水平荷载的主要因素。此外,我国是世界上地震多发国家之一,地震区分布相当广泛。因此,在构造设计中必须高度重视地震作用的影响,根据各地震区地震活动频度和强度不同,严格按照《中国地震烈度区划图(1990)》中划定的各地区的设防烈度,对建筑物进行抗震设防,采取合理的抗震措施以增强建筑物的抗震能力。

3. 人为因素

人类在从事生产和生活的过程中,往往也会对建筑物产生影响,如机械振动、化学腐蚀、爆炸、火灾、噪声等。因此,在建筑构造设计时,必须有针对性地采取相应的措施,如隔振、防腐、防爆、防火、隔声等,减少不利的人为因素对建筑物造成的损害。

4. 物质技术条件

建筑材料、建筑结构、建筑设备及施工技术是建筑的物质技术条件,它们将建筑设计变成了建筑物。没有先进的材料、结构、设备和施工技术,很多现代摩天大楼以及各种复杂的建筑物就无法建造或者不能很好地建造。在建筑发展过程中,新材料、新结构、新设备及新的施工技术迅猛发展、不断更新,促使建筑构造更加丰富多彩,建筑构造要解决的问题随之也越来越多样化、复杂化。因此,在构造设计中,要以构造原理为理论依据,在原有的、经典的构造方法基础上,不断研究、不断创新,设计出更先进、更合理的构造方案。

5. 经济条件

建筑物的建造需要耗费巨大的人力、物力、财力,这就使建筑与经济产生了密切关系。从建筑的发展过程看,建筑功能、建筑技术和建筑艺术的发展,归根到底都是随着社会经济条件的发展而发展的。根据经济条件进行建筑构造设计是建筑设计的原则。我国目前经济还比较落后,在进行建筑构造设计时,应综合、全面地考虑经济问题,在确保建筑功能、工程质量的前提下,降低建筑造价,对节约国家投资、积累建设资金意义重大。同时,对不同等级和质量标准的建筑物,在经济问题上应区别对待,既要避免出现忽视标准、盲目追求豪华而带来的浪费,又要杜绝片面讲究节约所造成的安全隐患。

1.1.3　建筑构造设计原则

在建筑构造设计中,应遵循以下设计原则。

1. 必须满足建筑的功能要求

满足建筑的功能要求是建筑构造设计的主要依据。我国幅员辽阔,民族众多,各地自然条件、生活习惯等不尽相同。不同地域、不同类型的建筑物,往往会存在不同的功能要求;北方地区要求建筑物在冬季能保温,南方地区要求建筑物在夏季能通风隔热;住宅要有良好的居住环境,剧院要有良好的视觉和声音效果;有震动的建筑要隔震,有水侵蚀的构件要防水。随着科学技术的发展,建筑功能要求的发展是无止境的。因此,在建筑构造设计中,必须依靠科学技术知识,不断研究新问题,及时掌握和运用现代科技新成就,最大限度地满足人们越来越多、越来越高的物质功能和精神功能的要求。

2. 必须确保结构的坚固、安全

在进行建筑构造设计时,除根据荷载的大小、结构的要求确定构件的必须尺度外,在构造上还必须采取一定的措施,来保证构件的整体性和构件之间连接的可靠性。对一些配件的设计,如阳台或楼梯的栏杆,顶棚、墙面、地面的装修配件,门、窗与墙体的结合部分等,也必须在构造上采取必要的措施,以确保建筑物在使用时的安全。

3. 必须适应建筑工业化需要

建筑工业化把建筑业落后的、分散的手工业生产方式改变为先进的、集中的现代化工业生产方式,从而加快了建设速度,降低了劳动强度,提高了生产效率和施工质量。尽快实现建筑工业化,是摆在建筑工作者面前的迫切任务。因此,在建筑构造设计时,应大力推广先进技术,选用各种新型的建筑材料,采用标准设计和定型构件,为构配件的生产工厂化和现场施工的机械化创造有利条件。

4. 必须注意建筑经济的综合效益

在构造设计中,应该注意建筑物的整体经济效益。既要降低建筑的造价,节约材料消耗,又要考虑使用期间的运行、维修和管理的费用,考虑其综合的经济效益。另外,提倡节约、降低造价的同时,还必须保证工程质量,绝不可以偷工减料、粗制滥造作为追求经济效益的代价。

5. 必须注意美观

建筑物是人们的劳动产品,在满足人们社会生产和生活需要的同时,又要满足人们一定的审美要求。建筑的艺术造型既要反映时代精神,又要体现社会风貌。因此,在构造方案的处理上,还要考虑其造型、尺度、质感、色彩等艺术和美观问题。将艺术的构思与材料、结构、施工等条件巧妙地结合起来,丰富建筑艺术的表现力。

6. 必须贯彻建筑方针,执行技术政策

我们国家的建筑方针是"适用、安全、经济、美观",反映了建筑的科学性及其内在的联系,符合建筑发展的基本规律。设计时,必须将它们有机地、辩证地统一起来。

技术政策是国家在一定时期的技术政策规定。例如:鉴于我国不少地区面临黏土资源严重不足的情况,国家做出了节约耕地、限制或禁止使用黏土砖的规定。在构造设计中,就必须避免使用黏土砖,尽可能采用轻质高强的工业废渣代替黏土作为砖的原料。

1.2 民用建筑的分类与等级

1.2.1 民用建筑分类

1. 分类目的

随着社会发展和科学技术的进步,一些建筑类型正在逐渐消失,一些新的建筑类型正在产生。了解不同建筑物的使用要求和特点,是建筑物分类和分等的主要目的,总结起来可概括为:

(1)便于总结各种类型建筑物建筑设计的特殊规律,以提高设计水平;

(2)便于研究由于社会生活和科学技术的发展而提出的新的功能要求,了解建筑类型发展的前景,以保证建筑设计更加符合实际需要;

(3)便于根据不同类型的建筑特点,提出明确的任务,制定规范、定额、标准,用于指导建筑设计和建筑施工;

(4)便于分析和研究同类建筑的共性,以便进行标准设计和工业化建造体系的设计;

(5)便于掌握建筑标准,合理控制建设投资。

2. 分类方法

(1)按建筑物的用途,大致可以分为居住建筑和公共建筑两类。

居住建筑主要指供家庭和集体生活起居用的建筑物,包括各种类型的住宅、公寓和宿舍等。

公共建筑主要指供人们进行各种政治、文化、服务等社会活动用的建筑物,其中包括:

① 行政办公建筑,如政府机关、企事业单位办公楼等;

② 学校建筑,如学校教学楼,实验、实训楼等;

③ 文化科技建筑,如少年宫、文化馆、俱乐部、图书馆、科技馆、天文馆等;

④ 集会及观演性建筑,如影剧院、大会堂、音乐厅、杂技场等;

⑤ 展览性建筑,如展览馆、博物馆、美术馆等;

⑥ 体育建筑,如健身房、体育场、体育馆、游泳池等;

⑦ 商业建筑,如商场、市场、购物中心等;

⑧ 服务性建筑,如托儿所、幼儿园、敬老院、饭店、旅馆、洗浴中心等;

⑨ 医疗建筑,如医院、疗养院等。

此外,还有邮电、通信、广播、交通建筑等。

(2) 按建筑物层数分,有低层、多层、高层。

① 低层,指 1～3 层住宅。

② 多层,指 4～6 层住宅。

③ 高层,指 10 层以上住宅和建筑物总高度超过 24 m 的公共建筑。

1.2.2　民用建筑等级

1. 按重要性规定的房屋建筑等级

在建筑设计时,应根据建筑物的规模、重要程度和使用要求的不同,分为特等、甲等、乙等、丙等、丁等五个等级(见表 1-1)。

表 1-1　房屋建筑等级

建筑等级	建筑物的重要性
特等	具有重大纪念意义,具有历史性、代表性、国际性和国家级的各类建筑
甲等	高级居住建筑和公共建筑
乙等	中级居住建筑和公共建筑
丙等	一般居住建筑和公共建筑
丁等	低标准的居住建筑和公共建筑

2. 按耐久年限规定等级

(1) 一级,使用年限 100 年以上,适用于重要建筑和高层建筑。

(2) 二级,使用年限 50～100 年,适用于一般性建筑。

(3) 三级,使用年限 20～50 年,适用于次要建筑。

(4) 四级,耐久年限在 15 年以下,适用于临时性建筑。

3. 按建筑物的耐火等级

按照现行防火规范规定,除高层民用建筑的耐火等级分为一、二级两级外,其他工业与民用建筑的耐火等级分为一、二、三、四级,其构件的燃烧性能和耐火极限不应低于表1-2的规定,目前我国新建的工业与民用建筑物耐火等级以二级居多。

耐火极限——对任一建筑构件按时间-温度标准曲线进行耐火试验,从受到火的作用时起,到失去支持能力(木结构)或完全发生穿透性裂缝(钢筋混凝土结构)或背火面温度达到220 ℃(钢结构)时止的这段时间,以小时表示。

不燃烧体——用砖石、混凝土、毛石混凝土、加气混凝土、钢筋混凝土等材料制作的墙体,有保护层的金属、梁柱、楼板等。

难燃烧体——木吊顶格栅下吊钢丝网抹灰、板条抹灰、石棉水泥板、石膏板、石棉板、水泥石棉板等。

燃烧体——无保护层的木梁、木楼梯,木吊顶格栅下吊板条、纸板、纤维板、胶合板等可燃物。

表 1-2 建筑构件的燃烧性能和耐火极限/h

构 件 名 称		耐 火 等 级			
		一级	二级	三级	四级
墙	防火墙	不燃烧体 3.00	不燃烧体 3.00	不燃烧体 3.00	不燃烧体 3.00
	承重墙	不燃烧体 3.00	不燃烧体 2.50	不燃烧体 2.50	难燃烧体 0.50
	非承重墙	不燃烧体 1.00	不燃烧体 1.00	不燃烧体 0.50	燃烧体
	楼梯间的墙 电梯中的墙 住宅单元之间的墙 住宅分户墙	不燃烧体 2.00	不燃烧体 2.00	不燃烧体 1.50	难燃烧体 0.50
	疏散走道两侧的隔墙	不燃烧体 1.00	不燃烧体 1.00	不燃烧体 0.50	难燃烧体 0.25
	房间隔墙	不燃烧体 0.75	不燃烧体 0.50	难燃烧体 0.50	难燃烧体 0.25
柱		不燃烧体 3.00	不燃烧体 2.50	不燃烧体 2.00	难燃烧体 0.50
梁		不燃烧体 2.00	不燃烧体 1.50	不燃烧体 1.00	难燃烧体 0.50
楼板		不燃烧体 1.50	不燃烧体 1.00	不燃烧体 0.50	燃烧体
吊顶(包括吊顶格栅)		不燃烧体 0.25	难燃烧体 0.25	难燃烧体 0.15	燃烧体
屋顶的承重构件		不燃烧体 1.50	不燃烧体 1.00	燃烧体	燃烧体
疏散楼梯		不燃烧体 1.50	不燃烧体 1.00	不燃烧体 0.50	燃烧体

4. 按环境功能、建筑设备的配备及建筑物装修等方面确定其质量标准

所谓环境功能,是指对建筑物的保温、隔热、采暖、通风、空调、允许噪声、采光、照明等方面均能满足建筑物使用条件及对人体卫生条件的要求。

所谓建筑设备的配备标准,是指不同等级建筑物的给排水、卫生设备、厨房设备、采暖设备、空调设备、电气设备、电梯设备、煤气设备、垃圾管道等的配备,均能满足建筑物的使用要求。

所谓建筑装修标准,是指不同等级的建筑物的室内装修,包括建筑物的室内地面、顶棚以及室内外墙面装饰、门窗等所选用材料、半成品、成品的操作方法,均能体现整洁、美观的效果。

以上各项标准是作为今后设计、审查、鉴定各类居住建筑和公共建筑使用质量的依据。

1.3　设计标准化与统一模数制

1.3.1　建筑设计标准化

建筑设计标准化、系列化、通用化是建筑工业化的重要前提。众所周知,任何一项社会生产活动,要达到高质量、高速度,就必须实行机械化、工业化,而当它的生产过程走向机械化、工业化时,就必然要对设计、制造、安装和使用提出标准化、系列化和通用化的要求,否则,机械化和工业化将是不完整和无法落实的,高质量和高速度也将成为一句空话。要实现建筑工业化,就必须使建筑构配件尺寸统一且类型最少,并做到一种构件多种使用。为了达到这样的目的,就必须在建筑设计中实行标准化、系列化和通用化。

所谓标准化,就是把不同用途的建筑物,分别按照统一的建筑模数、建筑标准、设计规范、技术规定等进行设计,并经实践检验具有足够科学性的建筑物形式、平面布置、空间参数、结构方案以及建筑构件和配件的形状、尺寸等,在全国或一定地区范围内,统一定型,编制目录,并作为法定标准,在较长时间内统一重复使用,例如:目前广泛使用的各种标准设计、标准构配件等。

我国建筑设计统一化、定型化、标准化工作,经过半个世纪的努力,取得了很可观的成绩,在加快建设速度、提高工程质量、节约建筑材料、降低工程造价、推广使用先进技术、促进建筑工业化等方面,起到了很显著的作用。但总的说来,我国建筑设计标准化的程度还很低,通用性、灵活性不够,构件规格太多,管理也比较混乱,因此还远远不能适应建筑工业化的要求。为了提高建筑设计标准化的程度和扩大建筑设计标准化的范围,还必须使建筑设计标准化进一步达到系列化和通用化的要求。

所谓系列化,就是在标准化的基础上,将同类型建筑物和构配件的主要参数(包括几何参数、技术参数、工艺参数)经过技术经济比较,按一定规律排列起来,形成系列,尽可能以较少的品种和规格,满足多方面的需要,为集中专业化、大批量生产创造条件。

所谓通用化,就是对那些在各类建筑中可以互换通用的构、配件加以归类统一,如楼板与屋面板的统一、单层厂房墙板与多层厂房墙板的统一等。应逐步打破各类建筑中专用构配件的界限,研究适合于住宅、宿舍、学校、旅馆、医院、幼儿园等建筑的通用构配件,实现"一件多用",并尽可能使工业和民用建筑的构、配件也能互相通用。

建筑设计标准化、系列化、通用化的范围,应随着科学技术的发展而扩大。它不仅应包括建筑构配件,而且应包括整幢建筑物和建筑群组;不仅应包括建筑、结构、设备,而且还应包括生产工艺和施工机具等。

1.3.2 建筑统一模数制

为实现建筑设计标准化、生产工厂化、施工机械化、管理科学化,提高建筑工业化的水平,必须使各类不同的建筑物及其组成部分之间的尺寸统一协调。为此,我国颁布了《建筑模数协调标准》(GB/T 50002—2013)。

1. 建筑模数制

建筑模数即建筑设计中选定的标准尺寸单位,是建筑物、建筑构配件、建筑制品及有关设备等尺寸相互间协调的基础。我国规定以 100 mm 作为协调建筑尺度的基本单位,称为基本模数,以 M 表示。

模数尺寸中凡为基本模数的整数倍叫做扩大模数,如 300 mm、600 mm、1500 mm、3000 mm 和 6000 mm,以 3 M、6 M、15 M、30 M 和 60 M 表示。

模数尺寸中凡为基本模数的分数倍的叫做分模数,如 10 mm、20 mm 和 50 mm,以 M/10、M/5 和 M/2 表示。

基本模数、扩大模数和分模数构成一个完整的模数数列(见表 1-3)。

1 M、3 M 和 6 M 模数数列及其幅度主要用于建筑构件截面、建筑制品、门窗洞口、建筑构配件及建筑物跨度(进深)、柱距(开间)及层高尺寸。

1/10 M 、1/5 M 和 1/2 M 模数数列及其幅度主要用于缝隙、构造节点、建筑物构配件截面及建筑制品的尺寸。

15 M、30 M、60 M 模数数列及其幅度主要用于建筑物跨度(进深)、柱距(开间)、层高及建筑构件的尺寸。

由于目前许多地区仍采用砖砌体,也考虑到有一些地区曾采用过 2 M,允许暂时在住宅、宿舍、中小学教学楼等建筑中采用 2600 mm、2800 mm、3400 mm 的开间,在食堂和仓库等建筑中采用 4000 mm 的开间,在层高中允许按 100 mm 尺寸进级。

建筑模数理论和建筑模数制度,是根据建筑标准化和工业化的要求而产生的,因此它也将随着建筑标准化和工业化程度的发展而发展。例如:随着建筑物构配件向大型、轻质、高强方面发展,就有可能要修改基本模数值和模数级差,这样就必然会创立新的模数理论和模数制度。

表 1-3　模数数列

模数名称	分　模　数			基本模数	扩　大　模　数				
模数代号	M/10	M/5	M/2	1 M	3 M	6 M	15 M	30 M	60 M
尺寸/mm	10	20	50	100	300	600	1500	3000	6000
模数数列及幅度	10	20	50	100	300	600	1500	3000	6000
	20	40	100	200	600	1200	3000	6000	12000
	30	60	150	300	900	1800	4500	9000	18000
	40	80	200	400	1200	2400	6000	12000	24000
	50	100	250	500	1500	3000	7500	15000	30000
	60	120	300	600	1800	3600		18000	36000
	70	140	350	700	2100	4200		21000	
	80	160	400	800	2400	4800		24000	
	90	180	450	900	2700	5400		27000	
	100	200	500	1000	3000	6000		30000	
	110	220	550	1100	3300	6600		33000	
	120	240	600	1200	3600	7200		36000	
	130	260	650	1300	3900	7800			
	140	280	700	1400	4200	8400			
	150	300	750	1500	4500	9000			
		320	800		4800	10500			
		340			5100	12000			
		360			5400				
		380			5700				
		400			6000				

2. 模数尺寸与定位轴线

（1）建筑设计中各种尺寸的关系。

由于建筑物构配件在制造时有加工的误差,在安装时又有位置的误差,因此在实际上就产生了三种尺寸,即标志尺寸、构造尺寸、实际尺寸。

标志尺寸也称虚尺寸或基本计算尺寸。如跨度、间距、层高构件界限之间的距离以及参数等一般都是由标志尺寸表示的。标志尺寸应符合模数数列的规定,不考虑构件的接缝大小以及制造、安装时所引起的误差,这种尺寸可作为选择建筑、结构方案的依据。

构造尺寸又称生产尺寸,是建筑构配件、建筑制品等生产用的设计尺寸,是设计构件或绘制施工详图时所用的尺寸,构造尺寸也应符合模数数列的规定。构造尺寸与标志尺寸不同的地方在于:构造尺寸应考虑构件之间由于连接而应减去（或加上）

灰缝或其他空隙的尺寸,即构造尺寸加(减)缝隙大小等于标志尺寸,如图 1-2 所示。

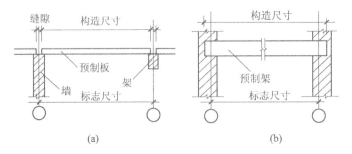

图 1-2 构造尺寸与标志尺寸间的关系

(a)构件标志尺寸大于构造尺寸;(b)构件标志尺寸小于构造尺寸

实际尺寸也称竣工尺寸,是指建筑物、建筑制品与构配件竣工后或成品的实有尺寸。实际尺寸与构造尺寸间的差数应由一定的公偏差数值加以限制。

综上所述可知:标志尺寸是确定方案时所需的,不考虑构造细部及误差;构造尺寸是构配件相互连接的尺寸,可作为施工的依据;实际尺寸是施工以后,在允许误差范围内的尺寸。因此,在施工图设计阶段以前,一般应采用标志尺寸,施工详图上一般采用构造尺寸。

(2)定位轴线的划分。

在建筑设计或结构布置时,为了统一围护结构和主要承重结构的规格(如梁的跨度等),简化构造方案和便于确定其位置,规定了"定位轴线"。

定位轴线像坐标一样,它既是设计图纸中确定房屋各组成构件位置的主要方法,也是施工中定位放线的重要依据。

定位轴线布置的一般原则主要有以下几点。

① 处理定位轴线时,要有利于标准构件的选用、构造节点的简化和施工方便。

② 凡承重墙或自承重墙、柱子、大梁或屋架等主要承重构件的位置,都应画上轴线,并编上轴线号。横向定位轴线,通常用以自左向右顺序编定①、②、③……来表示;纵向定位轴线,通常用以自下而上顺序编写 A、B、C……来表示。非承重的隔断墙及其他次要的承重构件,一般不编轴线号,凡需确定位置的建筑局部构件,都应注明它们与附近轴线的尺寸关系,定位轴线之间的尺寸要和构件的标志尺寸一致,且符合建筑模数的要求。

③ 定位轴线的具体位置,总是沿着屋面板的接缝处、屋架的端部外侧设置,或与屋架的侧面中心线重合,对于通过墙、柱的轴线位置,需视结构、荷载、构件搭接关系等情况而定。一般地说,在横向是与墙、柱中心线重合,在纵向则由墙内缘或柱外缘通过。

在实际工作中,划分定位轴线可参阅《建筑模数协调标准》(GB/T 50002—2013)和《厂房建筑模数协调标准》(GB/T 50006—2010)等有关规定。关于工业厂房的定位轴线的划分,本书不再讨论。

1.4　建筑热工技术要求

在我国北方地区,冬季室内外温差可达 40 多摄氏度,需要建筑物具有足够的保温能力;而在南方地区,夏季气温高,雨量多,室内常处于闷热状态,又需要建筑物采取隔热降温等措施。因此,合理设计建筑物的保温与隔热构造,是建筑构造设计的重要内容,对创造良好的生产和生活环境,提高建筑物使用质量和耐久性,节约能源,减少采暖空调设备的投资和日常使用时的维修费用等都有着重大的意义。建筑热工技术是解决建筑物保温隔热之关键。本节将简要介绍一些建筑热工方面的基本知识及提高建筑物保温隔热性能的基本途径,为后续有关章节的学习打下一定的理论基础。

1.4.1　传热方式与传热过程

当物体之间或物体各部位之间存在温度差时,热量将从高温处向低温处转移,这种热的转移现象叫做传热。传热的基本方式有三种,即导热、对流和辐射。

导热(或叫热传导)是指物体内部或相接触的物体之间高温处分子向低温处分子连续不断地传送热能的传热方式。密实的固体建筑材料的传热就是按照导热的规律进行的。

对流是指依靠流体(如空气、水)的流动而传递热能的传热方式。与导热不同的是,液体或气体的质点发生了相对移动从而引起了热能的传递。

当温度较高的物质的分子强烈振动时,释放出来的波称为辐射波,由辐射波传递热能的方式叫做辐射传热。其与前两种传热现象的本质区别是:在传播过程中,不仅有能量的转移,而且还有能量的转化,即由热能转化为辐射能,再由辐射能转化为热能。

当房屋由采暖设备提供热能时,其所发散的热能将使室内空气产生热对流。同时,热源通过热辐射作用,使室内墙体、顶棚等围护构件温度升高。于是出现了围护构件内外的温度差,致使热能由围护构件内表面以热传导的方式向围护构件的外表面传递。所以,在围护结构的传热过程中,以上三种传热方式,会以两种或三种方式同时出现。

热量通过围护结构由一侧至另一侧的传热需经三个过程,即吸热、传热和放热(见图 1-3)。

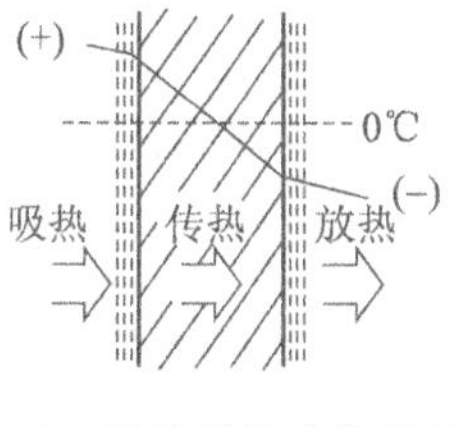

吸热是指外围护结构的内表面从室内高温一侧的空气中吸取热量的过程。这个过程的传热方式包括围护结构表面空气层与结构表面之间的对流和结构表面与周围物体表面的辐射传热。

传热是指热量在围护结构内、外表面之间的材料层

图 1-3　围护结构的传热过程

中,由高温一侧向低温一侧传递热量的过程。这个过程的传热方式与结构本身的材料结构有关。对空气层一般以辐射传热为主,对实体材料层则以导热为主。

放热则是指热量由围护结构外表面向室外周围低温空间传递的过程,这个过程的传热方式与吸热过程相似,也包括围护结构表面与结构表面空气层之间的对流传热和围护结构表面向外界辐射传热两部分。

可见,每一种传热过程都是三种基本传热方式的复合。

1.4.2 建筑材料主要的热物理特性

建筑物结构保温或隔热性能的好坏,主要与建筑材料本身的热物理特性密切相关。处理好建筑围护结构的保温和隔热构造,必须以建筑材料的主要热物理特性为依据。

1. 材料的导热系数(λ)

传热有稳定传热和不稳定传热两种。如果围护结构的传热温度差常保持一恒定值,即不随时间有所变化,则此时的传热状况称为稳定传热;反之,若温度差不能保持一恒定值,而随着时间变动,则此时的传热状况称为不稳定传热。

导热系数是建筑材料在稳定传热条件下的一个主要的热物理特性指标,它表示材料传递热量的能力。其物理意义是:在稳定传热条件下,1 m 厚的材料,两侧表面温差为 1 ℃,1 h 内通过 1 m^2 面积传递的热量,单位是 W/(m^2·K)。建筑材料的导热系数越小,其保温性能就越好。在建筑热工设计中,一般把 λ 值小于 0.29 W/(m^2·K)的材料称为保温材料。例如:蛭石、矿棉、泡沫混凝土、泡沫塑料及容重小的炉渣、稻草及其制品等。

影响材料导热系数的因素很多,其中主要是材料的容重和湿度。

(1) 材料的容重。

容重大的材料,一般 λ 值亦大。因此,容重大、密度大的材料容易导热。对于容重轻的多孔材料,孔隙很小时,由于空气不易对流,λ 值就很小;孔隙大时,容易形成空气对流,λ 值就会增加。所以,最好的保温材料是多孔性轻质材料。

(2) 材料的湿度。

湿度越大,λ 值亦越大,反之越小。这是因为水的 λ 值是孔隙中空气 λ 值的 20倍,如果水再结冰,冰的 λ 值又是水的 λ 值的 4 倍。所以,在进行建筑设计和施工时,保证结构干燥,并具有一定温度,以防止凝结水的产生是至关重要的。

不流动或静置状态的空气介质,其导热系数极小。在建筑构造设计时,往往将空气介质的这一特性应用在保温构造中。

2. 材料的蓄热系数(S)

建筑物遇到的热现象,是具有一定的周期性波动的。例如:室外空气温度在一天中就有很大的周期性波动。材料的蓄热系数是指在周期性热作用下,材料表面温度波动 1 ℃时,在单位时间内、单位面积上所吸收或散出的热量,以 S 表示。导热性大的建筑材料,其蓄热性也大。可以将蓄热系数理解为材料表面抵抗温度波动能力的指标。材料的蓄热系数越大,表面温度波动越小。所以,建筑构造设计时,最好选择蓄热系数大的材料作为外围护结构,这样可减小当热流产生周期性波动时,围护结构内表面及室内空气温度的波动。钢筋混凝土的蓄热系数较大,具有较好的蓄热性能。

3. 材料的热阻(R)

热量通过围护构件从温度高的一侧向温度低的一侧传递的过程中,会遇到各种阻力,这种阻力称为热阻。如前所述,热量在传递时有三个过程,即吸热、传热、散热过程。在内表面吸热过程中遇到的阻力称为内表面换热阻,又称感热阻,以 R_i 表示;在围护结构内部所遇到的阻力称为材料的热阻,以 R 表示;在外表面散热过程中所遇到的阻力称为外表面换热阻,又称散热阻,以 R_e 表示。因此,围护结构的传热阻,以 R_0 表示时,R_0 可表示为

$$R_0 = R_i + R + R_e$$

在稳定传热条件下,R_0 越大,则通过围护结构传出的热量就越少,也就说明该围护结构的保温性能很好。反之,R_0 越小,热损失就越多,保温性能亦越差。围护结构材料层的热阻(R)与围护结构材料的组成方式有关。当整个围护结构是由一种实体材料组成的单一材料层时,热阻(R)与材料的厚度(δ)成正比,与材料的导热系数(λ)成反比,即 $R = \delta/\lambda$。围护结构是由两种以上材料组成的复合材料层时,当各层均为匀质实体材料时,其热阻(R)为各层材料的热阻之和,即 $R = R_1 + R_2 + \cdots + R_n$。

4. 材料的空气渗透

当围护结构两侧的空气压力不同时,空气便会通过围护结构上的孔隙,从高压一侧渗透到低压一侧,这种空气的流动现象,便是材料的空气渗透。

绝大多数建筑材料都具有不同程度的孔隙,也就都具有空气渗透性。空气渗透对密闭的房间可起到换气作用。但在冬季,热空气通过空气渗透由室内流向室外,会造成热量损失。同时,风压又会使冷空气向室内渗透,也会造成室内温度降低,所以,空气渗透对建筑保温不利。

5. 材料的蒸汽渗透

空气中的大气压力是由蒸汽分压力和空气中其他成分的分压力组成的。蒸汽分压力越大,说明空气中的含汽量越多。当建筑物围护结构两侧出现蒸汽分压力差时,则水蒸气分子便从压力高的一侧通过围护结构向分压力低的一侧渗透扩散,这种现象叫蒸汽渗透。

当水蒸气在通过围护结构的渗透过程中遇到露点温度,并且蒸汽含量也达到饱

和时,便立即凝结成水,称为凝结水,又称结露。如果凝结发生在围护结构的表面,则称表面凝结;如果发生在围护结构内部,则称内部凝结水。蒸汽渗透对围护结构有着十分重大的影响。表面凝结会使室内表面装修材料发霉变质,从而受到破坏,严重时会影响人体健康;而内部凝结则会使保温材料的空隙中充水,导热系数增大,从而降低保温作用,影响保温材料的使用寿命。

1.4.3 提高围护结构保温效果的途径

建筑中的保温和采暖是一个问题的两个方面。前者是在建筑构造上采取措施,以防止热量的流失;后者是在房屋中增设采暖设备,以补充室内流失的热量。由于室内外的温差,室内热量通过对流、传导、辐射等方式,经过围护结构向室外散失。为了保持室内一定温度水平,就必须向室内不断地提供热源来补充散失的热量。热损失越大,燃料的消耗也就越多。所以,为了节能,就必须对围护结构采取相应的保温措施。根据前述热工基础知识,为达到保温目的,建筑构造设计时,应考虑以下几个因素。

1. 提高围护结构的热阻

围护结构应有必要的热阻,才能保证室内热量不致很快损失。从单一材料热阻的公式($R=\delta/\lambda$)中可知,由单一材料组成的围护结构,可以通过增加结构层厚度来增加围护结构的热阻。但厚度的增加,势必增加围护结构的自重,使结构和基础承受的荷载增大,同时也增加了建筑材料的消耗。所以,增加围护结构的厚度以增加热阻是一种不经济的做法。比较有效的措施是选用导热系数小的保温材料来组成围护结构。如以加气混凝土、膨胀陶粒等为骨料的轻混凝土以及岩棉、玻璃棉和泡沫塑料等保温材料,都可以提高围护结构的热阻。但是,由于由这些材料组成的单一材料的围护构件在强度、耐久性、耐火性等方面的性能较差,因此,在实际工程中常采用复合墙,即用导热系数小的轻质材料起保温作用,用强度高的材料负责承重,让不同性质的材料各自发挥其功能,如图 1-4 所示。复合材料的保温结构中,较为理想的是将保温材料设置在靠围护结构低温一侧(一般指室外一侧),这样既可发挥保温层的保温效果,又可利用围护结构材料的热容量大、蓄热系数大、表面温度波动小的特点。当室内外温差较大时,保证围护结构内表面温度及室内温度不致急剧下降,对房间热稳定性有利。同时,保温层设在外侧,还可使墙或屋顶等结构构件不受温差影响,延长了结构的使用寿命。而且保温层设在低温一侧,也是预防保温材料内

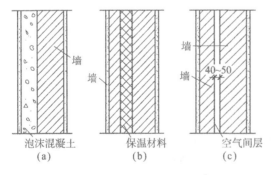

图 1-4 复合材料的保温结构

(a)保温层在外(低温)侧;

(b)保温层在中间;(c)夹空气间层

部形成蒸汽凝结的有效措施。但是,保温材料的防水和耐久性差,为免遭室外环境的损伤,必须加强保护措施,增设防水饰面。另外,对一些要求室温在短时间内很快上升到所需标准的影剧院、体育馆等临时性供热房间,其保温层还是设在内侧更有利。

2. 防止蒸汽渗透

为防止因蒸汽渗透出现的凝结水,建筑构造设计中,必须重视围护结构的蒸汽渗透现象。最理想的状况是不会出现表面凝结水或内部凝结水。

如前所述,产生表面凝结水的原因是由于室内蒸汽分压力过大,即空气湿度过大或结构内表面温度过低,使蒸汽达到露点。为避免产生表面凝结水,对于空气湿度正常的房间,可采用增大围护结构厚度或在内表面一侧采用导热系数小或蓄热系数大的材料,来提高内表面温度;对空气湿度大的房间,只能采取不透水的材料做表面防水隔汽层,以免水分渗入结构内部;对间歇使用的房间,如影剧院、体育馆、会场等,可采用多孔性材料做内饰面,当水蒸气凝结时,多孔材料可吸收水分,当凝结条件消失时,水分又被放出,自动调节表面湿度。

为防止内部凝结水,最常用的措施是在保温层靠高温一侧,即蒸汽渗入的一侧,设一道隔蒸汽层,如图 1-5 所示,这样可以使水蒸气流在抵达低温表面之前,其水蒸气分压力已急剧下降,从而避免内部凝结水的产生。隔蒸汽层的材料一般用沥青、卷材、隔汽涂料等防水材料。

3. 防止空气渗透

为了达到保温的目的,建筑构造设计中,应尽量减少围护结构本身的空气渗透,减少冷空气通过门、窗缝隙和各种构件的缝隙渗透入室内,降低室内温度,对保温不利。如对于围护结构,应尽量采用大型块材或板材,而且嵌缝要密实。若为砖砌墙时,则砂浆应饱满。对于门窗的制作和安装,需采取密实措施。比如在窗框处设回风槽(减压槽),在接缝处加盖缝条、防风条等,防止窗缝透风(见图 1-6)。

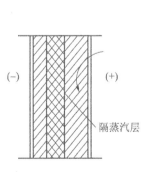

图 1-5　隔蒸汽措施

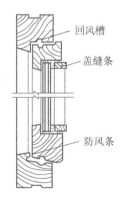

图 1-6　防止窗缝透风措施

4. 设置夹层保温结构

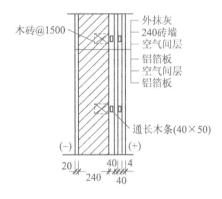

图 1-7 铝箔组合板保温构造

在复合保温结构中,当保温层外置,需要保护层时,如果保护层采用半砖墙或其他板材结构来处理,整个结构便成了夹层保温结构。夹层保温结构的夹心层,既可以是轻质保温材料,也可是夹空气间层[见图 1-4(c)]。当夹心层为空气层时,一般空气间层的厚度为 50 mm 左右,更薄则施工困难,更厚则增大空气对流传热。为了避免空气层中空气对流,一般每隔 5~7 皮砖用顶砖横向封闭。这样,对内外薄墙也可起到结构联系作用。另外,为了提高空气层的保温能力,可利用强反射材料粘在构件的内表面(或铺钉铝箔组合板),可将散失出去的热量反射回来,从而提高保温效果(见图 1-7)。

5. 外墙异常部位的保温措施

在外墙结构中,外墙的转角部分,以及钢筋混凝土柱、圈梁、构造柱等与围护结构联结部位,是外墙保温的薄弱环节。设计中,必须加强这些地方的保温措施(对于其他部位的保温措施见有关章节)。

(1)外墙交角处的保温。

在北方地区的严寒季节,某些外墙的表面包括外墙转角、内外墙交角、楼板及屋顶与外墙的交角等处,往往比墙的整体部分早结霜。这是因为主体部分的感热面(内表面)与其所对应的散热面(外表面)的面积一样,而在转角处,散热面比感热面大(见图 1-8)。而且在交角处空气不易流动,感受室内的热量比平直段少,从而导致内表面温度比主体平直表面温度低,形成了早结霜现象。为了改善外墙角的热工状况,设计中应采取局部保温措施,如在外墙角尽可能布置采暖系统的主管,或在交角处附加保温层,如在普通砖墙转角内侧用保温砂浆砌附加层。

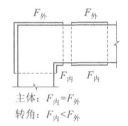

图 1-8 外墙转角传热异常处

(2)"冷桥"的保温。

由于结构上的需要,外墙中常有嵌入构件,如砖墙中的钢筋混凝土梁、柱等。这些部分由于钢筋混凝土的导热系数比砖砌体大,热量容易从这些地方传递出去,通常把这些部位叫做围护结构中的"冷桥"(见图 1-9)。由于"冷桥"部分热阻比主体部分小,散热多,所以内表面温度就低。为防止"冷桥"部位产生表面凝结水,应采取局部保温措施。如将外墙中钢筋混凝土过梁的截面做成 L 形,并在外侧附加保温材料

[见图 1-10(a)];对框架结构中的柱子,当柱的外表面与外墙齐平或突出时,也需要在柱外侧进行保温处理[见图 1-10(b)]。

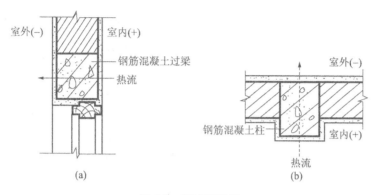

图 1-9 "冷桥"示意

(a)过梁"冷桥";(b)柱"冷桥"

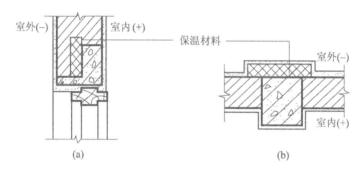

图 1-10 "冷桥"局部保温处理

（a）过梁墙内保温;（b）柱外保温

1.4.4 建筑防热途径

为减轻和消除室内过热现象,可采取设备降温,如设置空调机制冷等,但费用较大。对一般建筑,主要依靠建筑构造措施改善室内的温湿状况。建筑防热的基本途径,可简要概括为以下几个方面。

1. 降低室外综合温度

室外综合温度是考虑太阳辐射和室外气温综合作用于外围护结构的一个假想的温度。室外综合温度的高低,关系到通过外围护结构向室内传热的多少。在建筑设计中,降低室外综合温度的方法首先是采取合理的总体布置,选择良好的建筑朝向,尽可能争取有利于通风的条件,防止日晒;绿化周围环境,减少太阳辐射和地面反射作用。其次是采用浅色且平滑的外表面减少围护结构对太阳辐射的吸收;在屋顶采取隔热措施,如采取种植、淋水、蓄水等屋面来降低屋顶温度;在西墙、屋顶及窗洞口

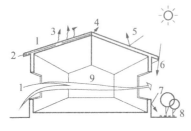

图 1-11 综合防热措施示意

1—通风；2—隔热；3—蒸发；
4—屋顶通风；5—屋面反射；6—遮阳；
7—墙面反射；8—绿化；9—穿堂风

处采取遮阳措施来避免太阳光的直射（见图 1-11）。

2. 提高外围护结构的隔热和散热性能

要使外围护结构在太阳辐射强时隔绝热量传入室内，在太阳辐射减弱和室外气温低于室内气温时能迅速散热，就要合理选择外围护结构的材料和结构形式。增设有较大热阻值和较小导热系数的材料，以利于隔热降温。

带有通风间层的屋顶既能隔热也有利于散热。白天，从室外传入间层的热量，由于空气对流换热，而减少了传入室内的热量；夜晚，当室外气温较低时，室内传出的热量又可迅速通过间层通风而被带走。在我国南方地区，带通风间层的外围护结构较为普遍。图 1-12 是双层瓦和大阶砖通风间层屋顶。

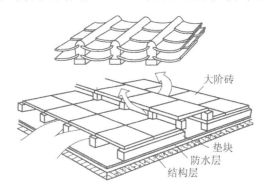

图 1-12 双层瓦和大阶砖通风屋面

3. 加强房间的自然通风

加强房间的自然通风也是提高房间散热能力的主要途径。在湿热地区，自然通风对降低室内气温和改善室内温、湿度具有重要的作用。

1.5 建筑节能与隔声

1.5.1 建筑节能

1. 建筑节能实施概况

建筑节能，就是减少使用石油、天然气等不可再生资源，转而利用太阳能、风能等可再生资源，通过科学合理的建筑节能措施，使建筑实现可持续发展。

　　20 世纪 70 年代,世界性石油危机后,许多发达国家意识到建筑节能的重要性,相继制定并实施了节能的专门法律,对建筑节能作了明确的规定,并采取了一系列的经济鼓励措施,取得了良好的效果。新建建筑在舒适性不断提高的同时,单位面积能耗不断减少。此外,一些发达国家还对既有建筑展开了大规模、高标准的节能改造。因此,尽管建筑总量继续增加,舒适性不断改善,而建筑总能耗却很少增长,甚至还有所减少,从而缓解了国家的能源需求,避免了能源危机的再度冲击。目前,面对新的能源危机与世界能源格局的变化,建筑节能已成为世界节能浪潮的主流之一。

　　近几年,我国政府也开始重视建筑节能问题。节约能源,已被中央确定为一项重要方针,成为我国可持续发展能源战略的一个重要基本点,并开始进入具体的调试阶段,酝酿出台了一系列建筑节能鼓励政策,建筑节能规范正在提高。

　　我国的建筑节能以 1986 年颁布《北方地区居住建筑节能设计标准》为启动标志。经过二十多年的努力,建筑节能工作已取得一定效果,截至目前,已初步建立起以节能 50％为目标的建筑节能设计标准体系;初步形成了以《民用建筑节能管理规定》(建设部令第 143 号)为主体的法规体系;初步形成了建筑节能的技术支撑体系。国家建设部还颁布了《关于新建居住建筑严格执行节能设计标准的通知》(建科[2005]55 号),要求城市新建建筑均应严格执行建筑节能设计标准的有关强制性规定,违规单位或个人将受到处罚。《通知》还提出,有条件的大城市和严寒、寒冷地区可率先按照节能率 65％的地方标准执行。针对建设部的要求,许多地方及时出台了自己的节能标准。2005 年 7 月 1 日,由建设部组织编制、审查、批准,并与国家质量技术监督检验检疫总局联合发布的《公共建筑节能设计标准》(GB 50189—2005)正式实施。这是我国批准发布的第一部有关公共建筑节能设计的综合性国家标准。《标准》的发布实施,标志着我国建筑节能工作在民用建筑领域全面开展,是建筑行业大力发展节能省地型住宅和公共建筑,制定并强制推行更加严格的节能节材节水标准的一项重大举措。

　　我国建筑节能的目标是,到 2020 年,全社会建筑的总能耗能够达到节能 65％。

2. 建筑节能意义重大

　　能源是发展国民经济的重要物质基础,是国民经济长期健康发展的重要保障。世界能源危机加剧,给我们敲响了能源供应的警钟。我国是一个发展中国家,能源资源相对贫乏,而目前平均产值能耗比世界平均水平高两倍多,已成为世界上产值能耗最高的国家之一。不仅如此,能源利用率也很低,比发达国家约低 20％,这就造成了很大的社会能源浪费。

　　目前,我国正处于工业化和城镇化快速发展阶段,对能源、经济资源的需求更加迫切。但是,随着能源的紧张、价格的上涨,许多行业都会受到不同程度的影响,必将导致消费和投资减少,进而影响国民经济增长。能源问题已直接影响到人民的生活,成为我国国民经济中的一个突出问题。

建筑业是国民经济的支柱产业，在重视建造房屋积累物质财富的同时，还应该看到，房屋在使用期间内，需要不断消耗大量的能源，用于采暖、空调、通风、热水供应、照明、炊事、家用电器等方面。统计数据表明，我国建筑能耗的总量逐年上升，在能源消费总量中所占的比例已从 20 世纪 70 年代末的 10%，上升到近年的 27.8%；在采暖和空调上的能耗占建筑总能耗的 55%。目前，每年建成的房屋中 97% 以上是高能耗建筑，单位建筑面积采暖能耗是发达国家标准的 3 倍以上。因此，如果不注重建筑节能设计，浪费能源的房屋建得越多，将越发加剧能源危机。由此，我们看到了节能事业的迫切性以及巨大的节能空间，建筑节能意义重大。

3. 建筑节能措施

我国建筑节能潜力非常大，对于缓解我国能源状况将起到举足轻重的作用。实现建筑节能，就要在建筑物的设计、施工、安装和使用过程中，按照有关建筑节能的国家、行业和地方标准，对建筑围护结构采取隔热保温措施，选用节能型用能系统、可再生能源利用系统及其维护保养等活动。在建筑设计中，节能措施主要有以下几个方面。

（1）重视建筑朝向的选择。

建筑物的场地宜选在避风和向阳的地段，以便利用太阳能这个取之不尽、用之不竭且无污染的可再生能源。如南北朝向比东西朝向耗能少，主朝向面积大，有利节能。

（2）采用有利于节能的平面形状和体形。

在同体积的情况下，建筑外围护结构的面积越大，采暖、制冷的负荷就越大。因此，为了节能，平、立面的凸凹不宜过多，相同体积尽量取最小的外表面积，从而减少热量的散失。

（3）改善围护构件的保温隔热性能。

在建筑构造设计中，采用各种有效保温隔热途径，对建筑围护结构采取保温隔热措施。

（4）改进门和窗的设计，控制窗墙面积比。

窗墙比既是影响建筑耗能的重要因素，也是影响建筑日照、采光、自然通风等满足室内环境诸因素的重要因素。不同朝向的开窗面积，对上述因素影响不同。一般南向窗墙比应控制在 50% 内，东南向应控制在 35% 内，其他朝向控制在 30% 内。此外，还要改进门窗构造，防止门窗缝隙的能量损失等。

（5）重视日照调节与自然通风。

夏季应确保采光和通风，防止太阳辐射热；冬季则尽量使太阳辐射热进入室内，提高室内温度。加强房间的自然通风，充分利用自然界有利因素。

（6）推广节能建筑。

目前，我国节能建筑已有多种类型，如对现有建筑增加保温隔热措施的“保温化”

建筑、生土建筑、窑洞建筑、"四合院"建筑以及正在发展中的太阳能建筑、掩土建筑和生态建筑等。

达到节能60%标准的建筑造价并不高。节能建筑的成本只是在原来建筑的造价基础上再增加5~7个百分点,而且增加的造价预计在5~8年的时间内就可以收回。节能建筑给人们提供完全不一样的室内环境,对外部环境的影响也有很大不同。

另外,实施好建筑节能措施,还要加大建筑节能知识、政策法规等方面的宣传教育,培养公民良好的节能意识,进一步推进建筑节能技术的发展和节能政策的实施,深入节能技术的基础研究,通过国家相关政策提高社会各界节约能源的积极性,加大旧房改造的节能措施。

1.5.2　建筑隔声

1. 噪声的危害及传播

噪声一般是指一切对人们生活、工作、学习和生产有妨碍的声音。强烈的噪声对人们的健康和工作有很大的影响。轻则影响人们的休息、学习和工作,降低劳动生产效率;重则引起人们听力的损害,引起多种疫病和事故的发生;特别强烈的噪声还能损坏建筑物。总之,噪声是一个很严重的现实问题。解决噪声问题,消除或减少噪声源,是非常有效的办法。但如果把全部问题只寄托在消除或减少噪声源上,那也是不全面的,因为有许多声音是不可避免的。因此,建筑设计中,对噪声进行控制,是非常重要的。

噪声的传播一般有三种方式:一种是借助空气,直接在空气中传递,称为直接传声,如露天中声音的传播或室内声音通过围护构件中的缝隙传至另一空间,均属直接传声;另一种是由于声音在传播过程中,声波振动经空气,遇到围护结构构件时,引起构件的强迫振动,再将声波向其他空间辐射声能,这种声音的传递称为振动传声;此外,当直接打击或冲撞结构构件时,在构件中激起振动而产生的声音叫撞击声或固体声,这种声音主要沿着结构传递,是由固体载声、传声的,如关门时产生的撞击声、在楼板上行走的脚步声或装置在楼板上的机器的振动声等。前两种声音是在空气中发出并借助空气传播的,统称为空气传声;后一种是通过围护结构,即固体本身的撞击或机械运动所引起的声音,并借助固体传递的,称为固体传声。

2. 建筑围护结构的隔声措施

围护结构的隔声设计,目的就在于将通过围护结构将透入室内的噪声限制在一个不影响人们正常工作、学习、休息的范围内。虽然各种声音最后都是以空气传声而传入人耳的,但是由于它在建筑中的传播途径不同,所采取的隔声措施也就不同。

(1) 对空气传声的隔绝。

从声波激发起构件振动的原理来看,构件本身越轻,越容易引起振动;越重,越不易引起振动。又根据质量定律,构件材料的容重越大越密实,其隔声量也就越高。因此,在设计隔声的围护构件时,应尽量选用容重大的材料或增加构件的重量。但对一些隔声要求较高的房间,要想提高围护结构的隔声量,如果只靠加大构件的厚度和重量的办法,在建筑上和用料上都是不合理的。例如:要达到隔声量为 60 dB,就需要 1 m厚的砖墙。

带空气层的双层围护构件,其声音的传递是由声源激起一边材料层的振动,再传到空气层,最后再激起另一边材料层的振动。由于空气层的减振作用,声音传至另一层墙体时振动已很微弱,从而大大提高了围护构件的隔声效果。但是,应注意尽量避免和减少双层围护构件中出现"声桥"。"声桥"是指空气间层之间出现的实体连接。它可以起到传声的媒介作用,对隔声效果有较大影响。

为了提高轻型墙体的隔声效果,可采用增加空气层的厚度或在其中填充吸声材料,还可采用多层组合构件,即利用声波在不同介质分界面上产生反射、吸收的原理来达到隔声的目的。这样既可减轻构件的重量,同时又提高了构件的隔声效果。

此外,围护结构中的门窗也是隔绝空气传声的重要环节。为了提高门的隔声效果,门扇可做成双层或多层结构,并在中间填塞吸声材料。门缝处理要严密,以避免造成漏声,如门框与墙的缝隙用麻刀、矿棉毡等材料填塞。利用门厅、走廊、前室等作为"声闸",也可以提高隔声效果。对于窗,从隔声角度考虑,房间应少开窗或开小窗,玻璃须厚些,玻璃与窗框要贴紧,压缝要严密。隔声要求高时,可采用双层或三层玻璃窗。

(2) 对撞击声的隔绝。

厚而坚硬的混凝土楼板可以有效地隔绝空气传声,但隔绝撞击声的效能却很差。这是由于一般建筑材料对撞击传声的衰减作用很小。与隔空气声的情况相反,构件密度越大,重量越重,对撞击声的传递越快。根据固体传声的特点,在隔声构造上,可从以下几个方面着手。

① 设置弹性面层。即在楼面上铺设富有弹性的材料,如毯、毡、软木、岩棉等。因为这些材料可以通过被撞击时产生的弹性变形,来减弱撞击声的声能,效果不错。

② 设置弹性夹层。即在楼板结构层和面层之间增设一道弹性垫层,如刨花板、岩棉、泡沫塑料等,将面层和结构层完全隔开,切断撞击声的传递路线,形成浮筑层,以降低结构的振动。这种构造处理需要注意尽量避免"声桥"的产生。

③ 楼板作吊顶处理。吊顶处理主要解决楼板层所产生的空气传声问题。因为当楼板被撞击后产生的撞击声在空气中传播,所以利用隔绝空气声的办法来降低撞击声。当然,吊顶的质量越大,整体性越强,其隔声效果就越好。吊筋与楼板弹性连接时,也能大大提高隔声效果。

本 章 小 结

本章从一幢民用建筑物组成入手,讲述民用建筑的组成部分。特别对建筑物保温隔热问题进行了重点阐述。

民用建筑的分类与等级、设计标准化与协调模数制,为建筑设计和建筑构造打下坚实基础。

建筑热工技术要求主要讲述建筑保温和建筑隔热的构造措施。

建筑节能,就是减少使用石油、天然气等不可再生资源,通过科学合理的建筑节能措施,利用太阳能、风能等可再生资源,使建筑可持续发展。

噪声是指一切对人们生活、工作、学习和生产有妨碍的声音。隔声设计是围护结构中的重要一环。

【思考与练习】

一、填空题

1. 一幢建筑一般由( )、( )、( )、( )、门和窗、楼梯组成,其中,( )既是承重构件,又起围护作用;( )既是承重构件,又起分隔作用。

二、名词解释

1. 耐火极限

2. 地基

三、选择题

1. 门窗洞口尺寸常采用( )系列。

A. 3 M　　　　　　　B. 15 M

C. 1 M　　　　　　　D. 6 M

四、判断题

1. 从保温效果看,比较行之有效的措施是选用导热系数小的保温材料来组成围护结构。

2. "热桥"就是"冷桥"。

3. 复合材料的保温结构中,较为理想的保温层的位置是将保温材料设置在靠围护结构内侧。

第 2 章　基础与地下室

【知识点及学习要求】

知 识 点	学 习 要 求
1. 地基与基础的概念	了解基础的概念,熟悉地基与基础的关系,掌握地基的分类及地基处理措施
2. 基础埋深	掌握影响基础埋深的因素,综合确定基础的埋置深度
3. 基础类型与构造	了解基础类型,熟悉基础构造,掌握刚性基础的构造
4. 地下室构造	了解地下室的类型,掌握地下室的防潮和防水构造

2.1　地基与基础的基本概念

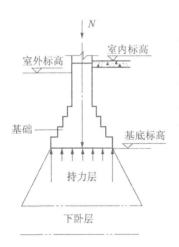

图 2-1　地基与基础

在建筑工程中,位于建筑物的最下端,埋入地下并直接作用在土壤层上的承重构件叫做基础。它是建筑物重要的组成部分。支承在基础底面以下的承载的那部分土体称为地基。地基不是建筑物的组成部分,它是承受建筑物荷载的土层。建筑物的全部荷载最终是由基础底面传给了地基。其中,具有一定的地耐力、直接承受建筑荷载、并需进行力学计算的土层称为持力层。持力层下的土层称为下卧层(见图 2-1)。

由于基础是建筑物的重要承重构件,又是埋在地下的隐藏工程,易受潮,很难观察、维修、加固和更换,所以,在构造形式上必须使其具备足够的强度和与上部结构相适应的耐久性。

地基土单位面积所能承受的最大压力(单位 kPa)称为地基承载力,也叫地耐力。它是由地基土本身的性质决定的。当基础传给地基的压力超过了地耐力时,地基就会出现较大的沉降变形或失稳,甚至会出现地基土滑移,从而引起建筑的开裂、倾斜,直接威胁到建筑物的安全。因此,地基必须具备较高的承载力,即基础底面的平均压力不能超过地基允许承载力。在建筑选址时,就应尽可能选在承载力高且分布均匀的地段,如岩石类、碎石类、砂性土类和黏性土类等地段。

地基承受的由基础传来的压力包括上部结构至基础顶面的竖向荷载、基础自重及基础上部土层重量。若基础传给地基的压力用 N 来表示，基础底面积用 A 来表示，地基允许承载力用 f 来表示，则三者的关系如下：

$$A \geqslant N / f$$

由此可见，基础底面积是根据建筑总荷载和建筑地点的地基允许承载力来确定的。当地基承载力 f 不变时，传给地基的压力 N 越大，基础底面积 A 也应越大。或者说，当建筑总荷载不变时，允许地基承载力 f 越小，则基础底面积 A 要求越大。

2.1.1 地基分类及处理措施

地基可分为天然地基和人工地基两大类。

天然地基是指天然土层具有足够的承载力，不需人工改善或加固便可直接承受建筑物荷载的地基。岩石、碎石、砂石、黏土等一般均可作为天然地基。如果天然土层承载力较弱，缺乏足够的稳定性，不能满足承受上部建筑荷载的要求时，就必须对其进行人工加固，以提高其承载力和稳定性，加固后的地基叫做人工地基。人工地基较天然地基费工费料，造价较高，只有在天然土层承载力差、建筑总荷载大的情况下方可采用。

人工地基的处理措施通常有压实法、换土法和打桩法等三大类。

压实法是通过用重锤夯实或压路机碾压，挤出软弱土层中土颗粒间的空气，使土中孔隙压缩，提高土的密实度，从而增加地基土承载力的方法。这种方法经济实用，适用于土层承载力与设计要求相差不大的情况。

换土法是将基础底面下一定范围的软弱土层部分或全部挖去，换以低压缩性材料，如灰土、矿石渣、粗砂、中砂等，再分层夯实，作为基础垫层的方法。

打桩法是在软弱土层中置入桩身，把土壤挤密或把桩打入地下坚硬的土层中，来提高土层的承载力的方法。

除以上三种主要方法外，人工地基还有许多其他的处理方法，如化学加固法、电硅化法、排水法、加筋法和热学加固法等。

2.1.2 基础埋置深度及其影响因素

1. 基础的埋置深度

从室外设计地面到基础底面的垂直距离称为基础的埋置深度（见图 2-2）。从施工和造价方面考虑，一般民用建筑，基础应优先选用浅基础。但基础的埋深最少不能小于 500 mm。否则，地基受到建筑物荷载作用后，四周土层可能被挤松，使基础失去稳定性，或受各种侵蚀、雨水冲刷、机械破坏而导致基础

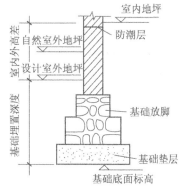

图 2-2 基础的埋置深度

暴露,影响建筑安全。

2. 影响基础的埋置深度的因素

基础的埋置深度,主要取决于地基土层构造、地下水位深度、土的冻结深度和相邻建筑物的基础埋深、连接不同埋深基础等因素。

(1)地基土层构造的影响。

根据建筑物必须建造在坚实可靠的地基土层上的原则,基础底面应尽量埋在坚实平坦的土层上,而不应设置在耕植土、杂填土及淤泥质土层中。土质好、承载力高时,基础应尽量浅埋。

(2)地下水位深度的影响。

地基土含水量的大小,对地基承载力有很大影响。如黏性土遇到水后,土颗粒间的孔隙水含量增加,土的承载力就会下降。另外,含有侵蚀性物质的地下水,对基础会产生腐蚀作用。所以,建筑物应尽量埋在地下水位以上,如果必须埋在地下水位以下时,应将基础底面埋置在最低地下水位 200 mm 以下,以免因水位变化,使基础遭受水浮力的影响。埋在地下水位以下的基础,应选择具有良好耐水性的材料,如石材、混凝土等。当地下水中含有腐蚀性物质时,基础应采取防腐措施。

(3)土的冻结深度的影响。

冰冻线是地面以下的冻结土与非冻结土的分界线,从地面到冰冻线的距离即为土的冻结深度。土的冻结是指土中的水分受冷,冻结成冰,使土体冻胀的现象。地基土冻结后,会把基础抬起,而解冻后,基础又将下沉。在这个过程中,冻融是不均匀的,致使建筑物处于不均匀的升降状态中,势必会导致建筑物产生变形、开裂、倾斜等一系列的冻害。冻胀土中含水率越大,冻胀越严重;地下水位越高,冻胀越强烈。土壤颗粒大的,如碎石、卵石、粗砂、中砂等土壤,颗粒较粗、颗粒间孔隙较大、水的毛细作用不明显,冻胀就不明显,可以不考虑冻胀的影响。而粉砂、粉土的颗粒细、孔隙小、毛细作用显著,具有明显的冻胀性。一般基础应埋置在冰冻线以下约 200 mm 的地方。当冻土深度小于 500 mm 时,基础埋深不受影响。

(4)相邻建筑物基础埋深的影响。

当新建房屋在原有建筑附近时,一般新建房屋的基础埋置深度应小于原有建筑基础埋置深度。当新建房屋基础埋深必须大于原有建筑的埋置深度时,应使两基础间留出一定的水平距离,一般为相邻基础底面高差的 1.5~2 倍,以保证原有房屋的安全。如不能满足此条件时,可通过对新建房屋的基础进行处理来解决,如在新基础上做挑梁,支承与原有建筑相邻的墙体。

(5)连接不同埋深基础的影响。

当一幢建筑物设计上要求基础的局部必须埋深时,深、浅基础的相交处应采用台阶式逐渐落深。为使基础开挖时不致松动台阶土,台阶的踏步高度应小于等于 500 mm,踏步的长度不应小于 2 倍的踏步高度。

（6）其他因素对基础埋深的影响。

基础的埋深除与以上几种影响因素有关外，还须考虑新建建筑物是否有地下室、设备基础、地下管沟等因素。另外，当地面上有较多腐蚀液体作用时，基础埋置深度不宜小于 1.5 m，必要时，须对基础做防腐处理。

2.2 基础的类型与构造

基础的类型很多，按基础的构造形式分，有条形基础、独立基础、井格基础、筏形基础、箱形基础、桩基础；按基础所采用材料和受力特点分，有刚性基础和非刚性基础；按基础的埋置深度分，有浅基础、深基础等。基础的形式主要根据基础上部结构类型、体量高度、荷载大小、水文地质和地方材料等因素而定。下面主要介绍按基础的构造形式分类的基础。

2.2.1 条形基础

条形基础呈连续的带状，也称带形基础。一般用于墙下，也可用于柱下。当建筑物上部结构采用墙承重时，承重墙下一般采用通长的条形基础［见图 2-3（a）］；当建筑物的承重构件为柱子时，若荷载大且地基软时，常用钢筋混凝土条形基础将柱下的基础连接起来，形成柱下条形基础［见图 2-3（b）］，可有效地防止不均匀沉降，使建筑物的基础具有良好的整体性。条形基础一般是由砖、毛石、灰土、三合土、混凝土和钢筋混凝土等材料制成的。

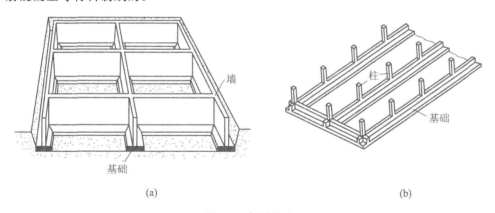

（a）   （b）

图 2-3 条形基础

（a）墙下条形基础；（b）柱下条形基础

1. 砖基础

用黏土砖砌筑的基础叫做砖基础。它具有取材容易、价格低、施工简单等优点。但其大量消耗耕地，目前，我国有些地区已限制使用黏土砖。

由于砖的强度、耐久性、抗冻性和整体性均较差，因而砖基础只适合于地基土好、地下水位较低、五层以下的砖木结构或砖混结构。砖基础一般采用台阶式,逐级向下放大,形成大放脚。为了满足基础刚性角的限制,其台阶的宽高比应不大于 1:1.5。一般采用每两皮砖挑出 1/4 砖(工程上称为等高式)或两皮砖挑出 1/4 砖与一皮砖挑出 1/4 砖相间的砌筑方法(工程上称作间隔式)(见图 2-4)。前一种偏安全,但做出的基础较深,是目前常用的一种工程做法;后一种较经济,且做出的基础较浅,但施工稍繁。砌筑前基槽底面要铺 20 mm 厚砂垫层。

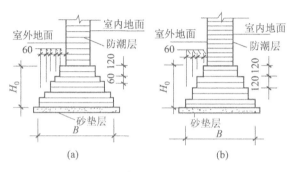

图 2-4 砖基础

(a)两皮砖与一皮砖间隔挑出 1/4 砖;(b)两皮砖挑出 1/4 砖

2. 毛石基础

毛石基础是由石材和砂浆砌筑而成的。其外露的毛石略经加工,形状基本方正,粒径一般不小于300 mm。中间填塞的石料是未经加工的厚度不小于 150 mm 的块石。砌筑时一般用水泥砂浆。由于石材抗压强度高,抗冻、抗水、抗腐蚀性能好,水泥砂浆也是耐水材料,所以毛石基础可用于地下水位较高、冻结深度较深的低层或多层民用建筑中。但其体积大、自重大、劳动强度亦大,运输、堆放不便,故多被用在邻近石材区的一般标准砖混结构的基础工程中。毛石基础的造价要比砖基础的低。

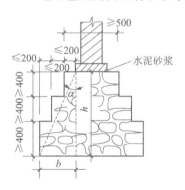

图 2-5 毛石基础构造

毛石基础的剖面一般为阶梯形,如图 2-5 所示,基础顶部宽度不宜小于 500 mm,且要比墙或柱每边宽出100 mm。每个台阶的高度不宜小于 400 mm,每个台阶挑出的宽度不应大于 200 mm。当基础底面宽度小于 700 mm 时,毛石基础应做成矩形截面。毛石基础顶面砌墙前应先铺一层水泥砂浆。

3. 灰土基础

在地下水位较低的地区,低层房屋的条形砖石基础下可做一层由石灰与黏土加水拌和夯实而成的灰土垫层,以提高基础的整体性。当灰土垫层的厚度超过100 mm

时,按基础使用计算,又叫灰土基础。

　　灰土基础的石灰与黏土的体积比一般为 3∶7 或 2∶8。灰土每层均需虚铺220 mm厚,夯实厚度为 150 mm,此称为一步。三层及三层以下的房屋用两步(即 300 mm),三层以上的用三步(即 450 mm)。灰土基础随时间推移,强度会大大增强,但其抗冻、耐水性很差,故灰土基础深度宜在地下水位以上,且顶面应在冰冻线以下(见图 2-6)。

4. 三合土基础

　　如果将砖石条形基础下的灰土换成由石灰、砂、骨料(碎砖、碎石或矿渣)组成的三合土,则形成三合土基础。三合土中石灰、砂、骨料的体积比一般为 1∶3∶6 或 1∶2∶4,加适量水拌和夯实,每层厚度为 150 mm,总厚度 $H_0 \geqslant 300$ mm,宽度 $B \geqslant 600$ mm(见图 2-7)。这种基础适用于四层及四层以下的建筑,且基础深度也应在地下水位以上。

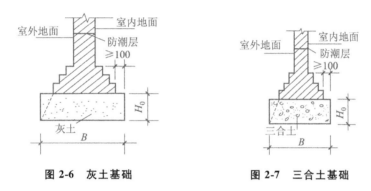

图 2-6　灰土基础　　　　　　　图 2-7　三合土基础

5. 混凝土基础

　　混凝土基础也叫素混凝土基础。它坚固、耐久、抗水、抗冻,可用于有地下水和冰冻作用的基础。其断面形式有阶梯形、梯形(见图 2-8)等。梯形截面的独立基础叫做锥形基础。

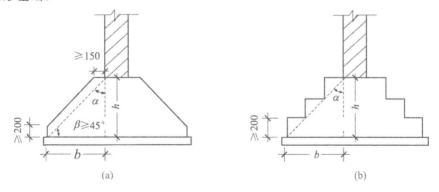

(a)　　　　　　　　　　　　　　(b)

图 2-8　混凝土基础

(a)梯形;(b)阶梯形

混凝土基础的刚性角为1。为了防止因石子堵塞,影响浇筑密实性、减少基础底面的有效面积,在施工中是不宜出现锐角的。因此,对梯形或锥形基础的断面,应保证两侧有不小于 200 mm 的垂直面。

6. 钢筋混凝土基础

中小型建筑常采用砖石、混凝土、灰土、三合土等刚性材料条形基础,又称刚性基础。当建筑物的荷载较大,地基承载力较小时,必须加宽基础底面的宽度。而刚性基础受刚性角的限制,势必也要增加基础的高度。这样,既增加了挖土工作量,对工期和造价也很不利。如果在混凝土基础的底部配以钢筋,形成钢筋混凝土基础,利用钢筋来抵抗拉应力,可使基础底部能够承受较大弯矩。这样,基础的宽度就可不受刚性角的限制。钢筋混凝土基础也称为柔性基础。

钢筋混凝土基础因不受刚性角的限制,基础可做得很宽,也可尽量浅埋(见图 2-9)。这种基础相当于一个倒置的悬臂板,所以它的根部厚度较大,配筋较多,两侧板厚较小(但不应小于 200 mm),钢筋也较少。钢筋的用量通过计算而定,但直径不宜小于 8 mm,间距不宜小于 200 mm,混凝土强度等级也不宜低于 C20。当用等级较低的混凝土做垫层时,为使基础底面受力均匀,垫层厚度一般为 60～100 mm。为保护基础钢筋不受锈蚀,当有垫层时,保护层厚度不宜小于 35 mm,不设垫层时,保护层厚度不宜小于 70 mm(见图 2-10)。

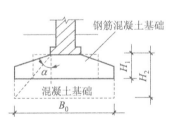

图 2-9 柔性基础与刚性基础比较
H_1—柔性基础埋深;H_2—刚性基础埋深

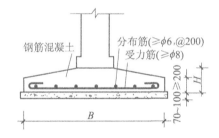

图 2-10 钢筋混凝土基础

2.2.2 独立基础

当建筑物承重体系为梁、柱组成的框架、排架或其他类似结构时,其柱下基础常采用的基本形式是独立基础。常见的断面形式有阶梯形、锥形等[见图 2-11（a）、(b)]。当采用预制柱时,则基础做成杯口形,柱子嵌固在杯口内,又称杯形基础[见图 2-11(c)]。有时为满足局部工程条件变化的需要,须将个别杯形基础底面降低,便形成高杯口基础,也称长颈基础[见图 2-11(d)]。

当建筑物以墙作为承重结构,而地基上层为软土层时,如果用条形基础,则基础要求埋深较大,这种情况下也可采用墙下独立基础。独立基础穿过软土层,把荷载传

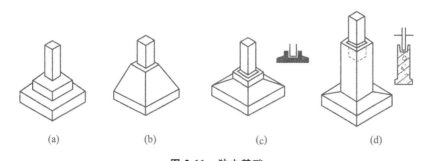

图 2-11 独立基础

(a)阶梯形;(b)锥形;(c)杯形基础;(d)长颈基础

给下层好土。墙下独立基础的构造是墙下设基础梁,以承托墙身,基础梁支承在独立基础上(见图 2-12)。

2.2.3 井格基础

独立基础可节约基础材料,减少土方工程量,但基础与基础之间无构件连接,整体刚度较差。当地基条件较差,或上部荷载不均匀时,为了提高建筑物的整体性,防止柱间不均匀沉降,常将柱下基础沿纵、横两个方向扩展并连接起来,做成十字交叉的井格基础(见图 2-13)。

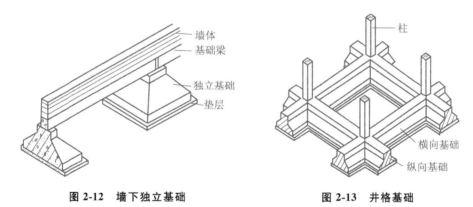

图 2-12 墙下独立基础　　　　　图 2-13 井格基础

2.2.4 筏形基础

当上部结构荷载较大,而地基承载力又特别低,柱下条形基础或井格基础已不能适应地基变形需要时,常将墙或柱下基础连成一钢筋混凝土板,形成筏形基础。筏形基础有板式和梁板式两种(见图 2-14)。

2.2.5 箱形基础

当建筑物荷载很大,或浅层地质情况较差,基础需要埋深很大时,为了增加建筑

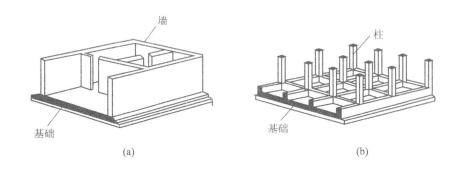

图 2-14 筏形基础

(a)板式基础;(b)梁板式基础

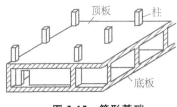

图 2-15 箱形基础

物的整体刚度,有效抵抗地基的不均匀沉降,常采用由钢筋混凝土底板、顶板和若干纵横墙组成的空心箱体基础,即箱形基础(见图 2-15)。箱形基础具有刚度大、整体性好,且内部空间可用作地下室的特点。因此,一般适用于高层建筑或在软弱地基上建造的重型建筑物。

2.2.6 桩基础

当建筑物荷载较大,地基软弱土层厚度在 5 m 以上,对软弱土层进行人工处理困难和不经济时,可采用桩基础。桩基础能够节省基础材料,减少挖填土方工程量,改善工人的劳动条件,缩短工期。因此,近年来,桩基础的采用逐渐普遍。

桩基础是由桩身和承台梁(或板)组成的(见图 2-16)。桩身尺寸按设计确定,桩

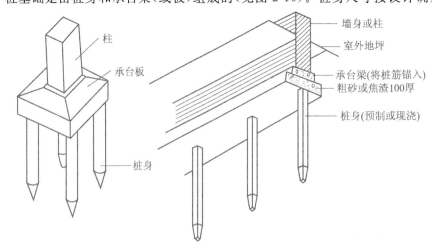

图 2-16 桩基础的组成

身位置也是根据设计布置的点位而定的。钢筋混凝土承台梁（或板）设在桩身的顶部，用以支承上部墙体或柱，使建筑物荷载均匀地传给桩基。桩基础的类型很多，按桩的材料不同，可分为钢筋混凝土桩、钢桩、木桩等；按桩的断面形状，可分为圆形桩、方形桩、环形桩、六角形桩及工字形桩等；按桩的入土方法，可分为打入桩、振入桩、压入桩及灌入桩等；按桩的性能，又可分为摩擦桩和端承桩。

摩擦桩[见图 2-17(a)]是通过桩侧表面与周围土的摩擦力来承担荷载的，适用于软土层较厚、坚硬土层较深、荷载较小的情况。

端承桩[见图 2-17(b)]是将建筑物的荷载通过桩端传给地基深处的坚硬土层的。这种桩适合于坚硬土层较浅、荷载较大的情况。

目前，较为多用的是钢筋混凝土桩，包括预制桩和灌注桩。

预制桩是在混凝土构件厂或施工现场预制，待混凝土强度达到设计强度 100% 时进行运输打桩。这种桩的截面尺寸、桩长规格较多，制作简便，容易保证质量。但造价较灌注桩高，施工时有较大的振动和噪声，在市区内施工应予以注意。

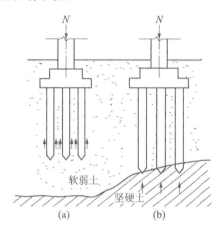

图 2-17　桩基础示意
(a)摩擦桩；(b)端承桩

与预制桩相比，灌注桩具有较大的优越性。首先，灌注桩的直径变化幅度大，可达到较高的承载力；其次，桩身长，深度可达到几十米；其三，施工工艺简单，节约钢材，造价低。但在施工时，要进行泥浆处理，给施工带来麻烦。灌注桩又分为振动灌注桩、钻孔灌注桩、爆扩灌注桩等。

除以上几种常见的基础结构形式以外，我国有些地区还因地制宜，采用了许多其他基础结构形式，如壳体基础（见图 2-18）、不埋板式基础（见图 2-19）等。

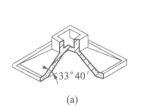
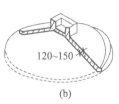
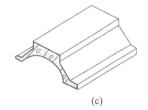

图 2-18　壳体基础
(a)方壳；(b)圆壳；(c)条形壳

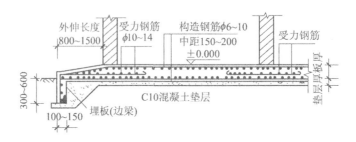

图 2-19　不埋板式基础

2.3　地下室构造

地下室是建筑物设在首层以下的房间,在城市用地日趋紧张的情况下,建筑向上、下两个空间发展,能够在有限的占地面积内,增加建筑的使用空间,提高建筑用地的利用率。

2.3.1　地下室的类型

地下室按功能分,有普通地下室和人防地下室;按顶板标高与室外地面的位置分,有半地下室和全地下室;按结构材料分,有砖墙地下室和混凝土墙地下室。

普通地下室是建筑空间向地下的延伸。一般为单层,有时根据需要也可达数层。由于地下室与地上房间相比,有许多弊端,如采光通风不利,容易受潮等,但同时也具有受外界气候影响较小的特点。因此,低标准的建筑多将普通地下室作为储藏间、仓库、设备间等建筑辅助用房;高标准的建筑,在采用了机械通风、人工照明和防潮防水措施后,可将普通地下室用作商场、餐厅、娱乐场所等有各种功能要求的用房。

人防地下室是利用地下室由厚土覆盖,受外界噪声、振动、辐射等影响较小的特点,按照国家对人防地下室的建设规定和设计规范建造而成的地下室,作为备战之用。人防地下室应按照防空管理部门的要求,在平面布局、结构、构造、建筑设备等方面采取特殊构造方案。如顶板应具有抗冲击能力、应有安全疏散通道、设置滤通设施和密闭门等。同时,还要考虑和平时期对人防地下室的利用,尽量使人防地下室做到平战结合。

地下室顶板标高超出室外地面标高,或地下室地面低于室外地坪高度,为该房间净高的 1/3～1/2 的地下室叫做半地下室(见图 2-20)。半地下室有一部分在地面以上,易于解决采光、通风的问题,可作为办公室、客房等普通地下室使用。

当地下室顶板标高低于室外地面标高,或地下室地面低于室外地坪高度超过该房间净高的 1/2 时,称为全地下室(见图 2-20)。全地下室由于埋入地下较深,通风采光较困难,一般多作为储藏仓库、设备间等建筑辅助用房;也可利用其受外界噪声、振动干扰小的特点,作为手术室和精密仪表车间;利用其受气温变化较小、冬暖夏凉的特点,作为蔬菜水果仓库;利用其墙体由厚土覆盖,受水平冲击和辐射作用小,作为人防地下室。

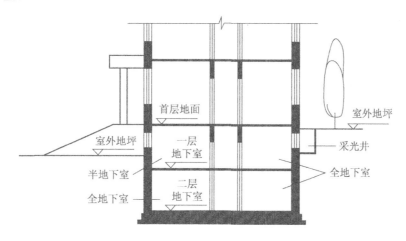

图 2-20 地下室类型

2.3.2 地下室的防潮和防水构造

由于地下室处于地面以下的土层中,长期受地下水的影响,若没有可靠的防潮和防水措施,地下室的外墙、底板将受到地潮或地下水的侵蚀,使墙面变霉、产生灰皮脱落等,造成不良卫生状况,严重时,还会使房屋结构损坏,直接影响建筑物的坚固性和耐久性。因此,构造设计时,必须对地下室采取相应的防潮和防水措施。

1. 地下室防潮

当地下水的常年设计水位和最高地下水位均低于地下室地坪标高时,地下室的墙体和底板只受地潮的影响,即只受下渗的地面水和上升的毛细管水等无压水的影响。这时只需对地下室的墙身和地坪做防潮处理。

对于墙体,当墙体为混凝土或钢筋混凝土结构时,由于其本身的憎水性,使其具有较强的防潮作用,可不必再做防潮层。当采用砖砌或石砌墙体时,首先,墙体必须用强度不低于 M5 的水泥砂浆砌筑,且灰缝饱满。其次,应对地下室外墙做水平和垂直方向的防潮处理。

垂直防潮层的做法是:首先在墙外表面先抹 20 mm 厚水泥砂浆找平层,再涂一道冷底子油和两道热沥青,也可用乳化沥青或合成树脂防水涂料,其高度应超出室外散水一皮。然后在外侧回填低渗透性土壤,如黏土、灰土等,并逐层夯实。土层宽度为500 mm左右,以防地表水下渗,产生局部滞水,引起渗漏。

水平防潮层有两道:一道是在外墙与地下室地坪交界处,另一道是外墙与首层地板层交界处,以防止土层中的潮气因毛细管水作用沿基础和地下室墙身入侵地下室或上部结构。

对于地下室地坪层,一般做法是在灰土或三合土垫层上浇筑密实的混凝土。当最高地下水位距地下室地坪较近时,应加强地坪的防潮效果,一般是在地面面层与垫层间加设防水砂浆或油毡防潮层(见图2-21)。

地下室防潮方案:一是做好"两横一竖"防潮层;二是在墙外500 mm范围内做好2∶8灰土回填;三是做好散水,防止雨水渗透。

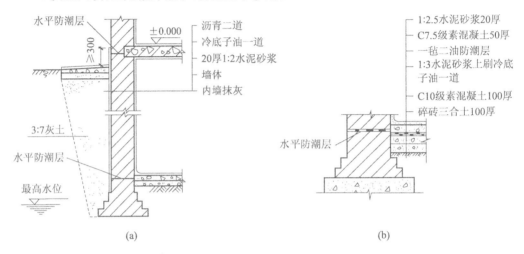

图 2-21 地下室防潮构造
(a)墙身防潮;(b)地坪防潮

2. 地下室防水

当设计最高地下水位高于地下室地坪标高时,地下室外墙和地坪都浸泡在水中。这时必须考虑对地下室外墙及地坪做防水处理。

防水的具体方案和构造措施,各地有很多不同的做法,其基本原理归纳起来,不外是堵、导和堵导结合三种办法,即隔水法、降排水法以及综合防水法三种。隔水法是利用材料的不透水性来隔绝地下室外围水及毛细管水的渗透。降排水法是用人工降低地下水位或排出地下水,直接消除地下水对地下室的作用。综合防水法是指采用多种防水措施来提高防水可靠性的一种办法,一般当地下水量较大或地下室防水要求较高时才采用。

隔水法是地下室防水采用最多的一种方法,又分材料防水和构件自防水两种。

(1) 材料防水。

材料防水是在地下室外墙与底板表面敷设防水材料,借材料的高效防水特性阻止水的渗入。常用的防水材料有卷材、涂料和防水砂浆等。

① 卷材防水。卷材防水能够适应结构的微量变形和抵抗地下水中侵蚀性介质的作用,是一种比较可靠的传统防水做法。常用的卷材一般有:沥青卷材(如石油沥青卷材、焦油沥青卷材)和高分子卷材(如三元乙丙-丁基橡胶防水卷材、氯化聚乙烯-橡塑共混防水卷材)等。

沥青卷材具有一定的抗拉强度和延伸性,价格较低,但属热操作,施工不便,且污染环境,易老化。一般采取多层做法,其层数应按地下水的最大水头按表 2-1 选用。

表 2-1 水头与卷材层数

最大计算水头/m	卷材所受经常压力/MPa	卷 材 层 数
≤3	0.01~0.05	3
3~6	0.05~0.1	4
6~12	0.1~0.2	5
>12	0.2~0.5	6

注:"水头"是指设计最高地下水位到地下室地面的垂直高度。

高分子卷材重量轻,应用范围广,抗拉强度高,延伸率大,对基层的变形适应性强,且是冷作业,施工操作简单,不污染环境。但目前价格偏高,且不宜用于地下含矿物油或有机溶液的地方,一般为单层做法。

按防水卷材铺贴的位置不同,卷材防水可分为外包法和内包法。

外包法是将防水层做在迎水一面,即地下室外墙的外表面。这种方法有利于保护墙体,但施工、维修不便。施工时,首先做地下室底板的防水:在地下室地基上先浇 100 mm 厚 C10 混凝土垫层,在垫层上粘贴卷材防水层,在防水层上抹一层 20~30 mm 厚的 1:3 水泥砂浆保护层,以便上面浇筑钢筋混凝土底板。然后做垂直外墙身的防水层:先在外墙外面抹 20 mm 厚 1:2.5 水泥砂浆找平层,并涂刷一道冷底子油,再按一层油毡一层沥青胶顺序粘贴防水层。油毡防水层须从底板包上来,沿墙身由下而上连续密封粘贴,并铺设至地下设计水位以上 500~1000 mm 处收头。最后,在防水层外侧砌厚为 120 mm 的保护墙以保护防水层均匀受压,在保护墙与防水层之间缝隙中灌以水泥砂浆。保护墙下应干铺油毡一层,并沿其长度方向每隔 5~8 m 设一通高竖向断缝,以保证紧压防水层[见图 2-22(a)]。

内包法是将防水层做在背水一面,即做在地下室外墙及地坪的内表面。这种做法施工方便,但墙体浸在水中,对建筑物不能起保护作用,日久会影响建筑物的耐久性,因此,一般用于修缮工程中[见图 2-22(b)]。

② 涂料防水。涂料防水是指在施工现场将无定型液态冷涂料在常温下涂敷于地下室结构表面的一种防水做法。防水涂料包括有机防水涂料和无机防水涂料。在结构主体的迎水面,宜采用耐腐蚀性好的有机涂料,如反应型、水乳型、聚合物水泥涂料,并应做刚性保护层;在结构主体的背水面可选用无机防水涂料,如水泥基防水涂料、水泥基渗透结晶型涂料等;在潮湿基层宜选用与潮湿基面黏结力大的无机涂料或有机涂料,或采用先涂水泥基类无机涂料而后涂有机涂料的复合涂层。敷设涂料的方法有刷涂、刮涂、滚涂等。涂料的防水质量、耐老化性能均较油毡防水层好,故目前地下室防水工程中应用广泛。

③ 水泥砂浆防水。水泥砂浆防水层可用于结构主体的迎水面或背水面。水泥

砂浆防水层的材料有普通水泥砂浆、聚合物水泥防水砂浆、掺外加剂或掺和料防水砂浆等。施工方法有多层涂抹或喷射等。采用水泥砂浆防水层，施工简便、经济，便于检修。但防水砂浆的抗渗性能较小，对结构变形敏感度大，结构基层略有变形即开裂，从而失去防水功能。因此，水泥砂浆防水层一般与其他防水层配合使用。

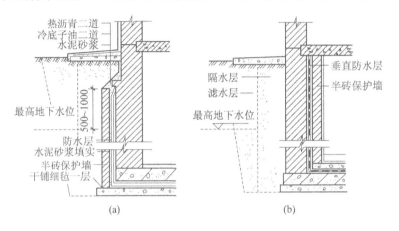

图 2-22　地下室防水处理
（a）外包防水；（b）内包防水

（2）构件自防水。

构件自防水是用防水混凝土作为地下室外墙和底板，即通过采用调整混凝土的配合比或在混凝土中加入一定量的外加剂等手段，改善混凝土自身的密实性，从而达到防水的目的。

调整混凝土配合比主要是采用不同粒径的骨料进行配料，同时提高混凝土中水泥砂浆的含量，使砂浆充满骨料之间，从而堵塞因骨料间直接接触而出现的渗水通道，达到防水目的。

掺外加剂是在混凝土中掺入加气剂或密实剂，以提高其抗渗透性能和密实性，使混凝土具有良好的防水性能。

防水混凝土墙和地板不能过薄，一般不应小于 250 mm，迎水面钢筋保护层厚度不应小于 50 mm，并应涂刷冷底子油和热沥青。防水混凝土结构底板的混凝土垫层的强度等级不应小于 C10，厚度不应小于 100 mm，在软弱土中不应小于 150 mm（见图 2-23）。

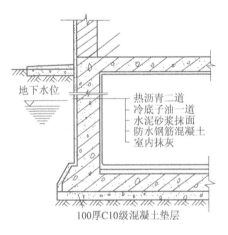

图 2-23　防水混凝土防水处理

本 章 小 结

1. 基础是建筑物最下部的承重构件,而地基则是承载建筑物荷载的土层。地基可分为天然地基和人工地基。

2. 基础按构造形式可分为条形基础、独立基础、筏片基础、箱形基础;按基础所采用材料和受力特点可分为刚性基础和非刚性基础;按基础的埋置深度可分为浅埋基础和深埋基础。

3. 基础的埋置深度及影响基础埋深的因素、地下室的防潮与防水处理方案应掌握。

【思考与练习】

一、填空题

1. 人工地基的处理措施通常有( )、( )和打桩法等三大类。

2. 桩按其性质分为( )桩和( )桩。

二、选择题

1. 刚性基础的最小埋深为( )m。

A. 0. 2 　　　　　　　B. 0. 5

C. 0. 8 　　　　　　　D. 1. 5

2. 基础底面承受较大弯矩时,基础类型宜选择( )。

A. 灰土基础 　　　　B. 砖基础

C. 钢筋混凝土基础　　D. 混凝土基础

三、名词解释

1. 地基

2. 地耐力

3. 基础埋深

四、简答题

1. 简述地下室防潮方案。

第3章 墙体构造

【知识点及学习要求】

知 识 点	学 习 要 求
1. 墙面类型及设计要求	了解墙体的类型,熟悉外墙、内墙、纵墙、横墙、山墙、窗间墙、窗下墙、女儿墙;承重墙、非承重墙、隔墙、幕墙、填充墙;块材墙、板筑墙、板材墙
2. 砖墙构造	了解砖墙的尺寸和砖墙的改革发展趋势,掌握常用砌筑砂浆,熟悉砖墙组砌方式
3. 砖墙细部构造	掌握墙身防潮、勒脚构造、散水构造的做法;掌握门窗过梁的种类,特别是钢筋混凝土过梁;熟悉窗台构造;熟悉并掌握墙身加固的方法,特别是圈梁、构造柱、墙拉筋等构造
4. 砌块墙构造	了解砌块墙的构造
5. 隔墙构造	了解砖隔墙、砌块隔墙、木骨架隔墙、金属骨架隔墙
6. 墙面装修	了解墙面装修构造,以及涂料、裱糊、铺钉类墙面构造和幕墙构造;熟悉清水勾缝、抹灰类、贴面类构造

在墙作为承重结构的建筑中,墙体主要起承重、围护、分隔作用,是房屋不可缺少的重要组成部分,它和楼板层、屋顶共同被称为建筑的主体工程。墙体的重量占房屋总重量的 40%～65%,墙体的造价占工程总造价的 30%～40%,所以,在选择墙体的材料和构造方法时,应综合考虑建筑的造型、结构、经济等方面的因素。

3.1 墙体的类型与设计要求

3.1.1 墙体的类型

根据墙体在建筑物中的位置、受力情况、所用材料、构造方式及施工方法的不同,可将其分成不同的类型。

1. 按墙体所处的位置分类

按所处位置不同,墙体可分为外墙和内墙。位于建筑物四周的墙称为外墙,其作用是分隔室内外空间,起挡风、阻雨、保温、隔热等作用,所以又称之为外围护墙。位于建筑物内部的墙称为内墙,其作用是分隔室内空间,保证各空间的正常使用。沿建筑物长度方向的墙称为纵墙,有外纵墙和内纵墙之分;沿建筑物宽度方向的墙称为横墙,分为内横墙和外横墙,其中外横墙又称为山墙。另外,窗与窗或门与窗之间的墙称为窗间墙,窗洞口下部的墙称为窗下墙,屋顶上四周的墙称为女儿墙(见图 3-1)。

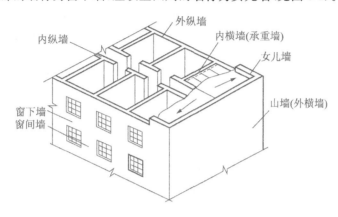

图 3-1 墙体的类型

2. 按墙体的受力情况分类

根据结构受力情况不同,墙体可分为承重墙和非承重墙。凡直接承受上部屋顶、楼板所传来荷载的墙称为承重墙;凡不承受上部荷载的墙称为非承重墙,非承重墙虽然不承受外来荷载,但承受自身重量,非承重墙包括隔墙、填充墙和幕墙。凡分隔内部空间、其自身重量由楼板或梁来承受的墙称为隔墙;框架结构中,填充在柱子之间的墙称为框架填充墙;而悬挂于外部骨架或楼板间的轻质外墙称为幕墙,如玻璃幕墙、铝塑板墙等。外部的填充墙和幕墙不承受上部楼板层和屋顶的荷载,却承受风荷载和地震荷载,并把风荷载和地震荷载传递给骨架结构。

3. 按墙体所用的材料分类

墙体按所用材料不同,可分为砖墙、石墙、土墙及混凝土墙,以及利用工业废料制成的各种砌块墙等。砖是我国传统的墙体材料,但它越来越受到材源的限制,我国有些大城市已提出限制使用实心砖的规定;石墙在产石地区应用,具有很好的经济价值;土墙便于就地取材,是造价低廉的地方性墙体,有夯土墙和土坯墙等,目前应用较少;混凝土墙可现浇、预制,在多、高层建筑中应用较多。当今多种材料结合的组合墙和利用工业废料发展墙体材料是墙体改革的新课题,应予以深入研究推广应用。

4. 按墙体的构造方式分类

墙体按构造方式可以分为实体墙、空体墙和组合墙三种(见图 3-2)。实体墙由

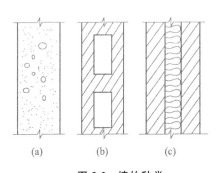

图 3-2 墙的种类

(a)实体墙；(b)空体墙；(c)组合墙

单一材料组成,如普通砖墙、实心砌块墙等。空体墙也由单一材料组成,但墙内留有内部空腔,如空斗砖墙、空气间层墙等;也可由具有空洞的材料建造墙,如空心砌块墙、空心板材墙等。组合墙由两种以上材料组合而成,如混凝土、加气混凝土复合板材墙,其中混凝土起承重作用,加气混凝土起保温隔热作用。

5. 按墙体的施工方法分类

墙体按施工方法可分为块材墙、板筑墙及板材墙三种。块材墙是用砂浆等胶结材料将砖石块材等组砌而成,如砖墙、石墙及各种砌块墙等。板筑墙是在现场立模板,现浇而成的墙体,例如现浇混凝土墙等。板材墙是预先制成墙板,施工时安装而成的墙,这种墙体施工机械化程度高、速度快、工期短,是建筑工业化的方向,如预制混凝土大板墙、钢丝网抹水泥砂浆墙板、彩色钢板或铝板墙板以及各种轻质条板内隔墙等。

3.1.2 墙体的设计要求

墙体在建筑中主要起承重、围护、分隔作用,在选择墙体材料和确定构造方案时,应根据墙体的作用,分别满足以下要求。

1. 具有足够的强度和稳定性

墙体的强度与采用的材料、墙体尺寸和构造方式有关。墙体的稳定性则与墙的长度、高度、厚度有关,一般通过合适的高厚比,加设壁柱、圈梁、构造柱,加强墙与墙或墙与其他构件间的连接等措施增加其稳定性。

2. 满足热工要求

不同地区、不同季节对墙体有保温或隔热的要求,保温与隔热概念相反,措施也不相同,但增加墙体厚度和选择导热系数小的材料都有利于保温和隔热。

北方寒冷地区要求围护结构具有较好的保温能力,以减少室内热损失。同时还应防止在围护结构内表面和保温材料内部出现凝聚水现象。

南方地区为防止夏季室内温度过高,除布置上考虑朝向、通风外,作为外围护结构须具有一定隔热性能。

3. 满足隔声的要求

为了获得安静的工作和休息环境,就必须防止室外及邻室传来的噪声影响,因而墙体应具有一定的隔声能力。采用密实、容重大或空心、多孔的墙体材料,内外抹灰等方法都能提高墙体的隔声能力。采用吸声材料作墙面,能提高墙体的吸声性能,有利于隔声。此外,墙体中间加空气间层或松散材料(如毛毡、矿棉等)形成的组合墙具有较好的隔声能力。一般 240 mm 厚的黏土砖墙可满足隔声要求,其隔声量达35 dB。

4. 满足防火要求

墙体采用的材料及厚度应符合防火规范的规定。当建筑物的占地面积或长度较大时,应按规范要求设置防火墙,将建筑物分为若干段,以防止火灾蔓延。如耐火等级为一、二级的建筑,防火墙的间距不得超过 150 m,防火墙的耐火极限应不小于 4.0 h,高出屋面不得小于 400 mm。

5. 减轻自重

墙体所用的材料,在满足以上各项要求时,应力求采用轻质材料,这样不仅能够减轻墙体自重,还能节省运输费用,降低建筑造价。

6. 适应建筑工业化的要求

墙体要逐步改革以实心黏土砖为主的墙体材料,采用新型墙砖或预制装配式墙体材料和构造方案,为机械化施工创造条件,适应现代化建设、可持续发展及环境保护的需要。

此外,还应根据实际情况,考虑墙体的防潮、防水、防射线、防腐蚀以及经济等各方面的要求。

3.2　砖墙构造

3.2.1　砖墙的材料

砖墙是用砂浆将砖按一定技术要求砌筑而成的砌体,其主要材料是砖与砂浆。

1. 砖

砌墙用的砖类型很多,按材料分有黏土砖、炉渣砖、灰砂砖、粉煤灰砖等;按形状分有实心砖、空心砖和多孔砖等。

普通黏土砖以黏土为主要原料,经成型、干燥、焙烧而成。根据施工方法的不同,有青砖和红砖之分。而免烧黏土砖系列采用山地黏土,配以适量的水泥、化学添加剂等,经过半干压制成型后养护而成。

我国标准砖的规格为 240 mm×115 mm×53 mm(见图 3-3)。为适应模数制的要求,近年来开发了多种符合模数的砖型,其尺寸为 90 mm×90 mm×190 mm、90 mm×190 mm×190 mm 、190 mm×190 mm×190 mm 等。

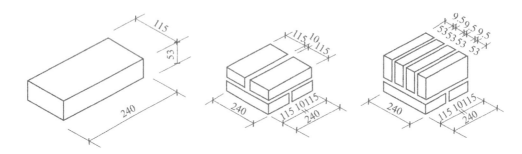

图 3-3 标准砖的尺寸关系

砖的强度等级是以抗压强度来表示的,即每平方毫米能承受多大的压力,有 MU7.5、MU10、MU15、MU20、MU25、MU30 等六级,其中的数值相当于 N/mm^2,如 MU10 的抗压强度为 $10 \div (1/0.98) = 9.8$ (N/mm^2)。建筑上常用的是 MU7.5、MU10。

我国不少地区黏土资源严重不足,必须考虑砖的原料和破坏农田问题,所以黏土砖和黏土空心砖在我国许多城市已经禁用。从发展趋势看,砖的改革必须从减轻自重和利用工业废渣的资源化考虑。如利用粉煤灰、矿渣等工业废料制砖,或使用页岩砖。

2. 砂浆

砂浆是将砌体内的砖块连接成一整体,用砂浆抹平砖表面,使砌体在压力下应力分布较均匀,此外砂浆填满砌体缝隙,减少了砌体的空气渗透,提高了砌体的保温、隔热和抗冻能力。

砂浆按其成分有水泥砂浆、石灰砂浆和混合砂浆等。水泥砂浆由水泥、砂加水拌和而成,属于水硬性材料,强度高,适合砌筑处于潮湿环境下的砌体。石灰砂浆由石灰膏、砂加水制成,属于气硬性材料,强度不高,多用于砌筑次要的建筑地面以上的砌体。混合砂浆则由水泥、石灰膏、砂和水拌和而成。这种砂浆强度较高、和易性和保水性较好,适于砌筑一般建筑地面以上的砌体。

砂浆强度分为七个等级,即 M0.4、M1、M2.5、M5、M7.5、M10、M15。常用的砌筑砂浆等级为 M2.5 和 M5。

3.2.2 砖墙的基本构造形式

1. 砖墙的尺寸

砖墙的厚度视其在建筑物中的作用和所考虑的因素来确定,如承重墙根据强度和稳定性的要求确定其厚度,围护墙则需要考虑保温、隔热、隔声等要求。此外,砖墙厚度应与砖的规格相适应。

实心黏土砖墙的厚度是按半砖的倍数确定的。如半砖墙、3/4 砖墙、一砖墙、一砖半墙、两砖墙等,相应的构造尺寸为 115 mm、178 mm、240 mm、365 mm、490 mm,习惯上以它们的标志尺寸来称呼,如 12 墙、18 墙、24 墙、37 墙、49 墙等,墙厚与砖规格的关系如图 3-4 所示。

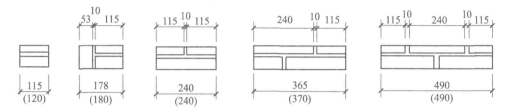

图 3-4　砖与墙厚的关系

多孔黏土砖的规格有 240 mm×115 mm×90 mm、240 mm×175 mm×115 mm、240 mm×115 mm×115 mm,孔洞形式有圆形和长方形通孔等(见图 3-5)。多孔黏土砖墙的厚度是按 50 mm(M/2)进级,即 90 mm、140 mm、190 mm、240 mm、340 mm、390 mm 等。

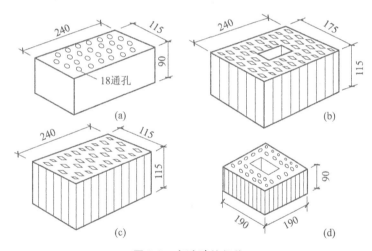

图 3-5　多孔砖的规格
(a)KP1 型;(b)DP2 型;(c)DP3 型;(d)M 型

2. 墙段尺寸

我国《建筑模数协调标准》(GB/T 50002—2013)中规定,房间的开间、进深、门窗洞口尺寸都应是 3 M(300 mm)的整倍数,而实心黏土砖墙的模数是砖宽加灰缝即 125 mm,多孔黏土砖墙的厚度是按 50 mm(M/2)进级,这样一幢房屋内有两种模数,在设计中出现了不协调的现象。在具体工程中,可通过调整灰缝的大小来解决。当墙段长度小于 1 m 时,因调整灰缝的范围小,应使墙段长度符合砖模数;当墙段长度超过 1 m 时,可不再考虑砖模数。

3. 砖墙的组砌方式

砖墙的组砌方式是指砖在墙体中的排列方式,亦称砖墙的砌式。为了保证墙体的强度和稳定性,砖的排列应遵循横平竖直、砂浆饱满、内外搭接、上下错缝的原则,以保证墙体的强度和稳定性。

(1)实体砖墙。

实体砖墙即用黏土砖砌筑的不留空隙的砖墙。按照砖在墙体中的排列方式,一般把垂直于墙面砌筑的砖叫做丁砖,把长度沿着墙面砌筑的砖叫做顺砖。实体砖墙通常采用一顺一丁(北京习惯上称作满丁满条)、梅花丁或三顺一丁的砌筑方式。实体砖墙的砌筑方式如图 3-6 所示。多层混合结构中的墙面常采用实体墙。

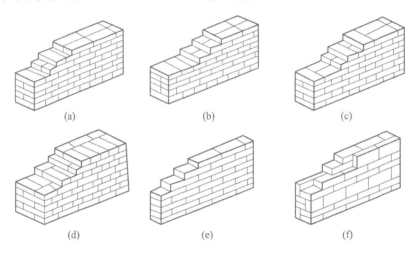

(a)   (b)   (c)

(d)   (e)   (f)

图 3-6　实体砖墙组砌方式

(a)一顺一丁;(b)三顺一丁;(c)梅花丁;(d)370 mm 墙;(e)120 mm 墙;(f)180 mm 墙

(2)空斗墙。

空斗墙即用实心黏土砖侧砌或侧砌与平砌结合砌筑,内部形成空心的墙体。一般把侧砌的砖叫做斗砖,平砌的砖叫做眠砖。砌筑方式常采用一眠一斗、一眠二斗或一眠多斗(见图 3-7)。

空斗墙与实体砖墙相比,用料省、自重轻、保温隔热好,适用于炎热、非震区的低层民用建筑。

(3)组合墙。

组合墙即用砖和其他保温材料组合形成的墙。这种墙可改善普通墙的热工性能,常用在我国北方寒冷地区。组合墙体的做法有三种类型:一是在墙体的一侧附加保温材料,二是在砖墙中间填充保温材料,三是在墙体中间留置空气间层(见图 3-8)。

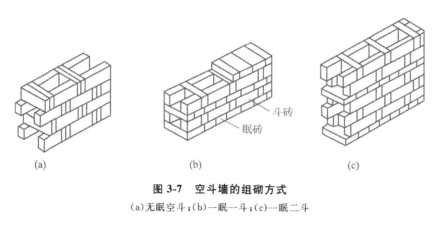

图 3-7　空斗墙的组砌方式

(a)无眠空斗；(b)一眠一斗；(c)一眠二斗

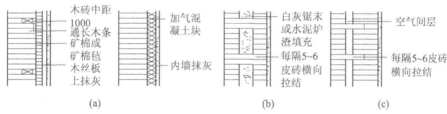

图 3-8　复合墙的构造

(a)单面敷设保温材料；(b)中间填充保温材料；(c)墙中留空气间层

3.2.3　砖墙的细部构造

砖墙的细部构造包括墙脚(墙身防潮层、勒脚、散水、明沟等)、门窗过梁、窗台、墙身加固构造(壁柱和门垛、圈梁、构造柱)、防火墙、烟道、通风道、垃圾道等(见图 3-9)。

1. 墙脚

(1)墙身防潮层。

墙身防潮层是在墙脚铺设防潮层,以防止土壤中的水分由于毛细作用上升使建筑物墙身受潮,提高建筑物的耐久性,保持室内干燥、卫生。因此,墙身防潮层应在所有的内外墙中连续设置,且按构造形式不同分为水平防潮层和垂直防潮层两种。

① 防潮层的位置。当室内地面垫层为混凝土等密实材料时,防潮层设在垫层厚度中间位置,一般低于室内地坪 60 mm；当室内地面垫层为三合土或碎石灌浆等非刚性垫层时,防潮层的位置应与室内地坪平齐或高于室内地坪 60 mm；当室内地面低于室外地面或内墙两侧的地面出现高差时,除了要分别设置两道水平防潮层外,还应对两道

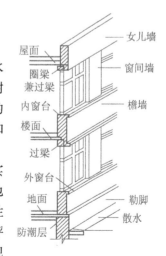

图 3-9　外檐墙构造

水平防潮层之间靠土一侧的垂直墙面做防潮处理，即垂直防潮层（见图 3-10）。

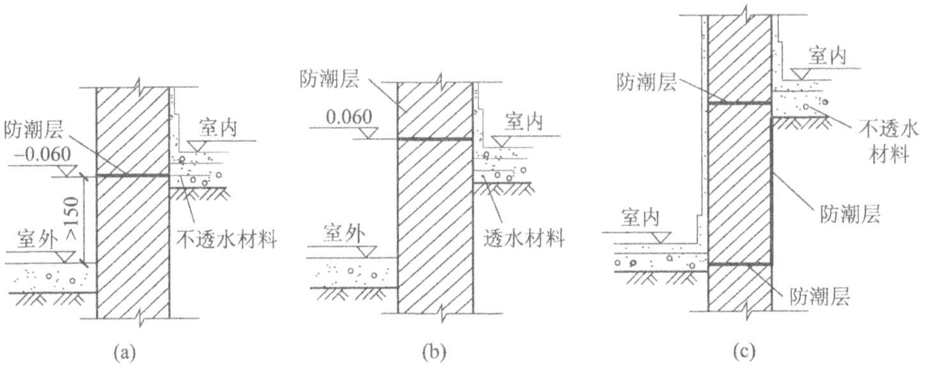

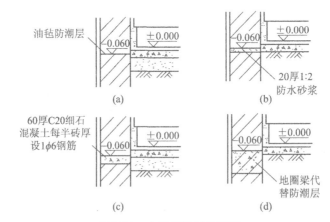

图 3-10 墙身防潮层的位置

(a)地面垫层为密实材料；(b)地面垫层为透水材料；(c)室内地面有高差

② 防潮层的做法。墙身水平防潮层的做法有油毡防潮层、防水砂浆防潮层和配筋细石混凝土防潮层三种。

a. 油毡防潮层。油毡防潮层分为干铺法和粘贴法两种做法。干铺法是在防潮层位置用 1∶3 水泥砂浆抹 20 mm 找平层，上铺一层油毡；粘贴法是在找平层上做一毡二油。无论是干铺法还是粘贴法，为确保防潮效果，油毡的宽度应比墙宽出 20 mm，搭接长度应不小于 100 mm［见图 3-11(a)］。这种做法防潮效果好，但耐久性和抗震性差，地震设防区不宜采用。

b. 砂浆防潮层。砂浆防潮层即用掺 3%～5% 防水剂的 1∶2 水泥砂浆抹 20～30 mm 厚，或用它砌 3～5 皮砖［见图 3-11(b)］。这种做法构造简单，而且克服了油毡防潮层的不足，但砂浆属脆性材料，易开裂，故不宜用于结构变形较大或地基可能产生不均匀沉降的建筑。

图 3-11 水平防潮层的构造

(a)油毡防潮层；(b)砂浆防潮层；(c)细石混凝土防潮层；(d)地圈梁代替防潮层

c. 细石混凝土防潮层。细石混凝土防潮层即在防潮层位置浇筑 60 mm 厚与墙等宽的细石混凝土防潮带,内配 3φ6 或 3φ8 的钢筋[见图 3-11(c)]。这种做法抗裂性好,且能与砌体结合成一体,多用于整体刚度要求较高或地基可能产生不均匀沉降的建筑中。设有地圈梁的可以以地圈梁代替墙身水平防潮层[见图 3-11(d)]。

当室内地坪出现高差或室内地坪低于室外地坪时,除了在相应位置设水平防潮层外,还应在两道水平防潮层之间靠土壤的垂直墙面上做垂直防潮层。具体做法是:在垂直墙面上先用水泥砂浆找平,再刷一道冷底子油(沥青汽油、煤油等溶解后的溶液)、两道热沥青(或一毡二油)或采用防水砂浆抹灰防潮(见图 3-12)。

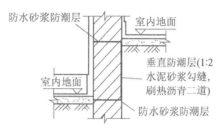

图 3-12 垂直防潮层的构造

(2)勒脚。

勒脚是墙身接近室外地面的部分。一般情况下,其高度不应低于 500 mm,常用 600~800 mm,考虑建筑立面造型处理,也有的将勒脚高度提高到底层窗台。它起着保护墙身和增加建筑物立面美观的作用。但它容易受到外界的碰撞和雨、雪的侵蚀,遭到破坏,以致影响到建筑物的耐久性和美观。同时,地表水和地下水的毛细作用所形成的地潮也会造成对勒脚部位的侵蚀。不仅如此,地潮还会沿墙身不断上升,致使室内抹灰粉化、脱落,抹灰表面生霉,影响人体健康;冬季也易形成冻融破坏。所以,在构造上须采取相应的防护措施。

① 石砌勒脚。对勒脚容易遭到破坏的部分采用坚固的材料,如石块进行砌筑,或以石板作贴面进行保护,如图 3-13(a)、(b)所示。

② 为防止室外雨水对勒脚部位的侵蚀,常对勒脚的外表面做水泥砂浆抹面[见图 3-13(c)]或其他有效的抹面处理。这种做法造价经济,施工简单,应用也较广。为防止抹灰起壳脱落,除严格施工操作外,常用增加抹灰的“咬口”进行加强[见图 3-13(d)]。

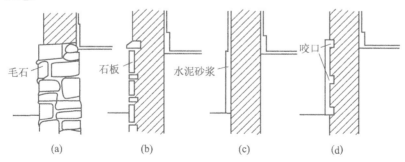

图 3-13 勒脚加固
(a)毛石勒脚;(b)石板贴面;(c)抹灰勒脚;(d)带咬口抹灰勒脚

（3）散水。

散水是设在外墙四周的倾斜护坡，坡度为 3‰～5‰，宽度一般为 600～1000 mm，并要求比无组织排水屋顶檐口宽 200 mm 左右。散水所用材料与明沟相同。为防止由于建筑物的沉降和土壤冻胀等影响导致勒脚与散水交接处开裂，构造上要求在散水与勒脚连接处设缝。散水沿长度方向宜设分格缝，以适应材料的收缩、温度变化和土壤不均匀变形的影响。上述缝内填塞沥青胶等材料，以防渗水。散水做法如图 3-14 所示。

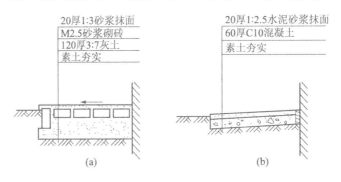

图 3-14　散水断面

(a)砖铺散水；(b)混凝土散水

（4）明沟。

明沟又称阳沟，是位于外墙四周，将通过雨水管流下的屋面雨水有组织地导向地下集水口，流向排水系统的小型排水沟。明沟一般用混凝土现浇，外抹水泥砂浆，或用砖石砌筑再抹水泥砂浆而成(见图 3-15)。

房屋四周的明沟或散水任做一种，一般雨水较多做明沟，干燥地区多做散水。

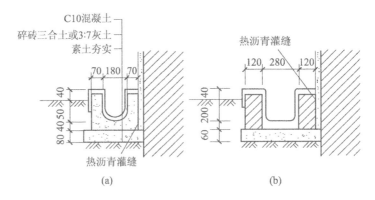

图 3-15　明沟断面

(a)混凝土明沟；(b)砖砌明沟

2. 门窗过梁

过梁是指设置在门窗洞口上部的横梁，用来承受洞口上部墙体传来的荷载，并传给窗间墙。由于砌体相互错缝咬接,过梁上的墙体在砂浆硬结后具有拱的作用,砌体的自重并不全部压在过梁上,仅有部分墙体中梁传给过梁。只有当过梁的有效范围内出现集中荷载时,才另行考虑。

按照过梁采用的材料和构造,常用的有砖拱过梁、钢筋砖过梁和钢筋混凝土过梁。

(1) 砖拱过梁。

砖拱过梁有平拱、弧拱和半圆拱三种,工程中多用平拱。平拱是我国传统式做法。平拱砖过梁由普通砖侧砌和立砌形成,砖应为单数并对称于中心向两边倾斜。灰缝呈上宽(不大于 15 mm)下窄(不小于 5 mm)的楔形(见图 3-16)。

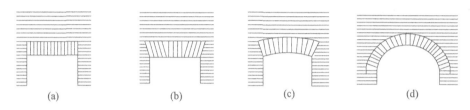

(a)   (b)   (c)   (d)

图 3-16 砖拱过梁

(a)、(b)砖砌平拱;(c)、(d)砖砌弧拱

平拱砖过梁的跨度不应超过 1.2 m。它节约钢材和水泥,但施工麻烦,整体性差,不宜用于上部有集中荷载、有较大振动荷载或可能产生不均匀沉降的建筑。

(2) 钢筋砖过梁。

钢筋砖过梁是在门窗洞口上部的砂浆层内配置钢筋的平砌砖过梁。钢筋砖过梁的高度应经计算确定,一般不小于 5 皮砖,且不小于洞口跨度的 1/5。过梁范围内用不低于 MU7.5 的砖和不低于 M2.5 的砂浆砌筑,砌法与砖墙一样,在第一皮砖下设置不小于 30 mm 厚的砂浆层,并在其中放置钢筋,钢筋的数量为每 120 mm 墙厚不少于 1φ6。钢筋两端伸入墙内 240 mm,并在端部做 60 mm 高的垂直弯钩(见图 3-17)。

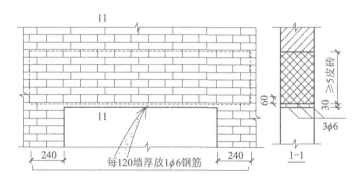

图 3-17 钢筋砖过梁

钢筋砖过梁适用于跨度不超过 1.5 m,上部无集中荷载的洞口。当墙身为清水墙时,采用钢筋砖过梁,可使建筑立面获得统一的效果。此外,在设计上为了加固墙身,常将钢筋砖过梁沿外墙一周连通砌筑,成为钢筋砖圈梁。

(3)钢筋混凝土过梁。

当门窗洞口跨度超过 2 m 或上部有集中荷载时,需采用钢筋混凝土过梁。钢筋混凝土过梁有现浇和预制两种。它坚固耐久,施工简便,目前被广泛采用。

钢筋混凝土过梁的截面尺寸及配筋应经计算确定,并应是砖厚的整倍数,宽度等于墙厚,两端伸入墙内不小于 240 mm。

钢筋混凝土过梁的截面形状有矩形和 L 形。矩形多用于内墙和外混水墙中,L 形分为小挑口断面和大挑口断面,多用于外清水墙(大挑口)和有保温要求的墙体中,此时应注意 L 口朝向室外(见图 3-18)。

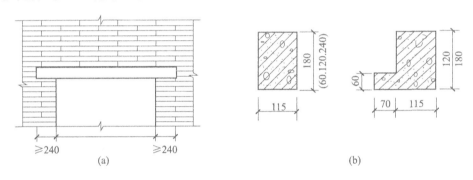

图 3-18 钢筋混凝土过梁

(a)过梁立面;(b)过梁的截面形状和尺寸

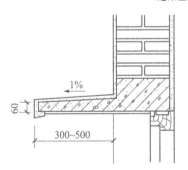

图 3-19 带窗楣板的钢筋混凝土过梁

为了简化构造,节约材料,可将过梁与圈梁、悬挑雨篷、窗楣板或遮阳板等结合起来设计。如南方炎热多雨地区,常从过梁上挑出 300~500 mm 宽的窗楣板,既保护窗户不淋雨,又可遮挡部分直射太阳光(图 3-19)。

3. 窗台

窗台是窗洞下部的构造,用来排除窗外侧流下的雨水和内侧的冷凝水,并起一定的装饰作用。位于窗外的叫外窗台,位于室内的叫内窗台。当墙很薄,窗框沿墙内缘安装时,可不设内窗台。

(1)外窗台。

外窗台一般应低于内窗台面,并应形成 5% 的外倾坡度,以利排水,防止雨水流入室内。外窗台的构造有悬挑窗台和不悬挑窗台两种。悬挑窗台常采用顶砌一皮砖,悬挑 60 mm,外部用水泥砂浆抹灰,并于外沿下部分设滴水。设滴水的目的在于引导上部雨水沿着所设置的槽口聚集而下落，以防雨水影响窗下墙体，如图 3-20（a）所示。另一种悬挑窗台是用一砖侧砌如图 3-20（b）所示，亦悬挑 60 mm，水泥砂浆勾缝，称为清水窗台。此外还有预制钢筋混凝土悬挑窗台，如图 3-20（c）所示。

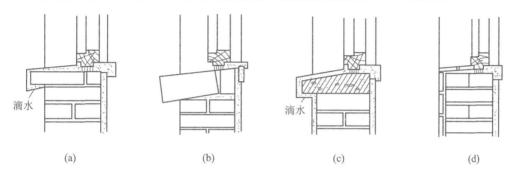

图 3-20　窗台形式
（a）平砌挑砖窗台；（b）侧砌挑砖窗台；（c）钢筋混凝土窗台；（d）不悬挑窗台

从实践中发现，悬挑窗台不论是否做了滴水处理，对不少采用抹灰的墙面，绝大多数窗台下部墙面都出现脏水流淌的痕迹，影响立面美观。为此，不少建筑取消了悬挑窗台，代之以不悬挑的仅在上表面抹水泥砂浆斜面的窗台，如图 3-20（d）所示。由于窗台不悬挑，一旦窗上水下淌时，便沿墙面流下，而流到窗下墙上的脏迹，大多借窗上不断流下的雨水冲洗干净，反而不易积脏。

外窗台的形式由立面的需要而定，可将所有窗台连起来形成通长腰线，可将几个窗台连起来形成分段腰线，也可沿窗洞口四周挑出做成窗套，单个窗台也可以互不相连，窗台比窗洞口每边挑出 60 mm 左右。

（2）内窗台。

内窗台可直接抹 1∶2 水泥砂浆形成面层。北方地区墙体厚度较大时，常在内窗台下留置暖气槽，这时内窗台可采用预置水磨石或木窗台板。

4. 墙身加固构造

当墙身由于承受集中荷载、开洞以及地震等因素的影响，致使墙体稳定性有所降低时，需对墙身采取加固措施。通常采用如下办法。

（1）壁柱和门垛。

当建筑物窗间墙上有集中荷载，而墙厚又不足以承担其荷载时，或墙体的长度、高度超过一定的限度时，常在墙身适当的位置加设突出于墙面的壁柱，突出尺寸一般为 120 mm×370 mm、240 mm×370 mm、240 mm×490 mm 等，如图 3-21（a）所示。

当墙上开设的门窗洞口处在两墙转角处或丁字墙交接处，为了保证墙体的承载能力及稳定性和便于门框的安装，应设置门垛，门垛尺寸不应小于 120 mm，如图 3-21（b）所示。

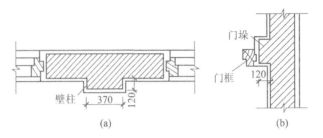

图 3-21　壁柱与门垛

(a)壁柱;(b)门垛

(2) 圈梁。

圈梁又称腰箍,是沿建筑物外墙、内纵墙和部分横墙设置的连续封闭的梁。其作用是加强房屋的空间刚度和整体性,防止由于基础不均匀沉降、振动荷载等引起的墙体开裂。在抗震设防地区,设置圈梁是减轻震害的重要构造措施。

圈梁的数量与建筑物的高度、层数、地基状况和地震烈度有关;圈梁设置的位置与其数量也有一定关系,当只设一道圈梁时,应通过屋盖处,增设时,应通过相应的楼盖处或门洞口上方。

圈梁一般位于屋(楼)盖结构层的下面[见图 3-22(a)],对于空间较大的房间和地震烈度 8 度以上地区的建筑,须将外墙圈梁外侧加高,以防楼板发生水平位移[见图 3-22(b)]。当门窗过梁与屋盖、楼盖靠近时,圈梁可通过洞口顶部,兼作过梁。

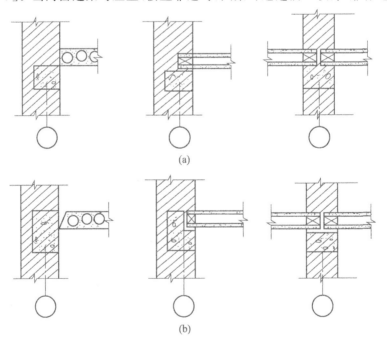

图 3-22　圈梁在墙中的位置

(a)圈梁位于屋(楼)盖结构层下面——板底圈梁;(b)圈梁顶面与屋(楼)盖结构层顶面相平——板面圈梁

圈梁有钢筋混凝土圈梁和钢筋砖圈梁两种(见图 3-23)。钢筋混凝土圈梁的宽度宜与墙厚相同,当墙厚大于 240 mm 时,允许其宽度减小,但不宜小于墙厚的三分之二。圈梁高度应大于 120 mm,并在其中设置纵向钢筋和箍筋,如为 8 度抗震设防时,纵筋为 4φ10,箍筋为 φ6@200。钢筋砖圈梁应采用不低于 M5 的砂浆砌筑,高度为 4～6 皮砖。纵向钢筋不宜少于 6φ6,水平间距不宜大于 120 mm,分上、下两层设在圈梁顶部和底部的灰缝内。

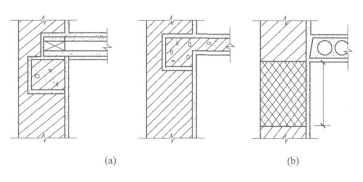

图 3-23 圈梁的构造

(a)钢筋混凝土圈梁;(b)钢筋砖圈梁

圈梁应连续地设在同一水平面上,并形成封闭状。当圈梁被门窗洞口截断时,应在洞口上部增设一道断面不小于圈梁的附加圈梁。但抗震设防地区,圈梁应完全闭合,不得被洞口所截断。附加圈梁的构造如图 3-24 所示。

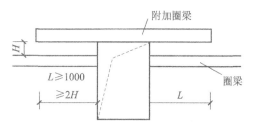

图 3-24 附加圈梁的构造

附加圈梁的断面与配筋不得小于圈梁的断面与配筋。

(3)构造柱。

构造柱是从构造角度考虑设置的,一般设在建筑物的四角、外墙交接处、楼梯间、电梯间的四角以及某些较长墙体的中部。其作用是从竖向加强层间墙体的连接,与圈梁一起构成空间骨架,加强建筑物的整体刚度,提高墙体抗变形的能力,约束墙体裂缝的开展。因此,有抗震设防要求的建筑须设钢筋混凝土构造柱。

处构造柱的截面不宜小于 240 mm×180 mm,常用 240 mm×240 mm,240 mm×300 mm,240 mm×360 mm。纵向钢筋宜采用 4φ12,箍筋不少于 φ6@250,并在柱的上、下端 500 mm 范围端部加密。构造柱应先砌墙后浇筑,墙与柱的连接处宜留出五进五出的大马牙槎,进出 60 mm,并沿墙高每隔 500 mm 设 2φ6 的拉结钢筋,每边伸入墙内不宜少于 1000 mm(见图 3-25)。

构造柱可不单独做基础,下端可伸入室外地面下 500 mm 或锚入浅于 500 mm 的地圈梁内。构造柱应与圈梁连接。

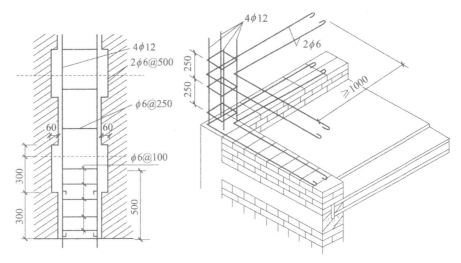

图 3-25   构造柱

(a)平直墙面处的构造柱;(b)转角处的构造柱

5. 防火墙

火灾是指社会物质财富遭到火烧而造成严重损失的祸害。火灾不仅危及物质财产,还威胁着人的生命。因此,火灾的危害是不容忽视的。

引起火灾的因素很多,归纳起来不外乎三个方面:人为的失火或纵火、设备故障以及自然现象所造成的火灾等。

为减少火灾的发生或防止其继续扩大,除设计时考虑防火分区的分隔、选用难燃或不燃烧材料制作构件、增加消防设施等之外,在墙体构造上,还应考虑设置防火墙。

防火墙的作用在于截断火灾区域,防止火灾蔓延。按现行建筑防火规范规定,防火墙应采用非燃烧体,耐火极限不低于 4.0 h,墙上不应开洞,必须开洞时须采用甲级防火门,并能自动关闭。防火墙的最大间距应根据建筑物的耐火等级而定,一、二级耐火等级的建筑物,防火墙的最大间距为 150 m,三级时为 100 m,四级时为 60 m。

防火墙应截断难燃烧体或燃烧体的屋顶,并高出非燃烧体屋面不小于 400 mm,高出燃烧体或难燃烧体屋面不小于 500 mm(见图 3-26)。当屋顶承重构件为耐火极限不低于 0.5 h 的不燃烧体时,防火墙(包括纵向防火墙)可砌至屋面基层的底部,不必高出屋面。

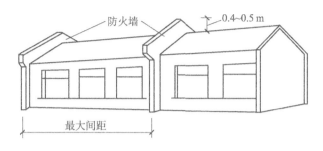

图 3-26 防火墙的设置

6. 烟道、通风道、垃圾道

（1）烟道。

在设有燃煤炉灶的建筑中，为了排除炉灶内的煤烟，常在墙内设置烟道。在寒冷地区，烟道一般应设在内墙中，若必须设在外墙内时，烟道边缘与墙外缘的距离不宜小于 370 mm。烟道有砖砌和预制拼装两种做法。

在多层建筑中，很难做到每个炉灶都有独立的烟道，通常把烟道设置成子母烟道，以免相互窜烟。

烟道应砌筑密实，并随砌随用砂浆将内壁抹平。上端应高出屋面，以免被雪掩埋或受风压影响使排气不畅。母烟道下部靠近地面处设有出灰口，平时用砖堵住。

（2）通风道。

在人数较多的房间，以及产生烟气和空气污浊的房间，如会议室、厨房、卫生间和厕所等，应设置通风道。

通风道的断面尺寸、构造要求及施工方法均与烟道相同，但通风道的进气口应位于顶棚下 300 mm 左右，并用铁算子遮盖。

现在工程中多采用预制装配式通风道，预制装配式通风道用钢丝网水泥或不燃材料制作，分为双孔和三孔两种结构形式，各种结构形式又有不同的截面尺寸，以满足各种使用要求。

（3）垃圾道。

在多层和高层建筑中，为了排除垃圾，有时需设垃圾道。垃圾道一般布置在楼梯间靠外墙附近，或在走道的尽端，有砖砌垃圾道和混凝土垃圾道两种。

垃圾道由孔道、垃圾进口及垃圾斗、通气孔和垃圾出口组成。一般每层都应设垃圾进口，垃圾出口与底层外侧的垃圾箱或垃圾间相连。通气孔位于垃圾道上部，与室外连通（见图 3-27）。

随着人们环保意识的加强，这种每座楼均设垃圾道的做法已越来越少，转而改用集中设垃圾箱的做法，以便于垃圾集中、分类管理。

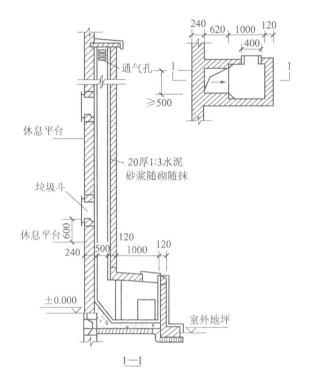

图 3-27 砖砌垃圾道构造

3.3 砌块墙构造

砌块墙是采用尺寸比实心黏土砖大的预制块材(砌块)砌筑而成的墙体。砌块与普通黏土砖相比,能充分利用工业废料的地方材料,且具有生产投资少、见效快、不占耕地、节约资源等优点。采用砌块墙是我国目前墙体改革的主要途径之一。

3.3.1 砌块的类型

砌块的种类很多,按材料分有普通混凝土砌块、轻骨料混凝土砌块、加气混凝土砌块以及利用各种工业废料制成的砌块(炉渣混凝土砌块、蒸养粉煤灰砌块等);按构造形式分有实心砌块和空心砌块,空心砌块又有单排方孔、单排圆孔和多排扁孔三种形式,多排扁孔对保温有利;按功能分有承重砌块和保温砌块等;按尺寸和重量分有大、中、小型砌块三种类型,但目前多采用中、小型砌块。

小型砌块的重量一般不超过 20 kg,主块外形尺寸(长×厚×高)多为 390 mm×190 mm×190 mm,辅助砌块尺寸为 90 mm×190 mm×190 mm 和 190 mm×190 mm×190 mm,适合人工搬运和砌筑。

中型砌块的重量为 20~350 kg,有空心砌块和实心砌块之分。常见的空心砌块尺寸(长×厚×高)为 630 mm×180 mm×845 mm、1280 mm×180 mm×845 mm、2130 mm×180 mm×845 mm;实心砌块尺寸(长×厚×高)为 280 mm×240 mm×380 mm、430 mm×240 mm×380 mm、580 mm×240 mm×380 mm、880 mm×240 mm×380 mm,需要用轻便机具搬运和砌筑。

大型砌块的重量一般在 350 kg 以上,是向板材过渡的一种形式,需要用大型设备搬运和施工。

3.3.2 砌块的组砌

砌块的组合是件复杂而重要的工作。砌块墙多采用整块顺砌、交错搭接的组砌方式,以保证墙体的稳定性。但砌块不能像普通砖一样,只用一种规格并可砍断,应尽量多使用主要砌块,并使其占砌块总数的 70% 以上。因此,必须在多种规格间进行排列设计,即需要在建筑平面图和立面图上进行砌块的排列,注明每一砌块的型号(见图 3-28)。砌块排列设计的原则是:正确选择砌块的规格尺寸,减少砌块的规格类型;优先选用大规格的砌块做主砌块,以加快施工速度;上、下皮应错缝搭接,内外墙和转角处的砌块应彼此搭接,以加强整体性;空心砌块上、下皮应孔对孔、肋对肋,错缝搭接(小型砌块不小于 90 mm,中型砌块不小于 150 mm)。

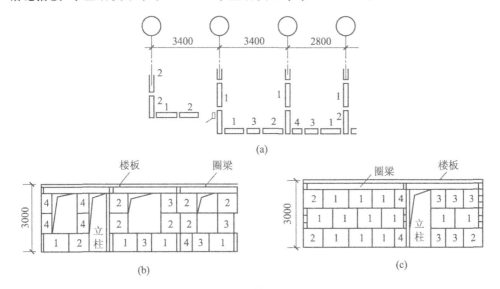

图 3-28 砌块排列示意
(a)平面;(b)立面;(c)内墙立面

砌块的排列应使上、下皮错缝,搭接长度一般为砌块长度的 1/4,并且不应小于 150 mm。当无法满足搭接长度要求时,应在灰缝内设 φ4 钢筋网片连接(见图 3-29)。

砌块墙的灰缝宽度一般为 10~15 mm,用 M5 砂浆砌筑。当垂直灰缝大于 30 mm 时,则需用 C15 细石混凝土灌实。

由于砌块的尺寸大,一般不存在内、外皮间的搭接问题,因此更应注意保证砌块墙的整体性。在纵横交接处和外墙转角处均应咬接(见图 3-30)。

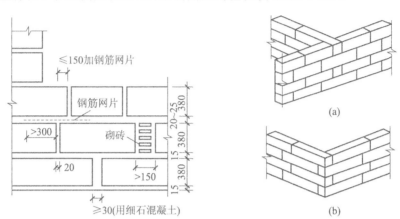

图 3-29　砌块的排列

图 3-30　砌块的咬接

(a)内外墙的咬接;(b)外墙的咬接

3.3.3　砌块的构造

砌块墙和砖墙一样,为增强其墙体的整体性与稳定性,必须从构造上予以加强。

1. 砌筑缝

由于砌块的尺寸远比砖大,所以砌块墙的接缝更显得重要。在砌筑时,必须保证灰缝横平、竖直、砂浆饱满。砌筑缝包括水平缝和垂直缝。水平缝有平缝和槽口缝[见图 3-31(a)、(b)],垂直缝有平缝、错口缝和槽口缝[见图 3-31(c)、(d)、(e)、(f)]等形式。水平和垂直灰缝的宽度不仅要考虑到安装方便、易于灌浆捣实,以保证足够的强度和刚度,而且还要考虑隔声、保温、防渗等要求。灰缝宽度最小为 10 mm,最大为 20 mm,一般应在 10~15 mm 之间。一般采用 M5 砂浆砌筑,寒冷地区则用导热系数小的保温砂浆,如水玻璃矿渣砂浆(水玻璃+砂+磨细矿渣)等代替普通砂浆。当垂直灰缝大于 30 mm 时,须用 C15 细石混凝土灌实。

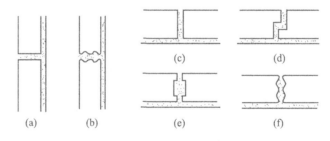

图 3-31　水平缝与垂直缝

(a)水平缝-平缝;(b)水平缝-槽口缝;(c)垂直缝-平缝;
(d)垂直缝-错口缝;(e)、(f)垂直缝-槽口缝

2. 过梁、圈梁与构造柱

过梁是砌块墙的重要构件。它既起连系梁和承受门窗洞口上部荷载的作用,又是一种调节砌块。当层高与砌块高出现差异时,便借过梁尺寸的变化起高度的调节作用,从而使其他砌块的通用性更大。

砌块墙的圈梁常和过梁统一考虑,有现浇和预制两种。现浇圈梁整体性强,对加固墙身有利,但施工较复杂。不少地区采用槽形预制构件,在槽内配置钢筋,浇筑混凝土形成圈梁(见图 3-32)。

在地震设防区,为了加强多层砌块房屋墙体的竖向连接,在外墙转角及某些内外墙相接的 T 字形接头处,利用空心砌块上下孔对齐,在孔内配置 $\phi 10\sim\phi 12$ 的钢筋,然后用 C20 细石混凝土分层灌实,形成构造柱,将砌块在垂直方向连成一体(见图 3-33)。

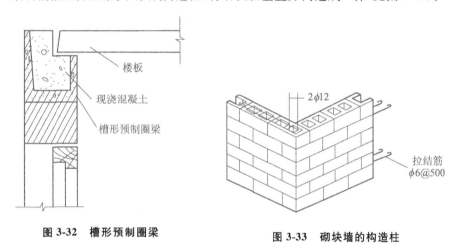

图 3-32　槽形预制圈梁　　　　图 3-33　砌块墙的构造柱

构造柱与圈梁、基础须有较好的连接,这对抗震加固十分有利。

3. 门窗框的连接

门窗框与砌块墙一般采用如下连接方法。

(1) 用 4 号圆钉每隔 300 mm 钉入门窗框,然后打弯钉头,置于砌块端头竖向槽内,从门窗框嵌入砂浆[见图 3-34(a)]。

(2) 将木楔打入空心砌块的孔洞中代替木砖,用钉子将门窗框与木楔钉结[见图 3-34(b)]。

(3) 在砌块内或灰缝内窝木榫或铁件连接[见图 3-34(c)]。

(4) 在加气混凝土砌块埋胶黏圆木或塑料管来固定门窗[见图 3-34(d)]。

4. 防湿构造

砌块多为多孔材料,吸水性强,容易受潮,特别是在檐口、窗台、勒脚及落水管附近墙面等部位。在湿度较大的房间中,砌块也须有相应的防湿措施。

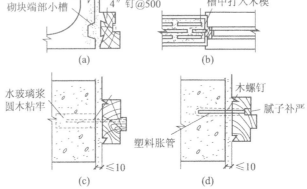

图 3-34 门窗框与砌块墙的连接

(a)门窗框与砂浆钉接;(b)门窗框与木楔钉接;

(c)木榫或铁件连接;(d)圆木或塑料管与门窗框连接

3.4 隔墙构造

隔墙是分隔室内空间的非承重构件。在现代建筑中,为了提高平面布局的灵活性,大量采用隔墙以适应建筑功能的变化。由于隔墙不承受任何外来荷载,且本身的重量还要由楼板或小梁来承受,因此要求隔墙具有自重轻、厚度薄、便于拆卸、有一定的隔声能力。

卫生间、厨房隔墙还应具有防水、防潮、防火等性能。隔墙的类型很多,按其构造方式可分为块材隔墙、轻骨架隔墙、板材隔墙三大类。

3.4.1 块材隔墙

块材隔墙是用普通砖、空心砖、加气混凝土等块材砌筑而成的,常用的有普通砖隔墙和砌块隔墙。

1. 普通砖隔墙

普通砖隔墙有 1/4 砖(60 mm)和半砖(120 mm)两种。

1/4 砖墙用普通黏土砖侧砌而成,砌筑砂浆强度等级不低于 M5。因稳定性差,一般用于不设门窗的部位,如厨房、卫生间之间的隔墙,并采取加固措施(见图 3-35)。

半砖墙用普通黏土砖采用全顺式砌筑而成,砌筑砂浆强度等级不低于 M5,构造措施与 1/4 砖墙基本相同。由于半砖墙稳定性优于 1/4 砖墙,故可以砌筑较大面积的墙体,但长度超过 6 m 应设砖壁柱,高度超过 4 m 时应在门过梁处设通长钢筋混凝土带(见图 3-36)。为了保证砖隔墙不承重,在砖墙砌到楼板底或梁底时,将砖斜砌一皮,或将空隙塞木楔打紧,然后用砂浆填缝。

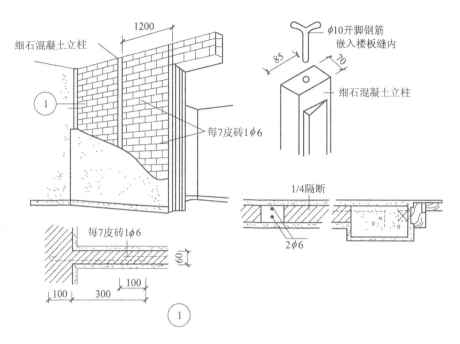

图 3-35 1/4 砖隔墙

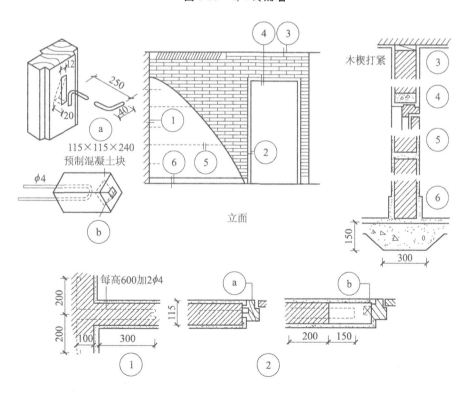

图 3-36 半砖隔墙

此外,多孔砖或空心砖作隔墙多采用立砌,厚度为 90 mm,在 1/4 砖和半砖墙之间。其加固措施可以参照半砖隔墙的构造进行。在接合处设半块时,常可用普通砖填嵌空隙。

砖隔墙坚固耐久,有一定的隔声能力,但自重大,湿作业量多,不易拆装。

2. 砌块隔墙

为减轻隔墙自重,可采用轻质砌块,如加气混凝土块、粉煤灰砌块、空心砖等。

墙厚由砌块尺寸决定,加固措施同半砖隔墙,每隔 1200 mm 墙高铺 30 mm 厚砂浆一层,内配 2φ4 通长钢筋或钢丝网一层,墙高超过 4 m 时在门过梁处设通长钢筋混凝土带(见图 3-37)。砌块不够整块时宜用普通黏土砖填补,常采用加气混凝土块、粉煤灰砌块、水泥炉渣空心砖等砌块砌筑。因砌块吸水量大,故砌筑时先在墙下部实砌三皮实心砖,再砌砌块,以免直接受潮。

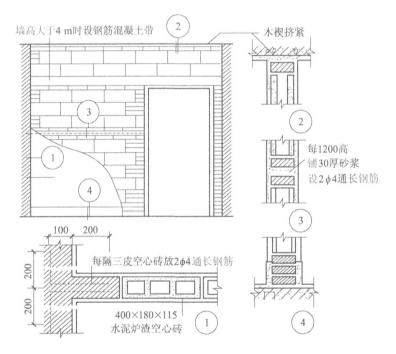

图 3-37 砌块隔墙

3.4.2 轻骨架隔墙

轻骨架隔墙由骨架和覆面层两部分组成,骨架有木骨架和金属骨架之分。

1. 木骨架隔墙

木骨架隔墙具有重量轻、厚度小、施工方便和便于拆装等优点,但防水、防潮、隔声较差,且耗费木材。

木骨架由上槛、下槛、立柱、斜撑或横撑等木构件组成。上下槛和边立柱组成边框,中间每隔 400 mm 或 600 mm 架一截面为 50 mm×50 mm 或 50 mm×100 mm 的立柱。在高度方向每隔 1500 mm 左右设一斜撑或横撑以增加骨架的刚度。骨架用钉固定在两侧砖墙预埋的防腐木砖上。隔墙设门窗时,将门窗框固定在两侧截面加大的立柱上或采用直顶上槛的长脚门窗框上。

木骨架隔墙可用板条抹灰、钢丝网抹灰或钢板网抹灰以及铺钉各种薄型面板来做两侧覆面层。

(1) 板条抹灰隔墙。

先在骨架两侧横钉 1200 mm×24 mm×6 mm 或 1200 mm×38 mm×9 mm 的毛板条,视立柱间距而定。板条间留缝,缝宽 9 mm 左右,以便抹灰层挤入,增加与灰板条的握裹力。板条接缝应错开,避免过长的通缝,以防抹灰开裂和脱落。为使抹灰层与板条黏结牢固和避免墙面开裂,通常采用纸筋灰或麻刀灰抹面。隔墙下一般加砌 2~3 皮砖,并做出踢脚(见图 3-38)。

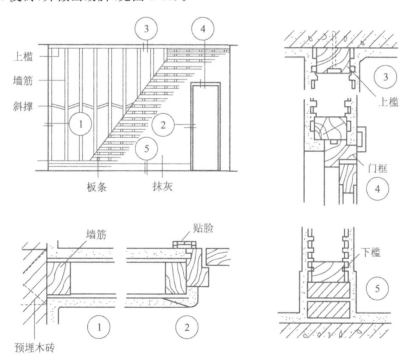

图 3-38 板条抹灰隔墙

(2)钢丝网抹灰或钢板网抹灰隔墙。

为提高隔墙的防火、防潮能力与节约木材,可在骨架两侧钉以钢丝网或钢板网,然后再做抹灰面层。由于钢丝网变形小、强度高,抹灰层开裂的可能性小,有利于防潮、防火。

（3）钉面板隔墙。

木骨架两侧镶钉胶合板、纤维板、石膏板或其他轻质薄板构成的隔墙,施工简便、属于干作业、便于拆装。为提高隔声能力,可在板间填以岩棉等轻质材料或做双层面板。

2. 金属骨架隔墙

金属骨架隔墙是在金属骨架两侧铺钉各种面板构成的隔墙。金属骨架一般由薄钢板加工组合而成,也称轻钢龙骨。与木骨架一样,金属骨架也由上下槛、立柱和横撑组成。面板通常采用胶合板、纤维板、石膏板和其他薄型装饰板,其中以纸面石膏板应用得最普遍。石膏板借自攻螺丝固定于金属骨架上,石膏板之间接缝除用石膏胶泥堵塞刮平外,须黏结接缝带。接缝带应选用玻璃纤维织带,粘贴在两遍胶泥之间。石膏板贴面金属骨架隔墙如图 3-39 所示。

金属骨架隔墙自重轻、厚度小、强度大、防火、防潮、易拆装、整体性好,且均为干作业,施工方便、速度快,为提高隔声能力,可采取铺钉双层面板、错开骨架和骨架间填以岩棉、泡沫塑料等弹性材料等措施。

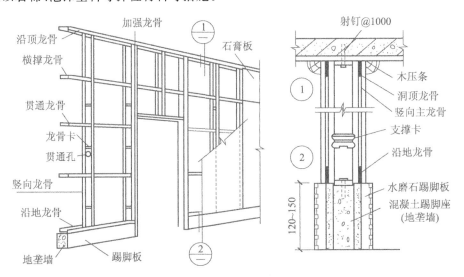

图 3-39　金属骨架隔墙

3.4.3　板材隔墙

板材隔墙是指单板高度相当于房间净高,面积较大,且不依赖骨架,能直接装配的隔墙。目前,建筑中采用的大多为条板,如加气混凝土条板、石膏条板、碳化石灰板、蜂窝纸板、水泥刨花板等,其规格一般为:长 2700～3000 mm,宽 500～800 mm,厚 80～120 mm。

图 3-40 所示为碳化石灰条板隔墙构造。安装时,在板顶与楼板之间用木楔将板

条楔紧,条板间的缝隙用水玻璃黏结剂(水玻璃：细矿渣：细砂：泡沫剂＝1：1：1.5：0.01)或 108 胶水泥砂浆(1：3 的水泥砂浆加入适量的 108 胶)进行黏结,待安装完成后,进行表面装修。

由于板材隔墙采用的是轻质大型板材,施工中直接拼装而不依赖骨架,因此,它具有自重轻、安装方便、施工速度快、工业化程度高的特点。

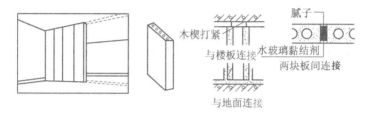

图 3-40 碳化石灰条板隔墙构造

3.5 墙面装修

3.5.1 墙面装修的作用

1. 保护墙体,提高墙体的坚固耐久性

由于墙体材料中存在着微小孔隙,加上施工时会留下许多缝隙,因此墙体的吸水性增大。在雨水的长期作用下,墙体强度会有所降低,同时,潮湿还会加速墙体表面的风化作用,影响墙体的耐久性。为此,对墙体要进行装修处理,防止墙体直接受到风、霜、雨、雪的侵袭,从而提高墙体对水、火、酸、碱、氧化、风化等不利因素的抵抗能力,起到保护墙身、增强墙体的坚固性和耐久性、延长墙体使用年限的作用。

2. 堵塞孔隙,改善墙体的使用功能

墙体中的孔隙不仅影响墙身的耐久性,而且会增加墙体的透气性,这对墙体的热工和隔声性能都是很不利的。同时,粗糙的墙面难以保持清洁,也会降低墙面的反光能力,不利于室内采光。因此,对墙面进行装修处理,增加墙身厚度,利用装修材料堵塞孔隙,大大提高墙体的保温、隔热和隔声的能力;而且平整、光滑、浅色的内墙装修,还可以增强光的反射,提高室内的照度,改善室内的卫生条件。此外,利用不同材料的室内装修,还可以产生对声音的吸收或反射作用,改善室内的音质效果。

3. 美化环境,提高建筑的艺术效果

在建筑物的外观设计中,除考虑到形体比例、墙面划分、虚实对比等体型的处理外,用墙面装修来增加建筑物立面的艺术效果,也是一种重要的手段。这些往往须通过材料质感、色彩和线形等来表现,以达到美化建筑的目的。

3.5.2 墙面装修的分类

1. 按所处的部位不同

按所处的部位不同,墙面装修可分为室外装修和室内装修两类。

室外装修起保护墙体和美观的作用,应选用强度高、耐水性好,以及有一定抗冻性和抗腐蚀、耐风化的建筑材料。室内装修主要是为了改善室内卫生条件,提高采光、音响等效果,美化室内环境。室内装修材料的选用应根据房间的功能要求和装修标准确定。同时,对一些有特殊要求的房间,还要考虑材料的防水、防火、防辐射等能力。

2. 按施工方式不同

按施工方式不同,墙面装修可分为勾缝、抹灰类、贴面类、涂料类、裱糊类、铺钉类和幕墙等七类,如表 3-1 所示。

表 3-1　墙面装修分类

类　　别	室 外 装 修	室 内 装 修
抹灰类	水泥砂浆、混合砂浆、聚合物水泥砂浆、拉毛、水刷石、干粘石、斩假石、假面砖、喷涂、滚涂等	纸筋灰、麻刀灰粉面、石膏粉面、膨胀珍珠岩灰浆、混合砂浆、拉毛、拉条等
贴面类	外墙面砖、陶瓷锦砖、玻璃陶瓷锦砖、人造水磨石板、天然石板等	釉面砖、人造石板、天然石板等
涂料类	石灰浆、水泥浆、溶剂型涂料、乳液涂料、彩板、天然石板等	大白浆、石灰浆、油漆、乳胶漆、水溶性涂料、弹涂等
裱糊类	—	塑料墙纸、金属面墙纸、木纹壁纸、花纹玻璃纤维布、纺织面墙纸及锦缎等
铺钉类	各种金属饰面板、石棉水泥板、玻璃	各种木夹板、木纤维板、石膏板及各种装饰面板等

3.5.3 墙面装修构造

1. 勾缝

勾缝仅限于砌体基层的墙面。砌体墙砌好后,为了美观和防止雨水侵入,需用 1:1 或 1:1.5 水泥砂浆勾缝(见图 3-41)。为进一步提高装饰性,可在勾缝砂浆中掺入颜料。

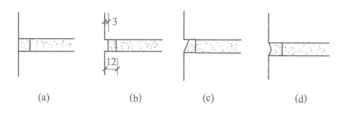

图 3-41 勾缝的形式

(a)平缝;(b)平凹缝;(c)斜缝;(d)弧形缝

2. 抹灰类

墙面抹灰装修是以水泥、石灰或石膏等为胶结材料,加入砂或石渣,用水拌和成砂浆或石渣浆作为墙体的饰面层。其主要优点是材料来源广泛、施工操作简便、造价低廉,但目前多是手工湿作业,工效较低,劳动强度较大。

为保证抹灰层牢固、平整,防止开裂及脱落,抹灰前应先将基层表面清除干净,洒水湿润后,分层进行抹灰。抹灰装修层由底层、中间层和面层三个层次组成(见图 3-42)。

底层抹灰主要起黏结和初步找平的作用,厚度为 10~15 mm,底层灰浆用料视基层材料而异:普通砖墙常采用石灰砂浆和混合砂浆;对于混凝土墙,应采用混

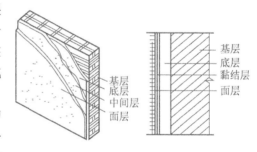

图 3-42 墙面抹灰的分层构造

合砂浆和水泥砂浆;对木板条墙,由于其与灰浆黏结力差,抹灰容易开裂、脱落,应在石灰砂浆或混合砂浆中掺入适量的纸筋、麻刀或玻璃纤维等。

中间层抹灰主要起进一步找平的作用,其所用材料与底层基本相同,厚度为 5~12 mm。

面层抹灰也称罩面,主要作用是使表面平整、光洁、色彩均匀、无裂痕,可以做成光滑、粗糙等不同质感,以达到装修效果,厚度为 3~5 mm。

抹灰层的总厚度,视装修部位不同而异,一般外墙抹灰厚度为 20~25 mm,内墙抹灰厚度为 15~20 mm。

抹灰类墙面的质量等级分为普通抹灰、中级抹灰和高级抹灰三级。

(1)普通抹灰。一层底层抹灰、一层面层抹灰。

(2)中级抹灰。一层底层抹灰、一层中间层抹灰、一层面层抹灰。

(3)高级抹灰。一层底层抹灰、多层中间层抹灰、一层面层抹灰。

根据抹灰面层采用的材料的工艺要求,抹灰装修分为一般抹灰和装饰抹灰。一般抹灰有石灰砂浆、水泥砂浆、混合砂浆、纸筋灰等抹灰装修,装饰抹灰有水刷石、干

粘石、斩假石、拉毛灰、彩色灰等抹灰装修做法。常见抹灰装修做法如表 3-2 所示。

表 3-2　常用抹灰做法举例

抹 灰 名 称		做 法 说 明	适 用 范 围
纸筋灰或仿瓷涂料墙面		① 14 mm 厚 1∶3 石灰膏砂浆打底 ② 2 mm 厚纸筋(麻刀)灰或仿瓷涂料抹面 ③ 刷(喷)内墙涂料	砖基层的内墙面
混合砂浆墙面		① 15 mm 厚 1∶1∶6 水泥石灰膏砂浆找平 ② 5 mm 厚 1∶0.3∶3 水泥石灰膏砂浆面层 ③ 喷内墙涂料	砖基层的内墙面
水泥砂浆墙面	(1)	① 10 mm 厚 1∶3 水泥砂浆打底扫毛或划出纹道 ② 9 mm 厚 1∶3 水泥砂浆刮平扫毛 ③ 6 mm 厚 1∶2.5 水泥砂浆罩面	砖基层的外墙面或有防水要求的内墙面
	(2)	① 刷(喷)一道 108 胶水溶液 ② 6 mm 厚 2∶1∶8 水泥石灰膏砂浆打底扫毛或划出纹道 ③ 6 mm 厚 1∶1.6 水泥石灰膏砂浆刮平扫毛 ④ 6 mm 厚 1∶2.5 水泥砂浆罩面	加气混凝土等轻型基层外墙面
水刷石墙面	(1)	① 12 mm 厚 1∶3 水泥砂浆打底扫毛或划出纹道 ② 刷素水泥浆一道 ③ 8 mm 厚 1∶1.5 水泥石子(小八厘)罩面,水刷露出石子	砖基层外墙面
	(2)	① 刷加气混凝土界面处理剂一道 ② 6 mm 厚 1∶0.5∶4 水泥石灰膏砂浆打底扫毛 ③ 6 mm 厚 1∶1.6 水泥石灰膏砂浆抹平扫毛 ④ 刷素水泥浆一道 ⑤ 8 mm 厚 1∶1.5 水泥石子(小八厘)罩面,水刷露出石子	加气混凝土等轻型基层外墙面
斩假石(剁斧石)墙面		① 12 mm 厚 1∶3 水泥砂浆打底扫毛或划出纹道 ② 刷素水泥浆一道 ③ 10 mm 厚 1∶2.5 水泥石子(米粒石内掺 30% 石屑)罩面赶光压实 ④ 剁斧斩毛两遍成活	外墙面

　　在内墙抹灰中,对于门厅、走廊、楼梯间等人群活动频繁的地方,或厨房、卫生间等较容易碰撞或有防水要求的内墙下段墙面,常采用 1∶3 水泥砂浆打底,1∶2 水泥砂浆或水磨石罩面高约 1.5 m 的墙裙(见图 3-43)。对于经常受到碰撞的内墙阳角,应用 1∶2 水泥砂浆做护角,护角高不应小于 2 m,每侧宽度不应小于 50 mm(见图 3-44)。

　　此外,在外墙抹灰中,由于墙面抹灰面积较大,为防止面层开裂,方便操作和立面设计的需要,常在抹灰面层做分格,称为引条线。引条线的做法是在底灰上埋设梯形、三角形或半圆形的木引条,面层抹灰完成后,即可取出木引条。再用水泥砂浆勾缝,以提高其抗渗能力(见图 3-45)。

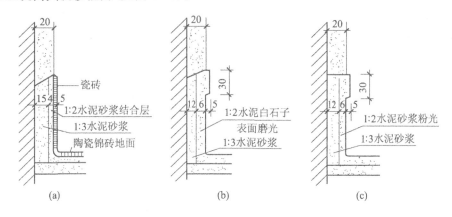

图 3-43　墙裙构造
(a)瓷砖墙裙;(b)水磨石墙裙;(c)水泥砂浆墙裙

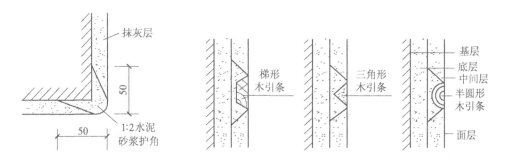

图 3-44　内墙阳角的护角构造　　　　图 3-45　引条线的做法

3. 贴面类

　　贴面类装修系指利用各种天然的或人造的板、块对墙面进行的装修处理。这类装修具有耐久性强、施工方便、质量高、装饰效果好等特点。常见的贴面材料包括陶瓷锦砖、面砖、玻璃锦砖和预制水刷石、水磨石板以及花岗岩、大理石等天然石板。其中质感细腻的瓷砖、大理石板多用作室内装修;而质感粗放、耐候性好的陶瓷锦砖、面砖、墙砖、花岗岩板等多用作室外装修。

　　(1)陶瓷面砖、锦砖贴面。

　　陶瓷面砖、锦砖是以陶土或瓷土为原料,经加工成型、煅烧而制成的产品。可以根据是否上釉而分为以下几种。

　　① 陶土釉面砖,它色彩艳丽、装饰性强。其规格为 100 mm×100 mm×7 mm,

有白、棕、黄、绿、黑等色,具有强度高、表面光滑、美观耐用、吸水率低等特点,多用作内、外墙及柱的饰面。

② 陶土无釉面砖,俗称面砖,它质地坚固、防冻、耐腐蚀。其规格有 113 mm×77 mm×17 mm、145mm×113 mm×17 mm、233 mm×113 mm×17 mm、265 mm×113 mm×17 mm 和 240 mm×60 mm×13 mm、115 mm×60 mm×13 mm 等多种,有白、棕、红、黑、黄等颜色,有光面、毛面或各种纹理饰面,主要用作外墙面装修。

③ 瓷土釉面砖,常见的有瓷砖、彩釉墙砖。瓷砖是薄板制品,故又称瓷片。釉面有白、黄、粉、蓝、绿等色及各种花纹图案。其规格有 108 mm×108 mm×5 mm 、152 mm×152 mm×5 mm、152 mm×228 mm×5 mm 及各种配套的边角料。瓷砖多用作厨房、卫生间的墙裙或卫生要求较高的墙面贴面。彩釉墙砖常见的规格为 100 mm×200 mm×7 mm、200 mm×200 mm×7 mm,颜色有灰、绿、蓝及蓝底白点等色,多用作内外墙面装修。

④ 瓷土无釉砖,主要包括锦砖及无釉砖。锦砖又名马赛克,由各种颜色、方形或多种几何形状的小瓷片拼制而成。生产时将小瓷片拼贴在 300 mm×300 mm 或 400 mm×400 mm 的牛皮纸上,不同色彩拼合,可形成色彩丰富、图案繁多的装饰制品,又称为纸皮砖。原本用作地面装修铺材,因其图案丰富、色泽稳定,加之耐污染、易清洁、价廉、变化多,近年来已大量用于外墙饰面,效果甚佳。瓷土无釉砖常见的规格有 100 mm×200 mm×7 mm、200 mm×200 mm×7 mm、200 mm×300 mm×8 mm、300 mm×300 mm×9 mm。颜色有棕、绿、蓝、黄、灰、黑、棕绿等色。习惯上称它为西方时髦型无釉砖,是当今国内外较为流行的一种新型装修材料。它质地坚固、耐磨、耐酸碱、防冻、不打滑。其外观与质地均具天然花岗岩的效果,是理想的墙面装饰材料。

陶瓷墙砖作为外墙面装修,其构造多采用 10~15 mm 厚 1∶3 水泥砂浆打底,5 mm 厚 1∶1 水泥砂浆黏结层,然后粘贴各类装饰材料。如果黏结层内掺入 10% 以下的 108 胶时,其粘贴层厚可减为 2~3 mm 厚,在外墙面砖之间粘贴时留出约 13 mm 缝隙,以增加材料的透气性,如图 3-46(b)所示。作为内墙面装修,其构造多采用 10~15 mm 厚 1∶3 水泥砂浆或 1∶3∶9 水泥、石灰膏、砂浆打底,8~10 mm 厚 1∶0.3∶3 水泥、石灰膏砂浆黏结层,外贴瓷砖,如图 3-46(a)所示。

还有一种玻璃锦砖又称玻璃马赛克,是半透明的玻璃质饰面材料。与陶瓷马赛克一样,生产时就将小玻璃瓷片铺贴在牛皮纸上。它质地坚硬、色调柔和典雅、性能稳定,具有耐热、耐寒、耐腐蚀、不龟裂、表面光滑、雨后自洁、不褪色和自重轻等特点,且背面带有凸棱线条,四周呈斜角面,铺贴的灰缝呈楔形,可与基层黏结牢固。是外墙装修较为理想的材料之一。它有白色、咖啡色、蓝色和棕色等多种颜色,亦可组合成各种花饰。玻璃瓷片规格为 20 mm×20 mm×4 mm,可拼为 325 mm×325 mm 规格纸皮砖。其构造与面砖贴面相同。

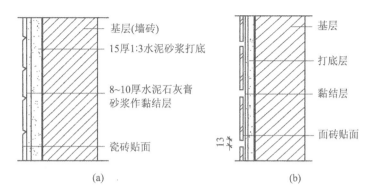

图 3-46　瓷砖、面砖贴面

(a)瓷砖贴面；(b)面砖贴面

（2）天然石板、人造石板贴面。

用于墙面装修的天然石板有大理石板和花岗岩板，它们属于高级装修饰面。大理石主要用于室内，花岗岩主要用于室外。

大理石又称云石，表面经磨光后纹理雅致、色泽鲜艳、美丽如画。全国各地都有十分艳丽的大理石产品，如杭州出产的杭灰、苏州生产的苏黑、宜兴生产的宜兴咖啡、东北绿、南京红以及北京房山的白色大理石（汉白玉）等。

花岗岩质地坚硬、不易风化、能适应各种气候变化，故多用作室外装修。它也有多种颜色，有黑、灰、红、粉红等色。根据对石板表面加工方式的不同，花岗岩可分为剁斧石、火爆石、蘑菇石和磨光石四种。剁斧石外表纹理可细可粗，多用作室外台阶踏步铺面，也可用作台基或墙面；火爆石是花岗岩石板表面经喷灯火爆后，表面呈自然粗糙面，作外凹面有特定的装饰效果；蘑菇石表面呈蘑菇状凸起，多用作室外墙面装修；磨光石表面光滑如镜，可作室外墙面装修，亦可用作室内墙面、地面装修。

大理石板和花岗石板有方形和长方形两种。常见尺寸为 600 mm×600 mm、600 mm×800 mm、800 mm×800 mm、800 mm×1000 mm，厚度为 20 mm，亦可按需要加工成所需尺度。石板贴面装修构造系预先在墙面或柱面上固定钢筋网，再用铜丝或镀锌铅丝穿过事先在石板上钻好的孔眼将石板绑扎在钢筋网上。因此，固定石板的水平钢筋（或钢箍）的间距应与石板高度尺寸一致。当石板就位、校正、绑扎牢固后，在石板与墙或柱之间，浇筑 1：3 水泥砂浆，厚 30 mm 左右，如图3-47（a）所示。近年来常用专用的卡具借射钉或螺钉钉在墙上，或用膨胀螺栓打入墙上的角钢上或预立的铝合金立筋上，只要外部用硅胶嵌缝而不需内部再浇筑砂浆，轻盈方便，故亦称花岗石幕墙，如图 3-47（b）所示。人造石板常见的有人造大理石板、水磨石板等，其构造与天然石板相同，只是不必在预制板上钻孔，而凭借预制板背面在生产时就露出的钢筋，将板用铅丝绑牢在水平钢筋（或钢箍）上即可，如图 3-48 所示。

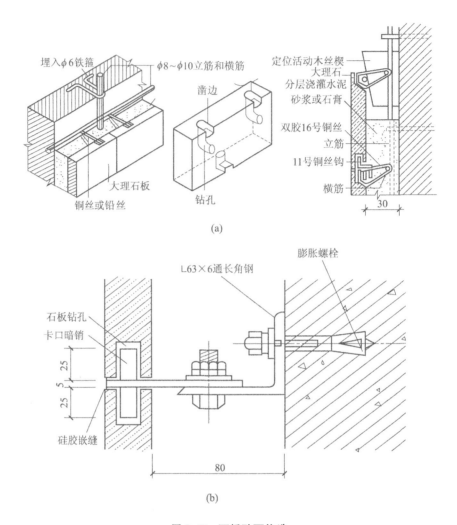

图 3-47　石板贴面构造

(a)固定钢筋;(b)用卡具及螺栓定位

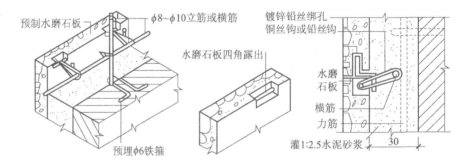

图 3-48　预制人造石板贴面

近几年,为节省钢材,降低石板类墙面装修的造价,在构造作法上,各地有多种合理的构造方式,如用射钉靠射钉枪按规定部位打入墙(或柱)体内,然后将石板绑扎在钉头上。

4. 涂料类

涂料类墙面装修是将各种涂料敷于基层表面而形成牢固的膜层,从而起到保护墙面和装饰墙面的作用。

涂料是指涂敷于物体表面后,能与基层有很好的黏结,从而形成完整而牢固的保护膜的面层物质。这种物质对被涂物体有保护、装饰作用。例如:油漆便是一种最常见的涂料。

建筑内外墙面用涂料作饰面是饰面做法中最简单的一种方式。涂料作为墙面装修材料,与贴面装修相比具有材源广、装饰效果好、造价低、操作简单、工期短、工效高、自重轻、维修更新方便等特点。因此,涂料是当今最有发展前途的装修材料。

由于外墙面砖、墙砖、锦砖、天然石板等装修材料制作和加工过程复杂,成本较高,加上材源受限,今后在内、外墙面装修的使用中将受到限制。因此,涂料将以崭新的面目出现在未来的内、外墙面装修中。

建筑涂料的品种繁多,作为建筑物的饰面涂料,应根据建筑物的使用功能、建筑环境、建筑构件所处部位等来选择装饰效果好、黏结力强、耐久性高、耐大气污染和经济性好的材料。如外墙装修,需要涂料具有足够的耐久性、耐候性、耐污染性和耐冻融性;而内墙装修,除对颜色、平整度、丰满度等有一定要求外,还应有较好的机械稳定性,即有一定的硬度、耐干擦和湿擦性。另外,在选择涂料时,还应根据建筑构件本身材料的不同来确定涂料体系。如用于水泥砂浆和混凝土基层的涂料,须具有较好的耐碱性,并能有效地防止基层的碱析出涂膜表面,引起"返碱"现象而影响装饰效果;对于钢铁等金属构件,则应防止生锈。此外,在选择涂料时,还应考虑地区、环境以及施工季节。由于建筑物所处地理位置不同,其饰面所经受气候条件也不同。炎热多雨的南方采用的涂料不仅要有好的耐水性、耐温性,而且要有好的防霉性,否则霉菌繁殖会使涂料失去装饰效果;严寒的北方对涂料的抗冻性有更高的要求;雨期施工应选能迅速干燥且具有较好初期耐水性的涂料;冬期施工则应特别注意涂料的最低成膜温度,选择成膜温度低的涂料。总之,只有了解涂料性能,才能合理地、正确地选用。

建筑涂料按其主要成膜物的不同可分为有机涂料、无机涂料及有机和无机复合涂料三大类。

(1) 无机涂料。

无机涂料是历史上最早出现的一种涂料。无机涂料是以生石灰、碳酸钙、滑石粉等为主要原料,适量加入动物胶而配制的内墙涂刷材料。但这类涂料由于涂膜质地疏松、易起粉,且耐水性差,已逐步被以合成树脂为基料的各类涂料所代替。

常用的无机涂料有石灰浆、大白浆、可赛银浆、无机高分子涂料如 JH80-1、JH80-2、JHN84-1、F832、LH-82、HT-1 等。

无机涂料具有资源丰富、生产工艺简单、价格便宜、节约能源、减少污染环境等特点，是一种有发展前途的建筑涂料。

（2）有机涂料。

随着高分子材料在建筑上的应用，建筑涂料有了极大发展。有机高分子涂料依其主要成膜物质和稀释剂的不同可分为三类。

① 溶剂型涂料。溶剂型涂料系以合成树脂为主要成膜物质，有机溶剂为稀释剂，经研磨而成的涂料。它形成的涂膜细腻、光洁而坚韧，有较好的硬度、光泽和耐水性，耐候性、气密性好。但有机溶剂在施工时会挥发有害气体，污染环境。同时如果在潮湿的基层上施工，会引起脱皮现象。

常见的溶剂型涂料有苯乙烯内墙涂料、聚乙烯醇缩丁醛涂料、过氯乙烯内墙涂料以及 812 建筑涂料等。

② 水溶型涂料。水溶型涂料是以水溶性合成树脂为主要成膜物质，以水为稀释剂，经研磨而成的涂料。它的耐水性差、耐候性不强、耐洗刷性亦差，故只适宜用作内墙涂料。

水溶型涂料价格便宜、无毒无怪味，并具有一定透气性，在较潮湿基层上亦可操作，但由于系水溶型材料，施工时温度不宜太低。当常温 10 ℃ 以下时不易成膜。冬期施工尤宜注意。

常见的水溶型涂料有聚乙烯醇系列内墙涂料和多彩内墙涂料等。

③ 乳胶涂料。乳胶涂料又称乳胶漆，它是由合成树脂借助乳化剂的作用，以极细微粒子溶于水中构成乳液为主要成膜物而研磨成的涂料，它以水为稀释剂，价格便宜，具有无毒、无味、不易燃烧、不污染环境等特点。同时还具有一定的透气性，可在潮湿基层上施工。故乳胶涂料多用作外墙饰面。

目前我国用作外墙饰面的乳胶涂料主要有乙-丙乳胶涂料、苯-丙乳胶涂料、氯-偏乳胶涂料等。其中以氯-偏乳胶涂料质量较好，具有防潮、防霉效果，但老化后易泛黄，对外墙饰面有一定影响。近年来研制的 PA-1 乳胶涂料的主要特点为：耐紫外线性能优良，耐水性、耐碱性、耐候性均较好，是外墙饰面中较为理想的涂料。

在外墙面装修中使用较多的要数彩色胶砂涂料。彩色胶砂涂料简称彩砂涂料，是以丙烯酸酯类涂料与骨料混合配制而成的一种珠粒状的外墙饰面材料，以取代水刷石、干粘石饰面装修。其中骨料有人工着色骨料和普通骨料两种。彩砂涂料具有黏结强度高、耐水性、耐碱性、耐候性以及保色性均较好等特点，据国际涂料工业预测，今后涂料工业将是丙烯酸的时代。我国目前所采用的彩色胶砂涂料可用于水泥砂浆、混凝土板、石棉水泥板、加气混凝土板等多种基层上。

（3）有机和无机复合涂料。

有机涂料和无机涂料虽各有特点，但在单独使用时，存在着各种问题。为取长补短,故研究出了有机涂料和无机涂料相结合的复合涂料。如早期的聚乙烯醇水玻璃内墙涂料,就比聚乙烯醇涂料的耐水性有所提高。另外,以硅溶液、丙烯酸系列复合的外墙涂料在涂膜的柔韧性及耐候性方面能更适应大气温度差的变化。总之,无机、有机或有机和无机的复合建筑涂料的研制,为墙面装修提供了新型、经济的新材料。这对降低成本,改变块材、板材装修方法指出了方向。

5. 裱糊类

裱糊类装修是将各种装饰性的墙纸、墙布等卷材类的装饰材料裱糊在墙面上的一种装修饰面,其材料和花色品种繁多。

(1) 墙纸。

墙纸又称壁纸,系利用各种彩色花纸装修墙面,在我国已有悠久历史,且具有一定艺术效果。但花纸不仅怕潮、怕火、不耐久,而且脏了不能洗刷,故应用受到限制。当今,国内外生产的各种新型复合墙纸,种类不下千余种,依其构成材料和生产方式不同墙纸可分为以下几类。

① PVC(聚氯乙烯)塑料墙纸。塑料墙纸是当今流行的室内墙面装饰材料之一。它除具有色彩艳丽、图案雅致、美观大方等艺术特征外,在使用上还具有不怕水、抗油污、耐擦洗、易清洁等优点,是理想的室内装修材料。

塑料墙纸由面层和衬底层在高温下复合而成。面层以聚氯乙烯塑料或发泡塑料为原料,经配色、喷花或压花等工序与衬底进行复合。发泡工艺又有低发泡和高发泡塑料之分,形成浮雕型、凹凸图案型,其表面丰满厚实,花纹起伏,立体感强,且富有弹性,装饰效果显得高雅豪华。而普通塑料面层亦显图案清新、花纹美观、色彩丰富、装饰感强、效果亦佳。墙纸的衬底大体分纸底与布底两类。纸底成型简单,价格低廉,但抗拉性能较差;布底有密织纱布和稀织网纹之分,它具有较好的抗拉能力,较适宜于可能出现微小裂隙的基层上,撞击时不易破损,经久耐用,但价格较高,多用于高级宾馆客房及走廊等公共场所。

② 纺织物面墙纸。纺织物面墙纸系采用各种动、植物纤维(如羊毛、兔毛、棉、麻、丝等纺织物)以及人造纤维等纺织物作面料复合于纸质衬底而制成的墙纸。由于各种纺织面料质感细腻、古朴典雅、清新秀丽,故多用作高级房间装修之用。

③ 金属面墙纸。金属面墙纸也由面层和底层组成。面层系以铝箔、金粉、金银线等为原料,制成各种花纹、图案,并同用以衬托金属效果的漆面(或油墨)相间配制而成,然后将面层与纸质衬底复合压制而成墙纸。其生产工艺要求较高。墙纸表面呈金色、银色和古铜色等多种颜色,构成多种图案。在光线照射下,色泽鲜艳,墙面显得金碧辉煌、古色古香、别有风味。同时可防酸、防油污。因此,金属面墙纸多用于高级宾馆、餐厅、酒吧以及住宅建筑的厅堂之中。

④ 天然木纹面墙纸。这类墙纸系采用名贵木材剥出极薄的木皮,贴于布质衬底上面制成的墙纸。它类似胶合板,色调沉着、雅致,富有人性味、亲切感,具有特殊的

装饰效果。

（2）墙布。

墙布是指以纤维织物直接作为墙面装饰材料的总称。它包括玻璃纤维墙布和织锦等材料。

① 玻璃纤维墙布。玻璃纤维墙布是以玻璃纤维织物为基材,表面涂布合成树脂,经印花而成的一种装饰材料,布宽 840~870 mm,一卷长 40 m。由于纤维织物的布纹感强、色彩自然,经套色后的花纹装饰效果好,美观高雅,且具有加工简单、耐水、防火、抗拉性强、可以擦洗以及价格低廉等特点,故应用较广。其缺点是易泛色,当基层颜色较深时,容易显露出来。同时,由于本身系碱性材料,使用日久即呈黄色。

玻璃纤维墙布粘贴时不需要在水中浸泡,将 801 墙布黏合剂均匀刷在墙上进行粘贴即可。801 墙布黏合剂属醋酸乙烯树脂黏结剂,是配套专用产品。

② 织锦墙布。织锦墙布装修是采用锦缎裱糊于墙面的一种装饰材料。锦缎系丝绸织物,宽 800 mm,它颜色艳丽、色调柔和、古朴雅致,且对室内吸声有利,仅用作高级装修。由于锦缎柔软易变形,可以先裱糊在人造板上再进行装配,但施工较繁,不耐脏,不能擦洗,且价格昂贵,一般少用。

墙纸与墙布的粘贴主要在抹灰的基层上进行,亦可在其他基层上粘贴,抹灰以混合砂浆面层为好。它要求基底平整、致密;对不平的基层需用腻子刮平。粘贴墙纸、墙布,一般采用墙纸、墙布胶结剂。胶结剂包括多种胶料、粉料,在具体施工时,需根据墙纸、墙布的特点分别予以选用。同时,在粘贴时,要求对花的墙纸或墙布在裁剪尺寸上,其长度须比墙高放出 100~150 mm,以适应对花粘贴的要求。

6. 铺钉类

铺钉类装修亦称镶板类装修,是指采用各种人造薄板或金属薄板借助镶钉方式对墙面进行的装饰处理。铺钉类墙面由骨架和面板组成,骨架有木骨架和金属骨架,面板有硬木板、胶合板、纤维板等各种装饰面板和近年来应用日益广泛的金属面板。

（1）木质板墙面。

木质板墙面装修是用各种硬木板、胶合板、纤维板以及各种装饰面板等做的装修。它有美观大方、装饰效果好,且安装方便等优点。但防潮、防火性能欠佳。一般多用作宾馆、大型公共建筑的门厅以及墙面的装修。

木质墙面装修构造与木筋骨架隔墙构造相似,是在墙身外沿立木墙筋,并根据面板材料及规格设置横筋。墙筋或横筋断面为 50 mm × 50 mm,墙筋间距450~500 mm,面层铺钉面板,外罩油漆或防火涂料(见图3-49)。为防止木质饰面受潮,常在墙身立筋前,先于墙面抹一层 10 mm 厚灰浆,并涂刷热沥青两道,或不做抹灰,直接在砖墙面上涂刷热沥青亦可。

（2）金属薄板墙面。

金属薄板墙面是指利用薄钢板、不锈钢板、铝板或铝合金板作为墙面装修的处理。

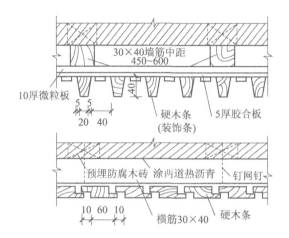

图 3-49　木质面板墙面装修构造

由于铝板、铝合金板不仅重量轻,而且可进行防腐、轧花、涂饰、印制等加工处理,因此可制成各种花纹板、波纹板、压型板以及冲孔平板等。铝板、铝合金板作为墙面装修,不但外形美观,而且经久耐用,故在建筑上应用较广,如商店、宾馆的入口和门厅以及大型公共建筑的外墙装修。

薄钢板必须经过表面处理后才能使用。

不锈钢板具有良好的耐蚀性、耐候性和耐磨性;它强度高,具有比铝高 3 倍的抗拉能力;同时,它质软富有韧性,便于加工;此外,不锈钢表面呈银白色,美观华丽。因此,不锈钢板多用作高级宾馆等的门厅内墙、柱表面的装修。但由于价格昂贵,目前国内使用尚少。

金属薄板墙面装修构造,一般也是先立墙筋,然后外钉面板。墙筋多用金属墙筋,其间距一般为 600～900 mm。金属板与墙筋借自攻螺钉或膨胀铆钉固结,也可用电钻打孔后靠木螺丝固定。

7. 幕墙

幕墙悬挂在建筑物周围结构上,形成外围护墙的立面。按照幕墙板材的不同,有玻璃幕墙、金属幕墙、石材幕墙等。

现以玻璃幕墙为例,说明其构造。玻璃幕墙一般由结构框架、填衬材料和幕墙玻璃组成。按其组合形式和构造方式分,有框架外露系列、框架隐藏系列和用玻璃做肋的无框架系列。按施工方法不同又分为现场组合的分件式玻璃幕墙和工厂预制后再到现场安装的板块式玻璃幕墙两种。

(1) 分件式玻璃幕墙。

分件式玻璃幕墙一般以竖梃作为龙骨柱,横档作为梁组合成幕墙的框架,然后将窗框、玻璃、衬墙等按顺序安装[见图 3-50(a)]。竖梃用连接件和楼板固定,横档与竖梃通过角形铝合金件进行连接。上、下两根竖梃的连接必须设在楼板连接件位置附近,且须在接头处插入一截断面小于竖梃内孔的铸铝内衬套管作为加强措施。上、下竖梃在接头端应留出 15～20 mm 的伸缩缝,缝须用密封胶堵严,以防止雨水进入[见图 3-50(b)]。

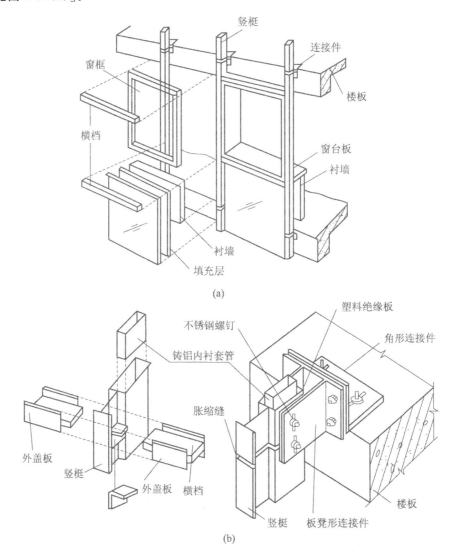

(a)

(b)

图 3-50　分件式玻璃幕墙的构造

(a)分件式玻璃幕墙构成;(b)幕墙竖梃连接构造

(2) 板块式玻璃幕墙。

板块式玻璃幕墙的幕墙板块须设计成定型单元,在工厂预制,每一单元一般由 3～8 块玻璃组成,每块玻璃尺寸不宜超过 1500 mm×3500 mm,为了便于室内通风,在单元上可设计成上悬窗式的通风扇,通风扇的大小和位置根据室内布置要求来确定。

同时,预制板块还应与建筑结构的尺寸相配合。当幕墙预制板悬挂在楼板上时,板的高度尺寸同层高;当幕墙预制板以柱子为连接点时,板的长度尺寸则与柱距尺寸相同。为了便于幕墙预制板的固定和板缝密封操作,上、下预制板的横向接缝应高于楼面标高 200～300 mm,左、右两块板的竖向接缝宜与框架柱错开(见图 3-51)。

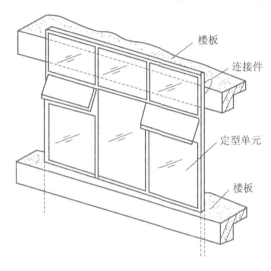

楼板
连接件
定型单元
楼板

图 3-51　板块式玻璃幕墙

玻璃幕墙的特点是:装饰效果好、质量轻、安装速度快,是外墙轻质化、装配化较理想的形式。但在阳光照射下易产生眩光,造成光污染。所以在建筑密度高、居民人数多的地区的高层建筑中,应慎重选用。

本 章 小 结

墙是建筑物的主要构件之一,起承重和围护作用。根据墙体所处的位置及功能的不同,墙体构造应满足结构、保温、隔热、节能、隔声和防火等要求。

砖墙是砌体的主要形式。墙体细部构造包括墙脚(墙身防潮、勒脚、散水、明沟等)、门窗过梁、窗台、墙身加固构造(壁柱和门垛、圈梁和构造柱)、防火墙、烟道、通风道、垃圾道等。

砌块墙是采用预制块材砌筑而成的墙体,是建筑发展的方向。

墙面的装饰装修是墙体构造不可缺少的组成部分,其主要功能有:保护墙体,改善墙体使用功能,美化环境、提高艺术效果。

【思考与练习】

一、填空题

1. 根据结构受力情况不同,墙可分为( )墙和( )墙。
2. 墙按施工方法分( )墙、( )墙和( )墙。
3. 砖的排列应遵循( )原则。

二、选择题

1. 北京地区的砖墙组砌方式常采用( )。

A. 满丁满条   B. 梅花丁

C. 三顺一丁   D. 五顺一丁

2. 现浇钢筋混凝土过梁,其长度是洞口宽度加( )mm。

A. 200   B. 240

C. 500   D. 1000

三、名词解释

1. 填充墙

四、简答题

1. 勒脚的位置及常见做法是什么?
2. 墙身防潮层的作用、位置及常见做法是什么?
3. 简述构造柱的构造要点。
4. 简述墙面装修的作用。

第4章 楼板层与地面

【知识点及学习要求】

知 识 点	学 习 要 求
1. 楼板层与地板层的构造组成和设计要求	了解楼板层与地板层的构造组成和设计要求
2. 钢筋混凝土楼板的类型、结构布置	熟悉钢筋混凝土楼板的类型及结构布置
3. 钢筋混凝土楼地层和面层的构造	掌握钢筋混凝土楼地层和面层的构造

4.1 楼地层的组成和设计要求

楼地层包括楼板层和地坪层,它们是房屋的重要组成部分。

楼板层是建筑物中水平分隔空间的结构构件,它能承受楼板层上的全部活荷载和恒荷载,并将这些荷载传递给墙或柱子,对墙体也能起到水平支撑的作用,可增强建筑物的整体刚度。此外,建筑物中的各种水平管线,也可敷设在楼板层内。

地坪层是建筑物中与土层直接接触的水平构件,承受着作用在它上面的各种荷载,并将其传递给地基。

4.1.1 楼地层的组成

为了满足各种使用功能的要求,楼地层一般由若干层组成。通常楼板层主要由面层、结构层和顶棚组成。有特殊要求的楼板,还需设置附加层[见图 4-1(a)]。

1. 面层

楼板层的面层位于楼板层的最上层,起着保护楼板层、分布荷载、装饰室内等作用。根据室内使用要求不同,有多种做法。

2. 结构层

楼板层的结构层又称楼板,位于面层之下,由梁、板或拱组成,承受着整个楼板层的荷载。同时还有水平支撑墙身、增强建筑物整体刚度的作用。

3. 顶棚层

顶棚层又称天花板或天棚，是楼板层的最下面部分，起着保护楼板、安装灯具、遮掩各种水平管线设备和装饰室内的作用。根据不同建筑物的要求，有直接抹灰顶棚、粘贴类顶棚和吊顶棚等多种形式。

4. 附加层

附加层又称功能层，根据使用的功能不同，对某些具有特殊要求的楼板，还需设置附加层，用以满足隔声、防水、隔热、保温和绝缘等作用，是现代楼板结构中不可缺少的部分。根据需要，有时和面层合二为一，有时又和吊顶合成一体。

地坪层主要由面层、垫层和基层组成，对有特殊要求的地坪，常在面层和垫层间增设附加层〔见图 4-1(b)〕。

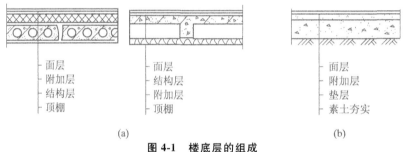

─面层	─面层	─面层
─附加层	─结构层	─附加层
─结构层	─附加层	─垫层
─顶棚	─顶棚	─素土夯实
(a)		(b)

图 4-1　楼底层的组成

(a)楼板层；(b)地坪层

（1）面层。

地坪层的面层又称地面，和楼板层的面层一样，是直接承受人、家具、设备等各种作用的表面层。其做法和楼板层的面层相同。

（2）垫层。

垫层是地坪层的承重层，或称结构层。它的作用是承受面层的荷载并将其均匀地传递给下面的土层。垫层一般采用 80～100 mm 厚的 C10 混凝土，称为刚性垫层，刚性垫层受力后不产生塑性变形，多用于整体性、防潮、防水要求较高的地坪；柔性垫层常采用 80～100 mm 厚的碎石加水泥砂浆，或 60～100 mm 厚的石灰炉渣，或 100～150 mm 厚的三合土。由于柔性垫层受力后会产生塑性变形，所以多用于块材面层下面。

（3）基层。

基层是垫层下面的土层，又称地基。一般为原土层夯实或填土分层夯实。当上部荷载较大时，可增设 100～150 mm 厚的二八灰土或三合土夯实。

（4）附加层。

当地坪坪层有防水、防潮、隔声、保温、敷设管线等特殊功能要求时，需增设附加层。

4.1.2　楼地层的设计要求

（1）楼地层在使用过程中,主要作用是承受并传递各种荷载,所以楼地层必须具有足够的强度和刚度,以保证结构的安全。

（2）根据不同的使用要求和建筑等级标准,楼地层还应具有相应的防火、防水、保温、隔热、隔声等性能。

（3）有管道、线路要求的楼地层在设计时,必须合理设计各种管线的敷设走向,保证各种管线的使用畅通无阻。

（4）在楼地层的选材中,应本着可持续发展的理念,尽量选用节能、环保型材料,创造一个健康、环保的室内外环境。

（5）为提高建筑质量,缩短工期,尽量采用建筑工业化设计方案。

4.1.3　楼板层的类型

楼板层按其结构层所用材料不同,可分为木楼板、砖拱楼板、钢筋混凝土楼板及压型钢板与混凝土组合楼板等多种形式。

木楼板虽具有自重轻、构造简单、吸热系数小等优点,但其隔声、耐久和耐火性能较差,耗木材量大,除林区外,现已极少采用。

砖拱楼板虽可以节约钢材、木材、水泥,但由于其自重大、承载力及抗震性能较差,且施工较复杂,目前一般也不采用。

钢筋混凝土楼板因其强度高、刚度好,具有良好的耐久、防火和可塑性,目前被广泛采用。按其施工方式不同,钢筋混凝土楼板可分成现浇式、装配式和装配整体式三种类型。近年来,压型钢板应用于建筑后,又出现了一种以压型钢板为底模的钢衬板楼板。

4.2　钢筋混凝土楼板

4.2.1　现浇钢筋混凝土楼板

现浇钢筋混凝土楼板根据受力和传力情况不同,可分为板式楼板、梁板式楼板、井式楼板、无梁楼板和压型钢板混凝土组合楼板等。

1. 板式楼板

当房间的跨度不大时,板直接支承在四周的墙上,荷载由板直接传给墙体,这种楼板称为板式楼板。当板的长短边之比大于 2 时,板基本上沿短边方向受力,称为单向板,板中受力筋沿短边方向布置;当板的长短边之比小于或等于 2 时,板沿双向受力,称为双向板(见图 4-2),这种楼板底面平整,施工简便,但跨度小,一般为 2~3 m,适用于小跨度房间,如走廊、厕所和厨房等。

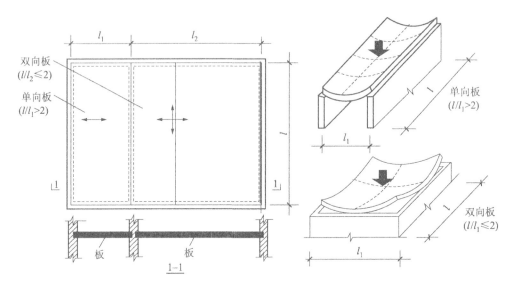

图 4-2　板式楼板

2. 梁板式楼板

当房间的跨度较大时,板的厚度和板内配筋均会增大。为使板的结构更经济合理,常在板下设梁以控制板的跨度。其中,梁有主梁和次梁之分,楼板重量由次梁传给主梁,再由主梁传给墙或柱子,这种楼板称为梁板式楼板或梁式楼板(见图 4-3)。

梁支承在墙上,为避免把墙压坏,保证可靠传递荷载,支点处应有一定的支承面积。在工程实践中,一般次梁的搁置长度宜采用 240 mm,主梁宜采用 370 mm。当梁的荷载较大,经验算墙的支承面积不够时,可设置梁垫,以防局部挤压而使砖砌体遭到破坏。梁垫可现浇,也可预制,图 4-4 是混凝土梁垫的示意图。

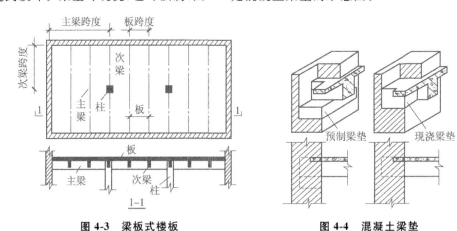

图 4-3　梁板式楼板　　　　　　图 4-4　混凝土梁垫

3. 井式楼板

井式楼板是梁板式楼板的一种特殊布置形式。当房间尺寸较大,且接近正方形时,常将两个方向的梁等距离布置,不分主次梁(见图 4-5),形成井格式楼板。为了美化楼板下部的图案,梁格可布置成正交正放、正交斜放或斜交斜放(见图 4-6)。

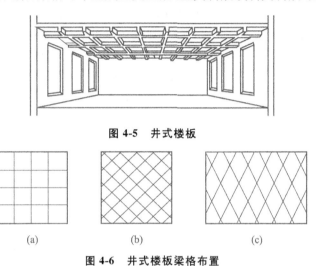

图 4-5　井式楼板

(a)　　　　　　　　(b)　　　　　　　　(c)

图 4-6　井式楼板梁格布置

(a)正交正放;(b)正交斜放;(c)斜交斜放

4. 无梁楼板

无梁楼板是将板直接支承在柱上,而不设主梁或次梁[见图 4-7(a)]。当荷载较大时,为了增大柱子的支承面积、减小跨度,可在柱顶上加设柱帽,柱帽的形式有三种[见图 4-7(b)]。

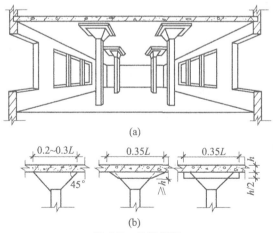

(a)

(b)

图 4-7　无梁楼板

(a)无梁楼板透视;(b)柱帽形式

(注:L＝板跨或柱间距)

楼板下的柱应尽量按方形网格布置,间距在 6 m 左右较为经济,板厚不宜小于120 mm。与其他楼板相比,无梁楼板顶棚平整、室内净空大、采光通风效果好,且施工时模板架设简单。

5. 压型钢板混凝土组合楼板

压型钢板混凝土组合楼板是在型钢梁上铺设压型钢板,以压型钢板作衬,在其上现浇混凝土,形成整体的组合楼板。这种楼板的混凝土和钢衬浇筑在一起共同受力,混凝土承受剪力和压应力,衬板承受下部的弯拉应力,同时也是永久性的模板,板内仅放部分构造筋即可。这种楼板具有钢筋混凝土板的强度高、刚度大和耐久性好等优点,且比钢筋混凝土楼板自重轻、施工速度快、承载力更高。但其用钢量大,造价较高,且耐火、耐锈蚀性不如钢筋混凝土楼板。

压型钢板混凝土组合楼板由面层、组合板和钢梁三部分构成(见图 4-8)。其中组合板包括现浇混凝土和钢衬板部分。可根据需要设吊顶棚。

根据压型钢板形式的不同,有单层钢板和双层钢板之分(见图 4-9)。

图 4-8 压型钢板混凝土组合楼板　　　　**图 4-9 压型钢板**

双层钢板通常是由两层截面相同的压型钢板组合而成,也可由一层压型钢板和一层平钢板组成。双层压型钢板的楼板承载能力更好,两层板之间形成的空腔便于布置设备管线。

单层钢衬板组合楼板构造如图 4-10 所示。图 4-10(a)系上部混凝土内仍配有受力钢筋以承受支座处负弯矩和增强混凝土面层抗裂性;图 4-10(b)是在钢衬板上加肋条或压出凹槽,形成抗剪连接;图 4-10(c)是在钢梁上焊有抗剪栓钉,以保证混凝土板和钢梁能共同工作,这种构造较经济。

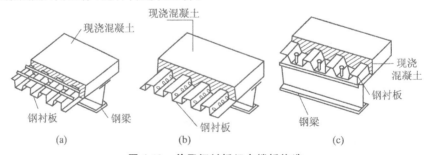

图 4-10 单层钢衬板组合楼板构造

钢衬板之间的连接以及钢衬板与钢梁的连接,一般是采用焊接、自攻螺钉、膨胀铆钉或压边咬接的方式(图 4-11)。

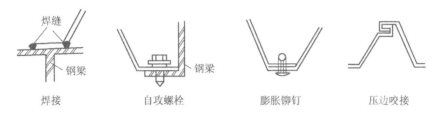

焊接　　　　　自攻螺栓　　　　　膨胀铆钉　　　　　压边咬接

图 4-11　钢衬板与钢梁、钢衬板之间的连接

4.2.2　预制装配式钢筋混凝土楼板

预制装配式钢筋混凝土楼板是指将预制厂或现场制作的构件安装拼合而成的楼板。这种楼板不在施工现场浇筑混凝土,可大大节省模板,缩短工期,且施工不受季节限制,同时,对建筑工业化是一大促进,但整体性较差,在有较高抗震设防要求的地区应慎用。

1. 预制装配式钢筋混凝土楼板的类型

预制装配式钢筋混凝土楼板一般有实心平板、槽形板和空心板三种。

(1) 实心平板。

实心平板上下板面平整、制作简单,宜用于荷载不大、跨度较小的走廊楼板、楼梯平台板、阳台板及管道沟盖板等处,板的两端支承在墙或梁上,跨度一般在 2.4 m 以内,板宽为 600~900 mm,板厚为 50~80 mm(见图 4-12)。

(2) 槽形板。

槽形板是一种梁板结合的构件,即在实心板的两侧设有纵肋,形成 Ⅱ 型截面,为了提高板的刚度和便于搁置,在板的两端常设端肋(边肋)封闭。当板的跨度大于 6 m 时,在板中应每隔 500~700 mm 增设横肋一道。

槽形板的厚度较薄,一般为 30~50 mm;而跨度却可以很大,特别是预应力板边可达 6 m 以上,非预应力板一般在 4 m 以内,板宽为 600~1200 mm,肋高为 150~300 mm。

槽形板有正置和倒置两种(见图 4-13)。正置肋向下,受力合理,但底板不平,有碍观瞻,多设吊顶;倒置肋向上,板底平正,但受力不甚合理,材料用量较多,为提高保温隔声效果,可在槽内填充保温、隔声材料。

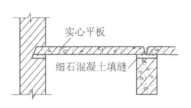

图 4-12　实心平板

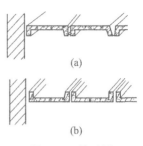

图 4-13　槽形板

(a)正槽板;(b)倒槽板

（3）空心板。

楼板属受弯构件,当其受力时,截面上部受压、下部受拉,中性轴附近内力较小,因此,为节省材料,减轻自重,可去掉中性轴附近的混凝土,形成空心板。它是一种梁板合一的预制构件,计算理论与耗材量同槽形板相近,但空心板上下板面平整,且隔声效果好。空心板孔洞形状有圆形、长圆形和矩形等(见图 4-14),且以圆孔板制作最为方便,应用最广泛。空心板的厚度根据跨度大小有 110 mm、120 mm、180 mm 和 240 mm 等,板宽有 500 mm、900 mm、1200 mm 等。在安装时,空心板两端常用砖或混凝土填塞,以免灌浇端缝时漏浆,并保证板端能将上层荷载传递至下层墙体。

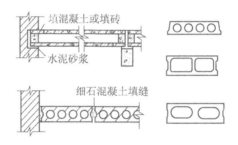

图 4-14　空心板

2. 预制装配式钢筋混凝土楼板的布置与细部构造

（1）板的布置。

板的布置方式,依房间的开间和进深尺寸而定。板的布置方式有板式和梁板式两种。板直接布置在墙上的称为板式结构;若楼板先搁置在梁上,梁又支承在墙上或柱子上,则称为梁板式结构。对于两边有小开间房间、中部有走廊的建筑,若两边房间横墙较密时,板可直接搁置在横墙上,而在走廊,可将板直接搁置在纵墙上,这两种搁置方式都属于板式结构布置。

当采用梁板式结构布置时,板在梁上的搁置方式一般有两种:一种是板直接搁在矩形或 T 形梁上[见图 4-15(a)、(b)];另一种是板搁在花篮梁或十字形梁梁肩上[见图 4-15(c)、(d)],这时板的上皮与梁顶面平齐,在梁高不变的情况下,相当于提高了室内净空。

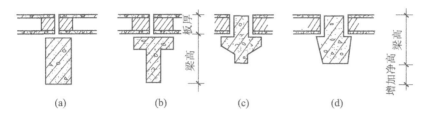

图 4-15　板在梁上的搁置

(a)矩形梁;(b)T 形梁;(c)十字形梁;(d)花篮梁

在排板布置中,一般要求板的规格和类型越少越好,以简化板的制作与安装。同时,板的布置应避免出现三面支承情况,即靠墙的纵边不应搁置在墙上。因预制板都是单向板,若板纵边伸入墙内,则板的上部受压区会受拉,从而导致板沿肋边开裂(见图 4-16)。

当板的横向尺寸(板宽方向)与房间平面尺寸出现差额时,可采用以下办法解决:当缝差在 60 mm 以内时,调整板缝宽度;当缝差在 60~120 mm 时,可沿墙边挑两皮砖[见图 4-17(a)];当缝差超过 120 mm 且在 200 mm 之间,或因竖管沿墙边通过时,或板缝间设有轻质隔墙时,则可做局部现浇板带[见图 4-17(b)];当缝差超过 200 mm 时,则需要重新选择板的规格。

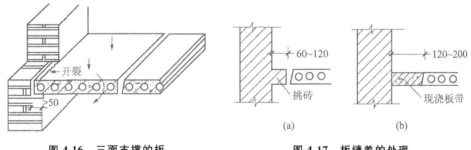

图 4-16　三面支撑的板　　　　**图 4-17　板缝差的处理**

(a)挑砖;(b)墙边设现浇板带

(2) 板的细部构造。

① 板的搁置及板缝处理。当板搁置在墙或梁上时,必须保证楼板放置平稳,使板和墙、梁有很好的连接。首先要有足够的搁置长度,一般在砖墙上的搁置长度不小于 80 mm,在梁上的不小于 60 mm。地震地区板端伸入外墙、内墙和梁的长度分别不小于 120 mm、100 mm 和 80 mm。其次必须在梁或墙上铺以水泥砂浆以找平(俗称坐浆)。坐浆厚度为 20 mm 左右。另外,楼板与墙体、楼板与楼板之间常用锚固钢筋(又称拉结筋)予以锚固。锚固筋的配置各地有不同做法,图 4-18 是几种锚固筋的配置示意图。

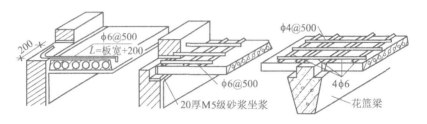

图 4-18　锚固筋的配置

板的接缝分端缝和侧缝两种。端缝一般是以细石混凝土灌筑,使板相互连接。为了增强建筑物的抗侧力能力,可将板端留出的钢筋交错搭接在一起,或加钢筋网片再灌以细石混凝土。板的侧缝一般有三种形式(见图 4-19),其中凹形缝抗板间裂缝和错动效果最好。

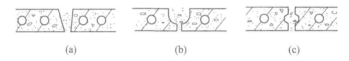

图 4-19　楼板侧缝接缝形式

(a)V 形缝;(b)U 形缝;(c)凹形缝

② 楼板与隔墙。楼板上设立隔墙时,宜采用轻质隔墙。若为砖砌块等自重较大的隔墙时,则须从结构上予以考虑,不宜将隔墙搁在一块预制板上,而通常将隔墙设置在两块板的接缝处。采用槽形板的楼板,隔墙可直接搁置在板的纵肋上[见图4-20(a)];若采用空心板,则在隔墙下的板缝处设现浇钢筋混凝土板带或梁来支承隔墙[见图 4-20(b)、(c)];当隔墙与板跨垂直时,应通过结构计算选择合适的预制板型号,并在板面加配构造钢筋[见图 4-20(d)]。

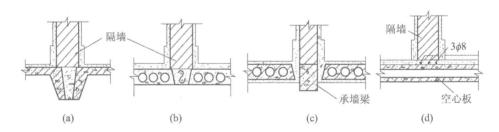

图 4-20　隔墙在楼板上的搁置

(a)隔墙支承在纵肋上;(b)板缝内配钢筋支承隔墙;(c)隔墙支承在梁上;(d)隔墙支承在多块空心板上

4.2.3　装配整体式钢筋混凝土楼板

装配整体式钢筋混凝土楼板是采用部分预制构件,经现场安装,再整体浇筑混凝土面层所形成的楼板,它兼有现浇和预制的双重优越性。

1. 密肋填充块楼板

密肋填充块楼板的密肋有现浇和预制两种。

现浇密肋填充块楼板是在填充块之间现浇密肋小梁和面板而成[见图 4-21(a)]。所用填充块材一般有陶土空心砖、矿渣混凝土空心砖、加气混凝土块等,这些填充块材与肋和面板相接触的部位带有凹槽,用来与现浇混凝土肋板咬接,可增强楼板的整体性。

预制填充块楼板的密肋常用预制倒 T 形小梁和带骨架芯板等,在预制小梁之间填充陶土空心砖、矿渣混凝土空心砖和煤渣空心砖等填充块材,上面再现浇混凝土面层[见图 4-21(b)]。

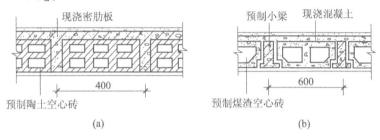

图 4-21 密肋填充块楼板

(a)现浇密肋填充块楼板;(b)预制小梁填充块楼板

2. 叠合楼板

叠合楼板是由预制板和现浇钢筋混凝土层叠合而成的装配整体式楼板。预制板既是楼板结构的组成部分之一,又是现浇钢筋混凝土叠合层永久性模板,现浇叠合层内可敷设水平设备管线。叠合层一般采用 C20 混凝土,厚度一般为 70~120 mm,其中只需配置少量支座负弯矩筋。

叠合楼板有预应力混凝土薄板和普通钢筋混凝土薄板之分。楼板的跨度一般为 4~6 m,预应力薄板可达 9 m;楼板的宽度一般为 1.1~1.8 m;厚度一般为 50~70 mm,叠合后总厚度一般为 150~250 mm,可视板的跨度而定,以大于或等于预制薄板厚度的 2 倍为宜。

为保证预制薄板与叠合层有较好的连接,薄板表面需做刻槽处理,刻槽直径为 50 mm,深 20 mm,间距 150 mm,也可在薄板上表面露出较规则的三角形结合钢筋(见图 4-22)。

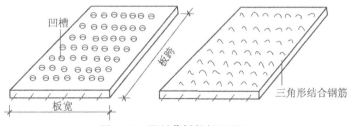

图 4-22 预制薄板的板面处理

4.3　楼地面构造

　　地面是楼板层和地坪层的面层,它们的做法基本相同。地面直接承受着上部荷载的作用,并将荷载传给其下的结构层或垫层。同时,地面对室内又有一定的装饰作用。

4.3.1　对地面的要求

　　地面是人们日常生活、工作、生产、学习时直接接触的部分,经常受到摩擦、撞击、清扫和洗刷,因此,对它有以下要求。

　　(1) 具有足够的坚固性,在各种外力作用下,不易被磨损、破坏。

　　(2) 表面平整、光洁、易清洗、不起灰尘。

　　(3) 具有良好的热工性能,保证冬季在上面接触时不致感到寒冷。

　　(4) 具有一定的弹性,使人行走时有舒适感。弹性大,对减少噪声有利。

　　(5) 具有一定的装饰性,使在室内活动的人群感到协调、舒适。

　　(6) 对有防潮、防水、耐腐、耐火等特殊要求的地面,应具有满足相应要求的功能。

　　(7) 在满足功能要求的前提下,尽量就地取材,选择经济的材料和构造方式。

4.3.2　楼地面构造

　　地面依所用材料和施工方式的不同,可分为整体地面、块材地面、卷材地面和涂料地面四类。

1. 整体地面

　　整体地面是指用现场浇筑的方法做成整片的地面。根据材料不同,常见的整体地面有水泥砂浆地面、细石混凝土地面、水磨石地面等。

　　(1) 水泥砂浆地面。

　　水泥砂浆地面简称水泥地面,一般是用普通硅酸盐水泥为胶结材料,中砂或粗砂作为骨料,在现场配制抹压而成。水泥砂浆地面构造简单、坚固、耐磨,造价低廉,防潮防水,是目前采用较广泛的一类地面。但水泥砂浆地面也存在导热系数大、吸水性差、容易返潮、易起灰和起砂、不易清洁、无弹性等问题。

　　水泥砂浆地面有单层和双层构造之分。单层构造做法是在结构层上直接用1:2或1:2.5的水泥砂浆抹压,抹平后在其终凝前用铁板压光成为地面。双层构造做法是先以15~20 mm厚1:3水泥砂浆打底找平,再用5~10 mm厚1:1.5或1:2水泥砂浆抹面压光(见图4-23)。

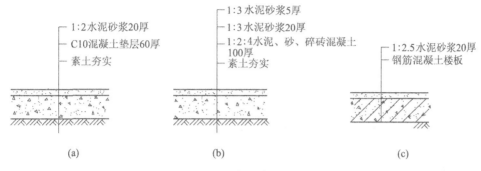

图 4-23 水泥砂浆地面

(a)底层地面单层做法;(b)底层地面双层做法;(c)楼层地面

（2）细石混凝土地面。

细石混凝土地面是在结构层上浇 30～40 mm 厚不低于 C20 的细石混凝土,在其初凝时用铁板滚压或用木板拍浆,出浆水后,再撒水泥粉,用铁板抹光、压实。与水泥地面比,细石混凝土地面不易起砂,而且耐久性好、强度高、整体性好。

（3）水磨石地面。

水磨石地面是采用大理石或白云石石渣与水泥拌和、浇抹硬结后,经磨光打蜡而成的地面。这种地面坚硬、耐磨、光洁、不透水、不起灰、表面光滑、富有光泽、不易染尘,可与天然石材相媲美。常用于公共建筑的大厅、走廊、楼梯及卫生间的地面。

水磨石地面均为双层构造,在结构层上,先用 10～15 mm 厚 1:3 水泥砂浆打底找平,再用 1:1.5 或 1:2 水泥石渣浆抹面,待水泥石渣浆凝结到一定硬度后,用磨光机打磨,再用草酸清洗,打蜡保护。水磨石有水泥本色和彩色两种。一般做分格处理,其作用是将地面划分为较小的区格,减少开裂的可能,也便于维修,还可增加艺术效果。分格的形状、尺寸由设计而定。分格条高约 10 mm,一般有玻璃条、铜条等。施工时,打底找平后,就将分格条用 1:1 水泥砂浆嵌固,嵌好后,再浇水泥石渣浆,其上再均匀撒一层石渣,并用滚筒压实,养护后用磨石机磨光,最后打蜡保护。图 4-24 是水磨石地面的示意图。

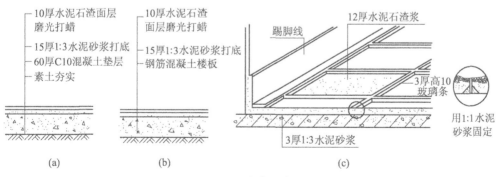

图 4-24 水磨石地面

(a)底层地面;(b)楼层地面;(c)嵌分格条

2. 块材地面

块材地面是指利用板材或块材铺贴而成的地面。根据材料不同，常见的有陶瓷砖、石板、木地板等地面。

（1）陶瓷砖地面。

陶瓷砖包括缸砖、锦砖、釉砖、瓷质无釉砖等各种陶瓷地砖。缸砖是在优质黏土加入不同颜料经压制成形、烘烤而成。缸砖颜色多为红棕色，尺寸有 100 mm×100 mm、150 mm×150 mm，厚度为 10～15 mm，有方形、六角形、菱形等多种形状，可拼成多种图案。缸砖背面有凹槽，便于与基层黏结。缸砖通常是在 15～20 mm 厚1：3水泥砂浆找平层上，用 5～8 mm 厚1：1水泥砂浆粘贴。砖块间一般留有3 mm 左右的灰缝，用素水泥浆填缝［见图 4-25(a)］。缸砖质地坚硬、耐磨、防水、耐腐蚀、易清洁，适用于卫生间、厕所及有防腐蚀要求的实验室地面。

锦砖又称马赛克，是用优质瓷土烧制而成的小块瓷砖，有挂釉和不挂釉两种。锦砖质地坚硬、经久耐用、不易破碎、色质多样、耐腐蚀、易清洁。不挂釉的陶瓷锦砖防滑性好，可作浴室、厕所等有防滑要求的房间地面。锦砖尺寸为(15.2～39 mm)×(15.5～39 mm)，由于它每块面积小，因此在工厂制作时，先拼成 300 mm×300 mm、600 mm×600 mm 大小，每块砖之间留有 1 mm 左右的缝隙，再用牛皮纸粘贴在正面。施工时底层做法同缸砖，锦砖是反铺在底层上面，然后滚筒压平，待水泥砂浆初凝后，再将表面的牛皮纸清洗掉，并用水泥砂浆扫缝［见图 4-25(b)］。

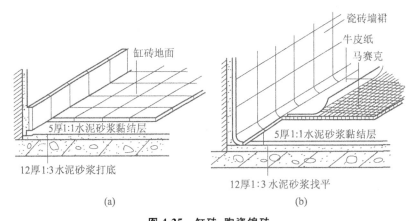

图 4-25 缸砖、陶瓷锦砖

(a)缸砖地面；(b)陶瓷锦砖地面

（2）石板地面。

石板地面包括天然石板地面和人造石板地面两种。

天然石板一般以大理石、花岗石为主，尺寸为 300 mm、500 mm、600 mm、800 mm 等见方，厚为 25～30 mm。天然石板具有质地坚硬、色泽自然、美观大方、坚实耐磨等优点，缺点是自重大、抗拉性能差、传热快、加工运输不便，另外价格较贵，一般多用于宾馆、公共建筑、剧院、体育馆等建筑的大厅、入口处地面。石板地面的构造做法见图 4-26。

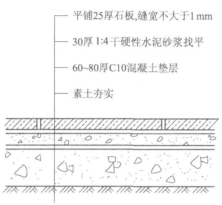

平铺25厚石板,缝宽不大于1 mm

30厚1:4干硬性水泥砂浆找平

60~80厚C10混凝土垫层

素土夯实

图 4-26　石板地面

（3）木地板地面。

木地板地面具有弹性好、不起尘、易清洁、导热系数小、装饰效果极好等特点。但由于木材资源紧缺,造价较高,常用于高级宾馆、住宅、剧院舞台等标准较高的地面。

木地板地面按构造方式分有空铺式和实铺式两种。

空铺式做法耗木料多,又不防火,所以除特殊情况,一般已不多用。实铺式木地板地面是先将木格栅通过预埋在结构层上的 U 形铁件与找平后的基层嵌固连接,格栅的截面尺寸一般为 50 mm×50 mm,间距 400~500 mm。再在格栅上铺钉木地板［见图 4-27（a）、（b）］。也可将木地板直接粘贴在找平后的基层上,形成粘贴地面［见图 4-27（c）］。粘贴剂可用沥青胶、环氧树脂、乳胶等。底层实铺木地板地面时,为了防潮,应在基层上做防潮处理。如涂刷冷底子油,上做一毡二油防潮层,或涂刷热沥青防潮层。如有格栅层,也可在踢脚板处开设通风口来保证格栅层

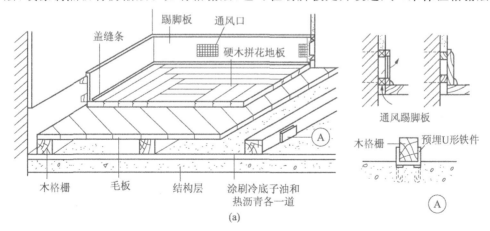

图 4-27　实铺式木地板地面

（a）铺钉式木地板地面（双层）；（b）铺钉式木地板地面（单层）；（c）粘贴式木地板地面

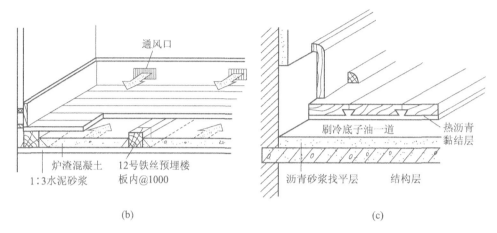

(b)   (c)

续图 4-27

通风干燥。粘贴地面具有防潮性好、施工简便、经济实惠等优点,所以应用较多。

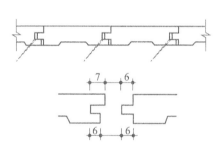

图 4-28 木地板企口接缝

木地板地面的面层有木条地面和拼花地面之分。

木条地面的条木一般为企口板(见图 4-28),板条底面有凹槽,可减缓翘曲时松动现象,也有利于通风排湿。通常用暗钉钉于基层木格栅上。装饰标准较高的房间可采用拼花地板,它用一定规格的短条木拼出各种花纹作为面层。拼花地板一般为双层铺法。第一层为毛板,其做法与条木地面相同;第二层面层一般用硬杂木,拼成席纹、人字纹等(见图 4-29)。

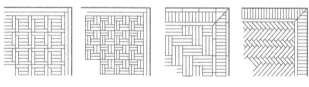

图 4-29 木地板拼花花纹

3. 卷材地面

卷材地面是用卷材铺贴而成的地面。常见的地面卷材有橡胶地毡、塑料地毡以及各种地毯等。

橡胶地毡是以橡胶乳液或橡胶粉为基料,掺入配合剂,加工制成的卷材。橡胶地毡具有耐磨、耐火、抗腐蚀、弹性好、不起尘、保温、隔声等特点,适用于展览大厅、剧院、实验室等建筑地面。

塑料地毡是用人造合成树脂加适量填充剂和颜料,底面衬以麻布,经热压制成。

它的特点是耐磨、绝缘性好、吸水性小、耐化学腐蚀,且颜色丰富、步感舒适、价格低廉,是经济实惠的地面铺材。

橡胶地面的铺贴方法和塑料地面的一样,可以干铺,也可以采用黏结剂粘贴。铺贴时,基层要特别平整、光洁、干燥,不能有灰尘和砂粒等突出物。黏结剂应选用黏结强度大又无侵蚀性的材料。为增加黏结剂与基层的附着力,可在基层上先刷上一道冷底子油。

地毯类型较多,常见的有化纤地毯、棉织地毯和纯毛地毯等。地毯可以满铺,也可以局部铺设;可以固定,也可以不固定。地毯具有柔软舒适、平整丰满、美观适用、温暖、无噪声等特点,但价格较高,是高档的地面装饰材料。

4. 涂料地面

涂料地面是在水泥砂浆或混凝土地面的表面经涂料处理而成的地面。常见的涂料有水乳型、水溶型和溶剂型等几种类型。

涂料地面美观、不易起尘,与水泥基层的黏结力强,具有良好的耐磨、抗冲击、耐腐蚀等性能。水乳型和溶剂型涂料还有良好的防水性能。

涂料地面通常以涂刷的方式施工,故施工简便,且价格较低。但由于涂层较薄,人流多的部位易磨损。厚质地面由于涂层较厚,故可以提高涂料地面的耐磨性。厚质地面涂料有两类:一类是单纯以树脂为胶凝材料;另一类是以水溶性树脂或乳液与普通水泥或白水泥复合组成的胶结材料,再加入颜料等制成的。厚质地面具有较好的耐磨性,同时耐水性、耐久性及装饰性效果也较好,造价较低,故应用较多。

4.3.3　踢脚板和墙裙

地面与墙面交接的垂直部位,在构造上习惯将其当作地面的延伸部分,这部分称为踢脚线或踢脚板。对踢脚板进行处理,主要是为保护墙面根部不受污染、碰撞。它所用的材料一般与地面材料相同,并与地面一起施工,其高度一般为 150～200 mm(见图 4-30)。

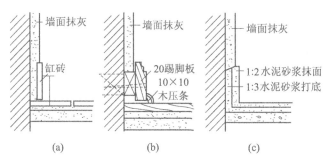

图 4-30　踢脚线

(a)缸砖踢脚线;(b)木踢脚线;(c)水泥踢脚线

墙裙是踢脚线的延伸。一般居室的内墙裙主要起装饰作用,高度为 900 mm 左右。在卫生间、厨房、厕所为方便清洗,一般高度为 900～1800 mm。

4.3.4 楼地层的防潮、防水及隔声构造

1. 楼地层防潮

房间的地面受潮或因地下水位高、室内通风不畅,在地下土壤的毛细水作用下房间湿度增大,都会严重影响房间的温湿状况和卫生状况,使室内人员感觉不适,造成地面、墙面甚至家具霉变,还会影响结构的耐久性、美观和人体健康。因此,应对可能受潮的房屋进行必要的防潮处理。

(1)设防潮层。

设防潮层的具体做法是在混凝土垫层上、刚性整体面层下,先刷一道冷底子油,然后铺憎水的热沥青或防水涂料,形成防潮层,以防止潮气上升到地面。也可在垫层下铺一层粒径均匀的卵石或碎石、粗砂等,以切断毛细水的上升通路[见图 4-31(a)、(b)]。

(2)设保温层。

室内潮气大多是室内与地层温差大的原因所致,所以设保温层,降低温差,对防潮也起一定作用。设保温层有两种做法:一种是对于地下水位低、土层较干燥的地面,可在垫层下铺一层 1∶3 水泥炉渣或其他工业废料保温层;第二种是对于地下水位较高的地区,可在面层与混凝土垫层间设保温层,并在保温层下做防水层[见图 4-31(c)、(d)]。

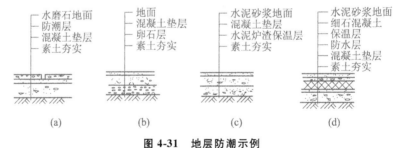

图 4-31　地层防潮示例
(a)设防潮层;(b)铺卵石层;(c)设保温层;(d)设保温层和防水层

(3)架空地层。

架空地层是将地层底板搁置在地垄墙上,将地层架空,形成空铺地层,使地层与土层间形成通风道,可带走地潮。

2. 楼地层防水

对于室内积水机会多、容易发生渗漏现象的房间,如厕所、卫生间等,应做好地层的排水和防水构造。

(1)楼地面排水。

楼地面为便于排水,首先要设置地漏,使地面由四周向地漏有一定坡度,从而引导水流入地漏。地面排水坡度一般为 1%～1.5%。另外,有水房间的地面标高应比

周围其他房间或走廊低 20～30 mm,若不能实现标高差时,亦可在门口做高度为 20～30 mm 的门槛,以防水多或地漏不畅通时,积水外溢。

(2) 楼地层防水。

有防水要求的楼层,其结构应采用现浇钢筋混凝土楼板为宜。面层也宜采用整体现浇水泥砂浆、水磨石地面或贴缸砖、瓷砖、陶瓷锦砖等防水性能好的材料。为了提高防水质量,可在结构层(垫层)与面层间设防水层一道。常见的防水材料有防水卷材、防水砂浆和防水涂料等。还应将防水层沿房间四周墙体从下到上延续到至少 150 mm 高处,以防墙体受水浸湿。到门口处应将防水层铺出门外至少 250 mm[见图 4-32(a)、(b)]。

竖向管道穿越的地方是楼层防水的薄弱环节。工程上有两种处理方法:一种是普通管道穿越的周围,用 C20 干硬性细石混凝土填充捣密,再用两布二油橡胶酸性沥青防水涂料做密封处理[见图 4-32(c)];另一种是热力管穿越楼层时,先在楼板层热力管通过处理管径比立管稍大的套管,套管高出地面 30 mm 左右,套管四周用上述方法密封[见图 4-32(d)]。

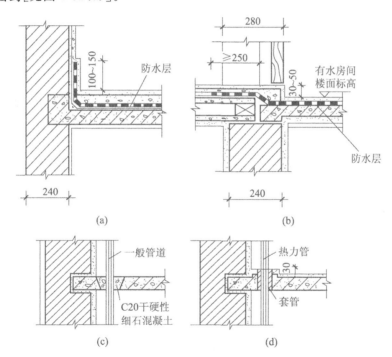

图 4-32　有水房间楼板层的防水处理及管道穿过楼板时的处理
(a)墙身防水;(b)地面降低;(c)普通管道的处理;(d)热力管道的处理

3. 楼层隔声

楼层隔声的重点是对撞击声的隔绝,可从以下三方面进行改善。

(1) 采用弹性楼面。

采用弹性楼面是在楼面上铺设富有弹性的材料,如地毯、橡胶、地毡、软木板等,以降低楼板的振动,使撞击声源的能量减弱,其效果良好。

(2)采用弹性垫层。

采用弹性垫层是在楼板与面层之间增设一道弹性垫层,可减弱楼板的振动,从而达到隔声目的。弹性垫层一般为片状、条状或块状的材料,如木丝板、甘蔗板、软木片、矿棉毡等。这种楼面与楼板是完全隔开的,常称为浮筑楼板。浮筑楼板要保证结构层与板面完全脱离,防止"声桥"产生。

(3)采用吊顶。

吊顶可起到二次隔声作用。它是利用隔绝空气声的措施来降低撞击声的。其隔声效果取决于它的单位面积的质量及其整体性。质量越大、整体性越强,隔声效果越好。此外,若吊顶与楼板间采用弹性连接,也能大大提高隔声效果。

4.4　顶棚构造

顶棚是楼板层的最下部分,又称天棚或天花板。对顶棚的基本要求是:光洁、美观、能反射光线、改善室内照度、提高室内装饰效果;对某些有特殊要求的房间,还要求顶棚具有隔声、隔热、保温等方面的功能。

顶棚的形式一般多为水平式,但根据房间用途及顶棚的功能不同,可做成弧形、折线、高低错落形等各种形状。按照构造方式不同,顶棚有直接式顶棚和悬吊式顶棚两种。

4.4.1　直接式顶棚

直接式顶棚是指在钢筋混凝土楼板的下表面直接喷、刷、抹或粘贴装修材料而成的顶棚。这种顶棚构造简单、施工方便、造价较低、使用较广。直接式顶棚有以下几种常见的处理方式。

1. 直接喷刷涂料

当楼板底面平整、室内装饰要求不高时,可直接或稍加填缝刮平后喷或刷大白浆、石灰浆或106涂料等,以改善室内的卫生状况,增加顶棚的反射作用。

2. 抹灰装修

对于楼板底面不够平整或有一定装饰要求的房间,可在板底进行抹灰装修。抹灰可用水泥砂浆或麻刀灰等。水泥砂浆抹灰,须先将板底打毛,然后分一次或两次抹灰[见图 4-33(a)],再喷(或刷)涂料;麻刀灰抹灰是先用混合砂浆打底,再用麻刀灰罩面[见图 4-33(b)]。

3. 粘贴装修

对于一些装修要求较高或有吸声、保温、隔热要求的房间,可在楼板底面用砂浆找平后,直接用胶黏剂粘贴墙纸、泡沫塑料板或吸声板等[见图 4-33(c)]。

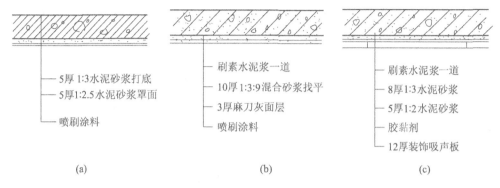

图 4-33 直接式顶棚

(a)抹灰顶棚;(b)抹灰顶棚;(c)贴面顶棚

4.4.2 悬吊式顶棚

悬吊式顶棚简称吊顶棚或吊顶,是将顶棚悬吊于楼板结构层下一定距离而形成的顶棚。其形式多为平直连续的整体式,也可根据美学或声学的要求,做成弧形、折线形,按一定规律将局部升高或降低,形成错落有致的立体形式。

吊顶的构造复杂、施工繁琐、造价较高,一般适用于使用标准较高,需将设备管线或结构层隐藏起来的房间。随着对建筑使用和功能上的要求越来越多,吊顶在建筑室内起着越来越重要的装饰和功能作用。因此,在设计吊顶构造时,应综合考虑建筑艺术、建筑声学、建筑热工、建筑防火及设备安装等方面的因素。同时还应满足轻质高强、施工方便、便于检修、便于清洁、造价经济等方面的要求。

吊顶一般由悬吊构件(又称吊杆或吊筋)、龙骨(又称骨架)和面层三部分组成(见图 4-34)。

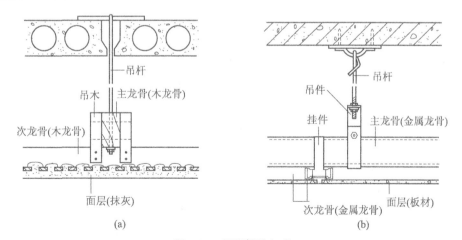

图 4-34 吊顶棚的组成

(a)抹灰吊顶;(b)板材吊顶

吊杆(筋)两端分别与龙骨和承重结构层相连,是将顶棚悬吊在楼板结构层下的连接构件,有金属和木质的两种,一般多采用 φ6 钢筋或带螺纹的 φ8 钢筋。它与钢筋混凝土楼板固定的方式有预埋式和钉入式(见图 4-35)。

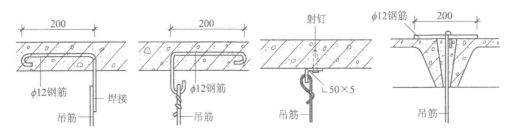

图 4-35 吊筋与楼板的固定方式

龙骨是用来固定层面并承受其重量的部分,由主龙骨(又称主搁栅)和次龙骨(又称次搁栅)两部分组成。主龙骨与吊杆相连,次龙骨固定在主龙骨上。龙骨的作用是承受顶棚重量,并由吊筋传给楼板结构层。它的材料可以采用金属或木质的。由于木龙骨使用大量木材而且防火及耐久性较差,因此,近年来已很少使用,而多采用金属龙骨,如薄壁型轻钢龙骨和重量较轻的铝合金龙骨等。

面层固定在次龙骨上,作用是装饰室内空间,同时有一些特殊用途,如吸声、反射等。面层可由现场抹灰而成,也可用板材拼装而成。抹灰面层为湿作业施工,费工费时;从发展趋势看,板材面层既可加快施工速度,又容易保证施工质量,是比较有前景的面层材料。

根据结构构造形式的不同,吊顶可分为整体式吊顶、装配式活动吊顶、隐藏式吊顶和开敞式吊顶;根据材料的不同,有板材吊顶、轻钢龙骨吊顶、金属吊顶等;根据施工方式不同,有抹灰吊顶和板材吊顶。

1. 抹灰吊顶

抹灰吊顶的龙骨可采用木材或型钢。当采用木龙骨时,主龙骨断面宽 60～80 mm,高 120～150 mm,间距不大于 1500 mm。次龙骨断面为 40 mm×60 mm,间距根据材料规格而定,一般为 300～500 mm,并用吊木垂直固定于主龙骨上。当采用型钢龙骨时,主龙骨选用槽钢,次龙骨选用角钢,间距同上。

抹灰类吊顶按面层做法不同有板条抹灰、板条钢板网抹灰和钢板网抹灰三种做法。

板条抹灰一般采用 φ6 钢筋或 φ8 螺栓钢筋作为吊杆,间距为 900～1500 mm,龙骨采用木龙骨,其构造做法如图 4-36 所示,由铺钉与次龙骨上的木板条和表面的抹灰组成。这种吊顶构造简单、造价较低,但抹灰劳动量大,且抹灰面层易出现龟裂,甚至破损脱落,且不防火,故一般用于装饰要求不高且面积不大的房间。

板条钢板网抹灰吊顶是在板条抹灰吊顶的板条和抹灰面层之间加钉一层钢板网,以防止抹灰层开裂脱落(见图 4-37)。

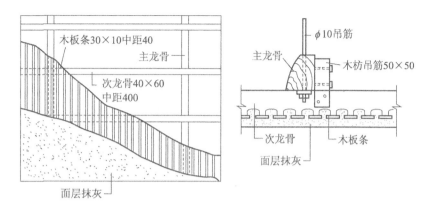

图 4-36 板条抹灰顶棚

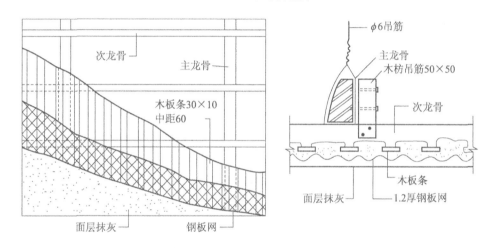

图 4-37 板条钢板网抹灰顶棚

钢板网抹灰吊顶一般采用钢龙骨,在次龙骨下用 φ6 的钢筋网代替木板条,其下再铺设钢板网抹灰而成。这种做法不使用木材,所以可提高吊顶棚的防火性、耐久性和抗裂性,多用于防火要求较高的建筑(见图 4-38)。

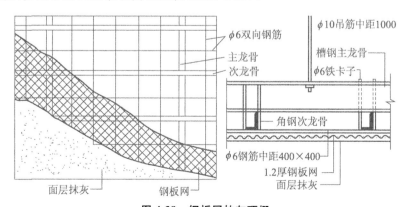

图 4-38 钢板网抹灰顶棚

2. 板材吊顶

板材吊顶按面层材料不同,分为木质板材吊顶、矿物板材吊顶和金属板材吊顶。

(1)木质板材吊顶。

木质板材吊顶的优点是施工速度快,干作业,故比抹灰吊顶应用更广。木质板材吊顶一般采用木龙骨,布置成格子状(见图4-39),分格大小应视板材规格而定。板材常采用胶合板、纤维板、装饰吸声板、木丝板、刨花板等。板材一般用木螺钉或圆钢钉固定在次龙骨上。

为了防止木板材因吸湿而产生变形,面板宜锯成小块板铺钉在次龙骨上,板块连接处留出3~6 mm的间隙,以防止板面翘曲。胶合板应采用较厚的五合板,而不宜用三合板。如选用纤维板,则宜用硬纤维板。为提高木板材的抗吸湿能力,还可在面板铺钉前,对面板进行表面处理。如可在胶合板两面涂刷油漆一道。

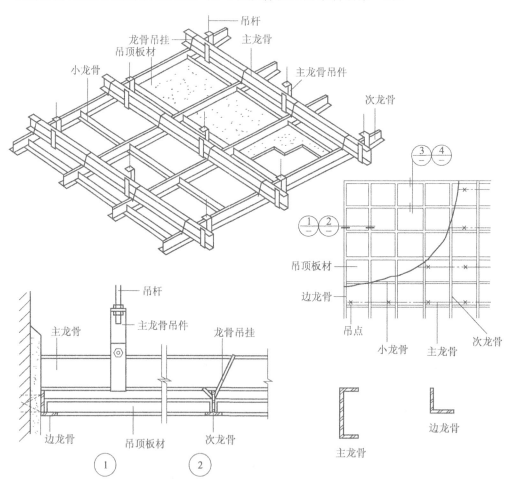

图 4-39　木质板材吊顶

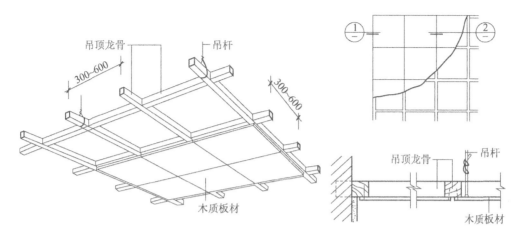

续图 4-39

木质板材吊顶属于燃烧体或难燃烧体,故只能用于防火要求较低的建筑中。

（2）矿物板材吊顶。

矿物板材吊顶常用石膏板、石棉水泥板、矿棉板等板材做面层,轻钢或铝合金型材做龙骨。其优点是自重轻、施工快、干作业,且耐火性能优于木质板材吊顶和抹灰吊顶,在公共建筑和高级工程中应用较广。

轻钢和铝合金龙骨与矿物板材的布置方式有两种:一种是龙骨外露的布置方式。这种布置方式的主龙骨采用槽形断面的轻钢型材,次龙骨为 T 形断面的铝合金型材。矿物板材置于次龙骨和小龙骨翼缘上,使次龙骨露在顶棚表面形成方格状顶面（见图 4-40）。另一种是龙骨不外露的布置方式。这种方式的主龙骨仍采用槽型断面的轻钢型材,但次龙骨采用 U 形断面的轻钢型材,用专门的吊挂件将次龙骨固定在主龙骨上,板材用自攻螺钉或胶黏剂固定在次龙骨下面（见图 4-41）,使龙骨内藏,形成整片光平的吊顶。

（3）金属板材吊顶。

金属板材吊顶最常用的是铝合金板,板有条形、方形等平面形式,并可做成各种不同的截面形状,板的外露面可作搪瓷、烤漆、喷漆等处理。连接板材的金属龙骨可根据板材形状做成各种形式的夹齿,以便与板材连接。龙骨采用轻钢型材。当吊顶无吸声要求时,条板采取密铺方式,不留间隙（见图 4-42）;当有吸声要求时,条板上面需加铺吸声材料,条板之间应留出一定的间隙,以便投射到顶棚的声音能从间隙处被吸声材料所吸收（见图 4-43）。

此外,有些建筑的结构层下不再做顶棚,而是将屋盖结构直接暴露在外,形成"结构顶棚"。结构顶棚一般多用于公共建筑的大厅或大型体育建筑中,它是通过将顶棚和结构巧妙地结合,形成统一的、优美的空间景象。例如:以空间网架结构作为屋顶的建筑,就利用了网架本身的艺术表现魅力,获得了优美的空间造型和视觉效果。又如:拱结构的屋盖,利用拱结构优美的曲面,形成了富有韵律的拱面顶棚。

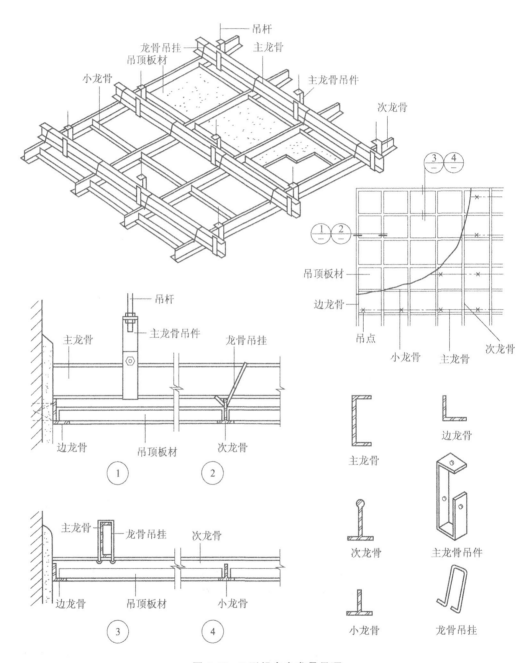

图 4-40 T 形铝合金龙骨吊顶

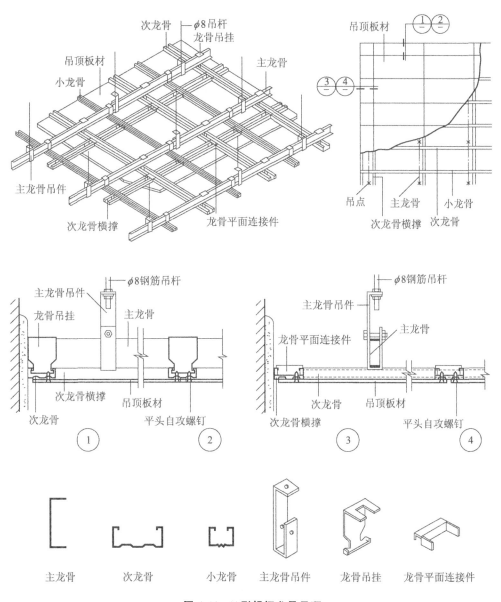

图 4-41　U 形轻钢龙骨吊顶

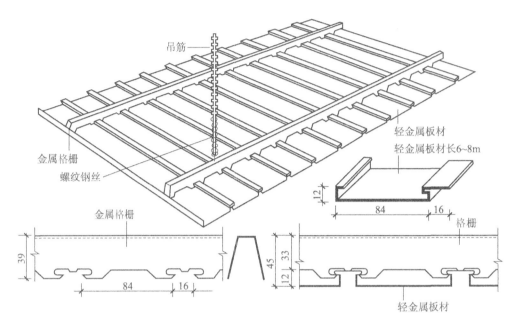

图 4-42 金属板材吊顶

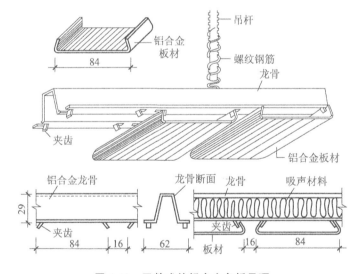

图 4-43 开敞式的铝合金条板吊顶

4.5 阳台与雨篷

4.5.1 阳台

在多层楼房中设置阳台,可以为人们提供室外休息、眺望、晾晒和从事家务的平台,从而改善了楼房的居住条件。

1. 阳台的形式

阳台按其与外墙的相对位置,可分为凸阳台、凹阳台和半凸半凹阳台[见图 4-44 (a)、(b)、(c)];按建筑平面形式可分为中间阳台和转角阳台[见图 4-44(d)];按施工方法可分为现浇阳台和预制阳台。

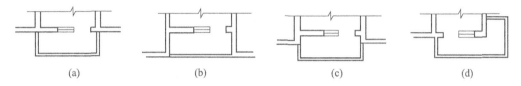

图 4-44　阳台平面形式
(a)凸阳台;(b)凹阳台;(c)半凸半凹阳台;(d)转角阳台

(1) 凸阳台。

凸阳台的承重构件一般为悬挑式,按悬挑方式不同,有挑板式和挑梁式两种。

① 挑板式。即阳台板为阳台的承重构件。有现浇和预制两种。当楼板为现浇时,阳台板可和楼板作为一个整体浇筑[见图 4-45(a)],也可将阳台板与过梁或圈梁浇筑在一起,这时梁受力较复杂,板挑出长度不宜超过 1.2 m。当楼板为预制板时,对纵墙承重体系,可将预制楼板直接延伸挑出墙外[见图 4-45(b)],注意,此处绝不能用普通预制空心板挑出作为阳台,应用设计配制的变截面板,即在室内部分为空心板,挑出部分为实心板。若是横墙承重体系,则需用抗倾覆板的一侧压在阳台板上[见图 4-45(c)],此时,抗倾覆板传来的上部横墙的荷载使阳台板保持平稳。

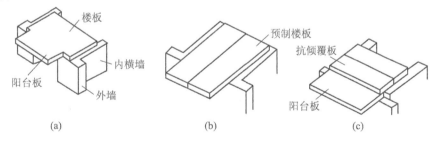

图 4-45　挑板式阳台结构形式
(a)整体浇筑挑板式阳台;(b)预制挑板式阳台;(c)预制压板式阳台

② 挑梁式。由横墙(或纵墙)向外挑梁,梁上设板形成。挑梁可与阳台一起现浇,也可预制(见图 4-46)。挑梁式阳台板的挑出长度一般可大些,但注意挑梁压入墙内的长度一般为悬挑长度的 1.5 倍左右。为了避免看到挑出的梁头,可在梁头部设面梁。

③ 半凸半凹阳台的承重构件可按凸阳台的各种做法处理。

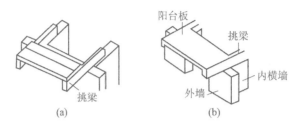

图 4-46 挑梁式阳台结构形式

(a)预制挑梁式阳台;(b)整体浇筑挑梁式阳台

(2) 凹阳台。

凹阳台是将现浇或预制的阳台板简支在两端的墙上,板型尺寸与楼板一致,施工方便,在寒冷地区采用这种形式的阳台,可以避免热桥。

2. 阳台的细部构造

阳台的主要构件是阳台板和栏杆与扶手。

(1) 栏杆与扶手的形式。

阳台的栏杆与扶手有承担人们倚扶侧向推力,保障人身安全的作用,因此,其细部构造必须做到坚固、安全。一般建筑的扶手高度不应低于 1.05 m,高层建筑的扶手高度不应低于 1.1 m,镂空栏杆的垂直杆件间的净距离不能大于 130 mm。此外,栏杆与扶手对整个房屋还有一定的装饰作用。

从材料上分,有金属、钢筋混凝土和砌体三种栏杆;从外形上分,有镂空式和实心组合式栏杆(见图 4-47)。

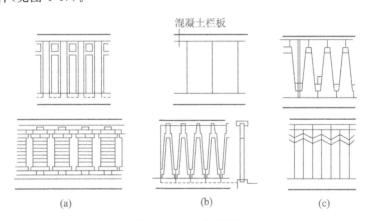

图 4-47 栏杆与栏板

(a)砖砌栏杆与栏板;(b)钢筋混凝土栏杆与栏板;(c)金属栏杆与栏板

(2) 栏杆的细部构造。

① 栏板或栏杆与阳台板或扶手的连接。金属栏杆与阳台板的连接可采用在阳台板上预留孔洞,将栏杆插入,再用水泥砂浆浇筑的方法[见图 4-48(a)];也可采用阳台板

顶面预埋通长钢板与金属栏杆焊接的方法。

混凝土栏板或栏杆可预留钢筋与阳台板的预留钢筋及砌入墙内的锚固钢筋绑扎或焊接在一起［见图 4-48(b)］；预制混凝土栏板也可预埋钢筑再与阳台板预埋钢板焊接［见图 4-48(c)］。

砖砌体栏板的厚度一般为 120 mm，在栏板上部的灰缝中加入 2ϕ6 通长钢筋，并与砌入墙内的预留钢筋绑扎或焊接在一起［见图 4-48(d)］。扶手应现浇，亦可设置构造小柱与现浇扶手固结，以增加砌体栏板的整体性。

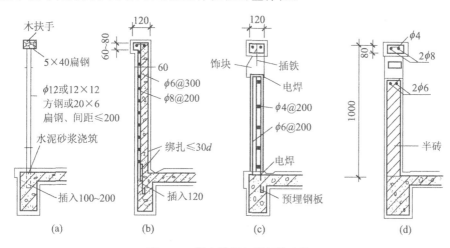

图 4-48　阳台栏杆与栏板的连接

(a)金属栏杆；(b)现浇混凝土栏板；(c)预制钢筋混凝土栏杆与栏板；(d)砖砌栏板

阳台的扶手与栏板或栏杆的连接方法和栏板或栏杆与阳台板的连接方法基本相同。阳台的扶手宽一般至少为 120 mm，当上面放花盆时，不应小于 250 mm，且外侧应有挡板。

金属栏杆须做防锈处理；预制混凝土栏杆要求用钢模制作，构件表面光洁平整，安装后不做抹面，只需根据设计加刷涂料或油漆；砖砌体阳台内外表面要做水泥砂浆抹面。阳台底面做纸灰刷胶白或涂料处理。

② 阳台的排水。为防止雨水流入室内，阳台地面的设计标高应比室内地面低 30～50 mm。阳台地面向排水口做 1‰～2‰的坡度。排水口处埋设 ϕ40 或 ϕ50 的镀锌钢管或塑料管水舌，水舌挑出至少 80 mm（见图4-49）。

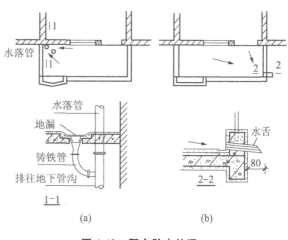

图 4-49　阳台防水处理

(a)水落管排水；(b)排水管排水

4.5.2 雨篷

雨篷是在房屋的入口处,为了保护外门免受雨淋而设置的水平构件,一般为钢筋混凝土悬挑式结构,其悬挑长度一般为 0.9～1.5 mm,大型雨篷下常加柱,形成门廊。当采用现浇混凝土板时,板可做成变截面形状,端部厚度不小于 50 mm,根部厚度可加大,一般不小于 1/8 板长,且不小于 70 mm。为防止雨篷产生倾覆,常将雨篷与门上过梁(或圈梁)浇筑在一起,如图 4-50(a)所示。板式雨篷可采用无组织排水。

当挑出长度较大时,一般做成梁板式,梁从门过梁或圈梁挑出。为了底板平整,也为了防止周边滴水,常将周边梁向上翻起形成反梁式[见图 4-50(b)],并采用有组织排水,即在板顶面沿排水方向做出排水坡,引水的水舌可做在前方,也可做在两侧。

雨篷顶面还应采用防水砂浆抹面,厚度一般为 20 mm,并应延伸至四周上翻形成高度不小于 250 mm 的泛水。

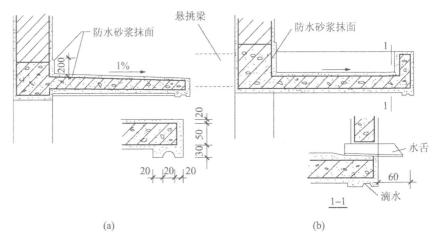

图 4-50 雨篷构造

(a)板式雨篷;(b)梁板式雨篷

本 章 小 结

1. 楼板层与地坪层统称楼地层,它们是房屋的重要组成部分。

2. 楼板按所用材料不同,可分为木楼板、钢楼板、钢筋混凝土楼板等,其中钢筋混凝土楼板应用最广泛。

3. 钢筋混凝土楼板按施工方式可分为现浇钢筋混凝土楼板、预制装配式钢筋混凝土楼板和装配整体式钢筋混凝土楼板。

4. 现浇钢筋混凝土楼板有板式楼板、梁板式楼板、井式楼板、无梁楼板和压型钢板组合楼板。

5. 预制钢筋混凝土楼板按构造方式及受力特点分为实心平板、槽形板和空心板三种。

　　6. 楼地层的主要构造包括地面构造、楼地层防潮、防水及隔声构造。

【思考与练习】

一、填空题

　　1. 楼板按其所用的材料不同,可分为(　　)、(　　)、(　　)等。

　　2. 钢筋混凝土楼板按施工方式不同分为(　　)、(　　)和装配整体式楼板三种。

　　3. 现浇梁板式楼板布置中,主梁应沿房间的(　　)方向布置,次梁垂直于(　　)方向布置。

　　4. 槽形板为提高板的整体刚度和便于搁置,常将板的(　　)封闭。

　　5. 预制钢筋混凝土楼板的支承方式有(　　)和(　　)两种。

　　6. 预制钢筋混凝土空心楼板的搁置应避免出现(　　)支承情况,即板的纵长边不得伸入砖墙内。

　　7. 木地板地面的构造方式有(　　)、(　　)和粘贴式三种。

　　8. 顶棚按其构造方式不同分为(　　)和(　　)两大类。

　　9. 阳台按其与外墙的相对位置不同分为(　　)、(　　)、(　　)和转角阳台等。

　　10. 吊顶主要有三个部分组成,即(　　)、(　　)和(　　)。

二、选择题

　　1. 现浇水磨石地面常嵌固分格条(玻璃条、铜条等),其目的是(　　)。

　　A. 防止面层开裂　　B. 便于磨光　　C. 面层不起灰　　D. 增添美观

　　2. 槽形板为提高板的刚度,当板长超过(　　)m 时,每隔 1000～1500 mm 增设横肋一道。

　　A. 4.5　　　　　　　　B. 9　　　　　　　　C. 6　　　　　　　　D. 7.2

　　3. 空心板在安装前,孔的两端常用混凝土或碎砖块堵严,其目的是(　　)。

　　A. 增加保温性　　　　　　　　B. 避免板端被压坏

　　C. 增强整体性　　　　　　　　D. 避免板端滑移

　　4. 预制板侧缝间需灌筑细石混凝土,当缝宽大于(　　)mm 时,须在缝内配纵向钢筋。

　　A. 30　　　　　　　　B. 50　　　　　　　　C. 60　　　　　　　　D. 65

　　5. (　　)施工方便,但易结露、易起尘、导热系数大。

　　A. 现浇水磨石地面　　B. 水泥地面　　C. 木地面　　　　D. 预制水磨石地面

　　6. 吊顶的吊筋是连接(　　)的承重构件。

　　A. 格栅和屋面板或楼板等　　　　B. 主格栅与次格栅

　　C. 格栅与面层　　　　　　　　D. 面层与面层

7. 当首层地面垫层为柔性垫层(如砂垫层、炉渣垫层或灰土垫层)时,可用于支承( )面层材料。

A. 瓷砖　　　　　　　　　　　B. 硬木拼花板

C. 黏土砖或预制混凝土块　　　D. 陶瓷锦砖

8. 预制钢筋混凝土梁搁置在墙上时,常需在梁与砌体间设置混凝土或钢筋混凝土垫块,其目的是( )。

A. 扩大传力面积　　B. 简化施工　　C. 增大室内净高　　D. 减少梁内配筋

三、名词解释

1. 无梁楼板

2. 顶棚

3. 雨篷

4. 阳台

四、简答题

1. 预制钢筋混凝土楼板的特点是什么? 常用的板型有哪几种?

2. 现浇钢筋混凝土楼板的特点和适用范围是什么?

3. 现浇钢筋混凝土肋梁楼板中各构件的构造尺寸范围是什么?

4. 简述实铺木地板地面的构造要点。

5. 吊顶的组成及作用是什么?

第 5 章 屋 顶 构 造

【知识点及学习要求】

知 识 点	学 习 要 求
1. 坡屋顶的构造做法	了解坡屋顶的构造做法
2. 屋顶的主要功能和设计要求	熟悉屋顶的主要功能和设计要求
3. 平屋顶的构造层次做法	掌握平屋顶的构造层次做法

5.1 概述

屋顶是建筑物最上面覆盖的外围护结构,它的主要功能:一是抵御自然界的风、雨、太阳辐射、气温变化和其他外界的不利因素,使屋顶所覆盖的空间有一个良好的使用环境;二是除具备防水排水、保温隔热、抵御侵蚀等功能外,还应满足强度、刚度和整体稳定性的要求。

5.1.1 屋顶的类型

屋顶根据屋面材料、结构类型的不同可分为平屋顶、坡屋顶和其他屋顶。

1. 平屋顶

平屋顶一般指屋面坡度小于 5% 的屋顶,常用的坡度为 1%～3%。平屋顶构造简单,节约材料,屋顶上面便于利用,可做成露台、屋顶花园等。常见的平屋顶形式如图 5-1 所示。

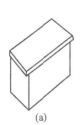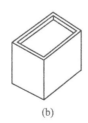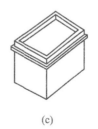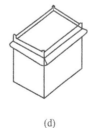

(a)　　　　　　(b)　　　　　　(c)　　　　　　(d)

图 5-1　常见平屋顶形式

(a)挑檐;(b)女儿墙;(c)挑檐女儿墙;(d)屋顶

2. 坡屋顶

坡屋顶由斜屋面组成,屋面坡度一般大于 10%,坡屋顶在我国有悠久的历史。

坡屋顶按其坡面的数目可分为单坡顶、双坡顶、四坡顶等。当房屋宽度不大时,可选用单坡顶;当房屋宽度较大时,可选用两坡顶及四坡顶。双坡顶有硬山与悬山之分。硬山是指房屋两端山墙高出屋面,山墙封住屋面;悬山是指屋顶的两端挑出山墙外面。坡屋顶的外观形式如图 5-2 所示。

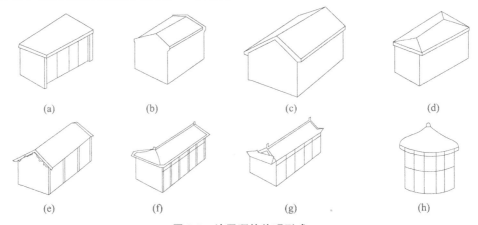

图 5-2 坡屋顶的外观形式

(a)单坡顶;(b)硬山双坡顶;(c)悬山双坡顶;(d)四坡顶;(e)卷坡顶;(f)庑殿顶;(g)歇山顶;(h)圆攒尖顶

3. 其他屋顶

随着使用要求和科学技术的发展,出现了许多新的屋顶结构形式,如拱结构、薄壳结构、悬索结构等。这些结构受力合理,能充分发挥材料的力学性能、节约材料,但施工复杂,造价较高,常用于大跨度的大型公共建筑,如图 5-3 所示。

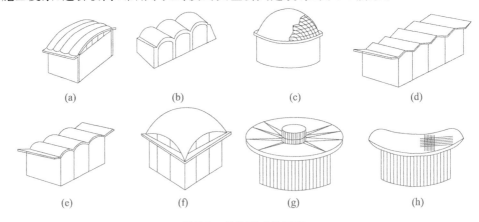

图 5-3 其他形式的屋顶

(a)双曲拱屋顶;(b)砖石拱屋顶;(c)球形网壳屋顶;(d)Ⅴ形网壳屋顶;
(e)筒壳屋顶;(f)扁壳屋顶;(g)车轮形悬索屋顶;(h)鞍形悬索屋顶

5.1.2　屋顶的构造要求

屋顶是建筑物的重要组成部分之一,设计时应满足以下几个方面的要求。

1. 防水要求

屋顶防水是屋顶构造设计最基本的功能要求。屋顶防水功能主要依靠选用合理的屋面防水材料和与之相适应的排水坡度,经过构造设计和精心施工而达到的。屋顶防水应综合考虑结构形式、防水材料、屋面坡度、屋面构造处理等各方面的因素,采取排水与防水即"导"与"堵"相结合的原则,防止屋顶渗漏。

2. 保温隔热要求

屋顶为外围护结构,应具有良好的保温隔热性能。在北方寒冷地区,冬季室内有采暖,为保持室内正常的温度,减少能耗等,屋顶应采取保温措施。南方炎热地区的夏季,为避免强烈的太阳辐射和高温对室内的影响,屋顶应采取隔热措施。

3. 结构要求

屋顶既是围护结构,又是承重结构。屋顶结构应有足够的强度、刚度和稳定性。

4. 建筑艺术要求

屋顶是建筑外部形体的重要组成部分,屋顶的形式对建筑的特征有很大的影响。

5.1.3　屋顶坡度的选择

屋顶的坡度大小是由多方面因素决定的,它主要与屋面选用的材料、当地的降雨量大小、屋顶结构形式、建筑造型要求以及经济因素等有关。屋顶坡度要大小适当,坡度太小不易排水,坡度太大会浪费材料、浪费空间。确定屋顶坡度时,要综合考虑各方面因素。

1. 屋面防水材料与坡度的关系

一般屋面防水材料尺寸越小,接缝越多,渗漏的可能性越大,设计时需增大屋顶坡度,加快雨水排除速度,减少渗漏机会,如各种瓦屋面。卷材屋面和混凝土防水屋面基本上是整体防水层,接缝很少,坡度可以小一些。不同屋面材料适宜的坡度范围如图 5-4 所示。

2. 降雨量大小与坡度的关系

降雨量大的地区,为迅速排除屋面雨水,屋顶坡度应大一些;反之,屋顶坡度可小一些。我国南方地区年降雨量和每小时最大降雨量都高于北方地区,因此即使采用同样的屋面防水材料,一般的屋面坡度都大于北方地区。常用屋面坡度范围如图 5-4 所示。

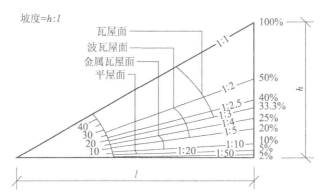

图 5-4 常用屋面坡度范围

屋面坡度的表示方法有斜率法、百分比法和角度法,如图 5-5 所示。斜率法以屋顶高度与坡面水平投影长度之比来表示坡度,如 1∶2,1∶5 等。百分比法以屋顶高度与坡面的水平投影长度的百分比表示坡度,如 2%、5% 等。角度法以倾斜屋面与水平面所成的夹角表示坡度。斜率法可用于平屋顶或坡屋顶,百分比法多用于平屋顶,角度法在实际工程中较少采用。

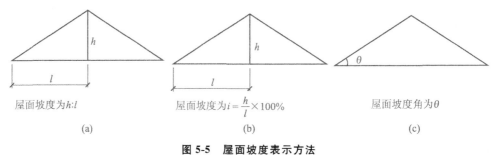

图 5-5 屋面坡度表示方法
(a)斜率法;(b)百分比法;(c)角度法

5.2 平屋顶屋面

5.2.1 平屋顶的组成与特点

平屋顶一般由面层(防水层)、结构层、保温层或隔热层和顶棚层四部分组成。不同地区的平屋顶构造也有所区别,如我国南方地区平屋顶一般不设保温层,而北方地区平屋顶则很少设隔热层。

1. 面层(防水层)

屋顶面层暴露在大气中,直接承受自然界各因素的长期作用,所以屋顶面层必须有良好的防水性能和抵御外界因素侵蚀的能力。平屋顶坡度较小,排水缓慢,要加强屋面的防水构造处理。

2. 结构层

平屋顶的结构层主要采用钢筋混凝土结构,按施工方法,一般有现浇、预制和装配整体式等结构形式。

3. 保温层或隔热层

屋顶设置保温层或隔热层的目的是防止冬季及夏季顶层房间过冷或过热。保温层常采用的保温材料有散料类(矿渣、炉渣等)、整体类、板块类;隔热层主要有架空通风、实体材料、反射降温等形式。

4. 顶棚层

屋顶顶棚层一般有直接顶棚和吊顶顶棚两大类,做法同楼板顶棚层。

5.2.2　平屋顶的排水方式

为了迅速排除屋面上的雨水,保证水流畅通,需要进行周密的排水设计,选择合适的排水坡度,确定排水方式,做好屋顶排水组织。

1. 屋面坡度的形成

平屋顶的常用坡度为1%～3%,坡度的形成一般有材料找坡和结构找坡两种形式。

(1) 材料找坡。

材料找坡也称为垫置坡度或填坡。屋顶结构层可像楼板层一样水平搁置,采用价廉、轻质的材料,如炉渣加水泥(或石灰)来垫置,形成屋面的排水坡度,上面再做防水层,如图 5-6 所示。

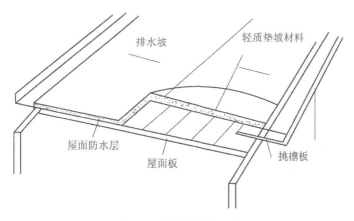

图 5-6　平屋顶垫置坡度

材料找坡形成的坡度不宜过大,否则找坡层的平均厚度增大会使屋面自重加大,导致屋顶造价增加。

（2）结构找坡。

结构找坡也称为搁置坡度或撑坡。它是将屋顶结构层根据屋面排水坡度倾斜搁置。这种做法不需另加找坡层，荷载轻、施工简便、造价低，但室内顶棚是倾斜的，室内空间高度不相等，需设悬挂顶棚，如图 5-7 所示。

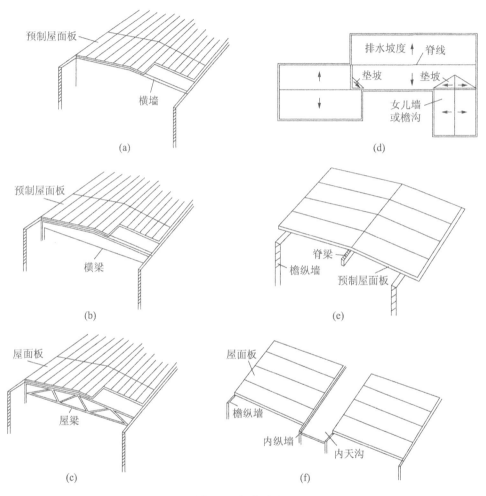

图 5-7 搁置坡度

（a）横墙搁屋面板；（b）横梁搁屋面板；（c）屋架搁屋面板；
（d）搁置屋面的局部垫坡；（e）纵梁纵墙搁置屋面板；（f）内外纵墙搁置屋面板

2. 排水方式的选择

平屋面的排水方式有无组织排水和有组织排水两大类。

（1）无组织排水。

无组织排水又称为自由落水，是指屋面的雨水由檐口自由滴落到室外地面的一种排水方式。这种排水方式不需要设置天沟、雨水管导流，具有构造简单、造价低等优点,但屋面雨水自由落下会溅湿外墙面,影响外墙的坚固耐久性。

无组织排水方式主要适用于少雨地区或一般低层建筑,不宜用于临街建筑或高度较大的建筑。

(2) 有组织排水。

在降雨量较大的地区,对于较高或较为重要的建筑,宜采用有组织排水方式。有组织排水是指将屋面划分成若干个汇水区域,按一定的排水坡度把屋面雨水有组织地排到檐沟或雨水口,经雨水管流到散水上或明沟中的排水方式。它与无组织排水相比有显著的优点,但有组织排水构造复杂、造价较高。有组织排水分外排水和内排水两种,一般民用建筑多采用外排水。外排水根据檐口做法不同又分为挑檐沟外排水、女儿墙外排水和女儿墙外檐沟外排水等,如图 5-8 所示。对于多跨房屋的中间跨或便于高层建筑的外立面处理以及防止寒冷地区雨水管冻裂或冰冻堵塞,可采用内排水方式,如图 5-9 所示。

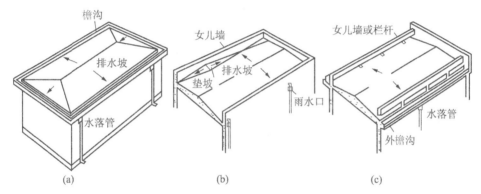

图 5-8 平屋顶有组织外排水示例

(a)挑檐沟外排水;(b)女儿墙外排水;(c)女儿墙外檐沟外排水

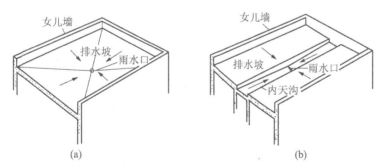

图 5-9 平屋顶有组织内排水示例

(a)内排水;(b)内天沟排水

3. 排水组织设计

(1) 汇水区的划分。

划分汇水区的目的是保证能较均匀、合理地布置雨水管,一个汇水区的面积一般不超过一个雨水管所能负担的排水面积。一般在年降水量小于900 mm的地区,每一直径为100 mm的雨水管,可排积水面积200 m²的雨水;年降雨量大于900 mm的地区,每一直径为100 mm的雨水管,可排积水面积150 m²的雨水。

(2)排水坡面数。

进深小的房屋和临街建筑常采用单坡排水,进深较大时宜采用双坡排水。

(3)天沟断面大小和天沟纵坡的坡度值。

天沟是屋面上的排水沟,在檐口处称为檐沟,天沟的功能是汇积屋面雨水,使之迅速排除。天沟断面大小应适当,沟底沿长度方向设纵向排水坡,简称天沟纵坡。天沟纵坡一般为0.5%~1%。目前常用的天沟为钢筋混凝土天沟,天沟的净断面尺寸应根据降雨量和汇水面积来确定。

(4)雨水管的大小与间距。

雨水管材料有铸铁、镀锌铁皮、石棉水泥、陶土、PVC等。常用的直径有50 mm、75 mm、100 mm、125 mm、200 mm等,民用建筑一般用75~100 mm。在一般民用建筑中,雨水管间距不宜大于18 m。

平屋顶按防水层的不同有柔性防水、刚性防水和粉剂防水等做法。

5.2.3 柔性防水屋面

柔性防水屋面,又称卷材防水屋面,是将柔性的防水卷材或片材用胶结材料粘贴在屋面上,形成一个大面积的封闭防水覆盖层。这种防水层具有一定的延伸性,能适应屋面和结构的温度变形。

我国过去一直沿用沥青油毡作为屋面的主要防水材料,这种材料的特点是造价低、防水性能较好,但须加热施工,且污染环境、低温脆裂、高温流淌、使用寿命较短。为改变这种情况,现已出现一批新的卷材或片材防水材料,如三元乙丙橡胶、氯化聚乙烯、橡塑共混等高分子防水卷材,还有加入聚酯、合成橡胶等制成的改性沥青油毡等。它们的优点是冷施工、弹性好、寿命长。

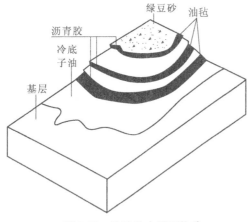

图 5-10 油毡防水屋面构造

目前,油毡防水屋面仍被普遍应用,这种屋面在构造处理上具有典型性。

1. 油毡防水屋面层

油毡防水屋面层由基层、防水层和保护层组成,如图5-10所示。

(1)防水层。

油毡防水层是由沥青胶结材料和卷材交替黏合而形成的屋面整体防水覆盖层。油毡层数应根据当地气候特点选择,一般平屋顶至少铺两层或三层油毡。在卷材与找平层、各卷材之间和上层表面涂浇沥青黏结,沥青的层数较油毡多一层,俗称二毡三油或三毡四油做法。在屋面易漏水的部位,如泛水、天沟等处,需加铺一层油毡。平屋顶油毡有垂直屋脊和平行屋脊两种铺设方法。一般是平行屋脊铺设,由檐口到屋脊一层层向上铺,上下搭接不小于 70 mm,左右搭接不小于 100 mm,如图 5-11 所示。

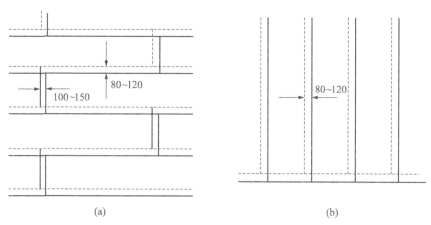

图 5-11 油毡的铺设方法
(a)平行屋脊铺设;(b)垂直屋脊铺设

(2)找平层与结合层。

油毡防水层应铺设在一个平整的表面上,一般在结构层或保温层上做 1∶3 水泥砂浆找平层,厚度为 15~20 mm(在散料上的厚度为 20~30 mm)。

为了使卷材防水层与基层黏结牢固,必须在找平层上预先涂刷一层既能和沥青胶黏结又易渗入水泥砂浆表层的稀释的沥青溶液。这种溶液是用柴油或汽油作为溶剂将沥青稀释得到的,称为冷底子油。冷底子油的配制方法是:40%的石油沥青,加60%的煤油或轻柴油;也可用 30%的石油沥青,加 70%的汽油。

在做防水层之前,必须保证找平层干透。若找平层中含有水分,做上防水层以后,在太阳照射下,水就会变成水蒸气,但由于上面有防水层阻挡,无法排出,水蒸气聚集在一起,会使基层结构薄弱处的防水层鼓泡、破裂,造成屋面漏水,如图 5-12 所示。为了避免这种情况发生,在防水层找平层之间应有一个能使水蒸气扩散的渠道。简单的做法是浇涂防水层的第一道热沥青时,采用点状或条状涂刷,俗称花油法,如图 5-13 所示。

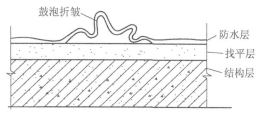

图 5-12 油毡防水层鼓泡的形成与破裂

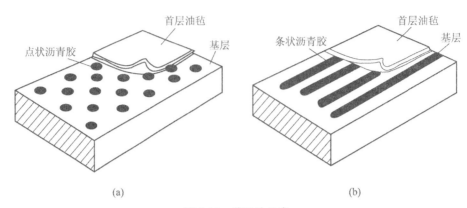

图 5-13 花油法示意

(a)沥青胶点状粘贴;(b)条状粘贴

油毡防水层有两种专用的底层油毡可供参考。一种是采用一面带砂砾点状开洞的油毡,砂砾面向下,干铺,当浇涂沥青黏合第二层油毡时,沥青胶通过洞孔,使底层油毡只有洞孔部分同基层黏结,砾层形成水蒸气扩散层,如图 5-14(a)所示。另一种是单面波形油毡,波纹向下,基层涂条状沥青胶,如图 5-14(b)所示。

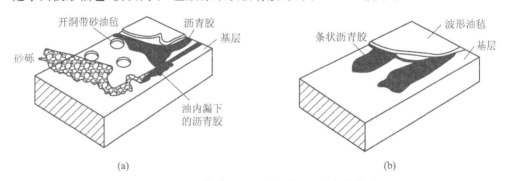

图 5-14 开洞带砂油毡粘贴与波形油毡条状粘贴

(a)开洞带砂油毡粘贴;(b)波形油毡条状粘贴

(3) 保护层。

油毡防水层的表面呈黑色,易吸热,夏季表面温度可达 60~80 ℃,沥青会因高温而流淌,并易老化。为了防止沥青流淌和延长油毡防水层的使用寿命,须设保护层。

不上人屋面保护层目前有两种做法:一种是豆石保护层,做法是在最上面的油毡上涂沥青胶后,满粘一层 3~6 mm 粒径的粗砂,俗称绿豆砂,砂子色浅,能够反射太阳辐射热,降低屋面的温度,并且能防止对油毡碰撞引起的破坏,如图 5-10 所示;另一种是铝银粉涂料保护层,它由铝银粉、清漆、熟桐油和汽油调配而成,直接涂刷在油毡表面,形成一层银白色类似金属表面的光滑薄膜,不仅可降低屋面温度,还有利于排水,厚度较薄,自重小。

上人屋面保护层有现浇混凝土保护层和铺贴块材保护层两种做法。现浇混凝土保护层是在防水层上浇筑 $30\sim60$ mm 厚的细石混凝土面层,每 2 m 左右留一分仓缝,缝内嵌沥青胶,如图 5-15(a)所示。铺贴块材保护层是用 20 mm 的水泥砂浆或干砂铺设预制混凝土板或大阶砖、水泥花砖、缸砖等,如图 5-15(b)所示。还可用预制板或大阶砖架空铺设,形成板材架空面层,以利通风,如图 5-15(c)所示。

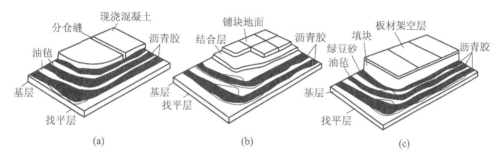

图 5-15　油毡防水上人屋面

(a)现浇混凝土面层;(b)块材面层;(c)板材架空面层

2. 油毡防水屋面的细部构造

(1)泛水。

泛水是指屋面与墙面等交接处的防水构造处理,如女儿墙与屋面、烟囱与屋面、高低屋面之间的墙与屋面等的交接处防水构造。泛水高度自保护层算起,一般不小于 250 mm,如图 5-16 所示。屋面与墙面交接处用水泥砂浆或轻质混凝土做成弧形或 45°斜面,以防止在粘贴油毡时直角转弯而使油毡折断或空鼓,油毡在垂直墙面上的粘贴高度不宜小于 250 mm,为防止该部位漏水,做防水层时应在该处多加一层油毡。在油毡卷材粘贴在墙面的收口处,极易脱口渗水,应做好泛水上口的卷材收头固定,防止卷材在垂直墙面下滑,通常有钉木条、压铁皮等。泛水顶部应有挡雨措施,以防止雨水顺立墙流入卷材收口处引起渗漏,通常有挑出 1/4 砖、凹进 1/4 砖和挑出 1/4 砖再凹进 1/4 砖等做法,并抹出滴水,如图 5-17 所示。

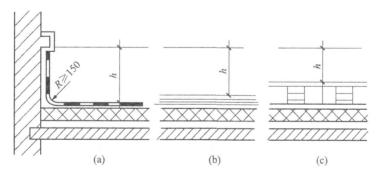

图 5-16　泛水高度的起止点

(a)不上人屋面;(b)上人屋面;(c)架空屋面

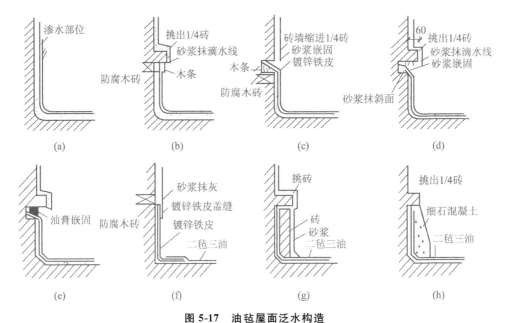

图 5-17 油毡屋面泛水构造

(a)油毡开口渗水；(b)木条压毡；(c)铁皮压毡；(d)砂浆嵌固；(e)油膏嵌固；
(f)加镀锌铁皮泛水；(g)压砖抹灰泛水；(h)混凝土压毡泛水

（2）檐口构造。

油毡防水屋面的檐口一般有自由落水挑檐和有组织排水的挑檐沟、女儿墙等檐口，其中女儿墙檐口的做法实质就是泛水的做法。自由落水檐口的油毡收头极易开裂渗水，如图 5-18(a)、(b)、(c)所示。一般采用油膏嵌缝上面再撒绿豆砂保护，如图 5-18(d)所示。

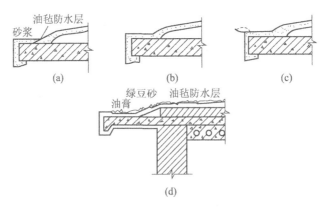

图 5-18 自由落水油毡屋面檐口构造

挑檐沟檐口在檐沟处应多加一层油毡，沟口处的油毡收头，一般有压砂浆、嵌油膏和插铁卡住等方法，如图 5-19 所示。

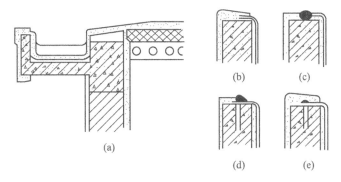

图 5-19　挑檐沟檐口构造

(a)檐口构造；(b)砂浆压毡收头；

(c)油膏压毡收头；(d)插铁油膏压毡收头；(e)插铁砂浆压毡收头

（3）雨水口构造。

雨水口是将屋面雨水排到雨水管的连通构件，应排水通畅，不易渗漏和堵塞。雨水口有直管式和弯管式两种形式，直管式适用于中间天沟、挑檐沟的水平雨水口，弯管式适用于女儿墙等垂直雨水口。

直管式雨水口一般用铸铁或钢板制成，有多种型号，可根据降雨量和汇水面积进行选择。它由套管、环形筒、顶盖底座和顶盖组成，如图 5-20 所示。安装时将套管安装在天沟底板上，各层油毡同时贴在套管内壁上。为了防止漏水，在此处附加一层油毡，表面涂上沥青胶，再将环形筒嵌入套管，将油毡压紧，嵌入深度不小于100 mm，环形筒与底座缝隙用油膏嵌封。

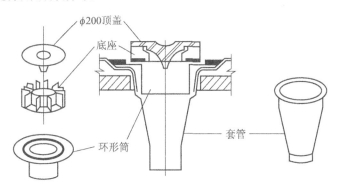

图 5-20　直管式雨水口

弯管式雨水口呈 90°弯曲状，多用铸铁或钢板制成，由弯曲套管和铸铁箅子两部分组成。弯曲套管置于女儿墙预留的孔洞中，屋面防水层油毡和泛水油毡应贴到套管内壁四周，铺入深度不小于 100 mm。套管用铸铁算子遮盖，防止杂物流入堵塞水口，如图 5-21 所示。

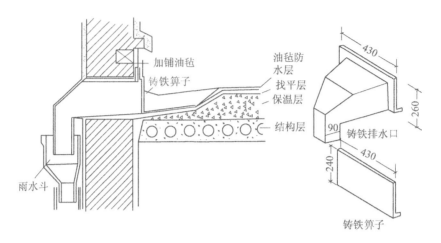

图 5-21　弯管式雨水口

5.2.4　刚性防水屋面

刚性防水屋面是以防水砂浆或密实的细石混凝土等刚性材料做防水面层的。其主要优点是施工方便、构造简单、造价较低、维修方便。但刚性防水屋面对温度变化和结构变形较为敏感，易产生裂缝而渗漏，对施工技术要求较高。刚性防水屋面多用于南方地区，因为南方地区日温差相对较小，刚性防水屋面受温度变化影响不大。

1. 刚性防水层的防水构造

刚性防水屋面一般由结构层、找平层、隔离层和防水层组成，如图 5-22 所示。

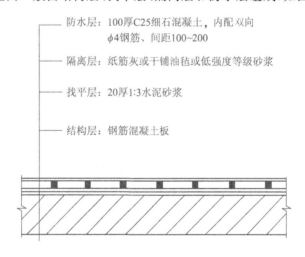

图 5-22　混凝土刚性防水屋面做法

（1）防水层。

普通混凝土和水泥砂浆内部有许多空隙和贯通的毛细管网,不能作为刚性屋面的防水层。一般需采取增加防水剂、采用微膨胀或提高密实度等措施将混凝土处理后,才能用作屋面的刚性防水层。

（2）防止刚性屋面变形和开裂的措施。

防水层在施工完成后出现裂缝而漏水,是刚性屋面的严重问题。引起裂缝的主要原因是温度变形、屋面板变形及地基不均匀沉降等。

防止刚性屋面开裂的主要方法有配筋、设置分仓缝和隔离层等。

① 配筋。一般采用不低于 C25 的细石混凝土整体现浇刚性防水层,厚度不小于 40 mm,在其中配置 $\phi 4@100\sim200$ 的双向钢筋网片,钢筋布置在中层偏上的位置,钢筋保护层厚度不小于 10 mm。

② 设置分仓缝。分仓缝实质是设置在刚性防水屋面上的变形缝,亦称分格缝。其作用:一是有效地防止大面积整体现浇混凝土防水层受外界温度的影响,出现热胀冷缩而产生裂缝;二是防止荷载作用下,屋面板产生挠曲变形引起防水层破裂。

分格大小应控制在屋面受温度影响产生的许可范围内,分仓缝应设在结构变形敏感的部位,如图 5-23 所示。分仓缝服务的面积一般为 15~25 m²,间距为 3~5 m。当建筑进深在 10 m 以内时,可在屋脊设一道纵向缝;当进深大于 10 m 时,在坡面某一板缝处再设一道纵向分仓缝。一般原则是分仓缝应设置在预制板的支承端、屋面的转折处、板与墙交接处,分仓缝与板缝上、下对齐,如图 5-24 所示。

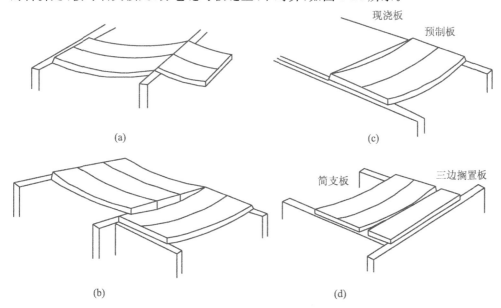

图 5-23　预制屋面板结构变形的敏感部位

(a)屋面板支承端的起挠;(b)屋面板搁置方向不同挠度不同;

(c)现浇板与预制板挠度不同;(d)简支与三边搁置板挠度不同

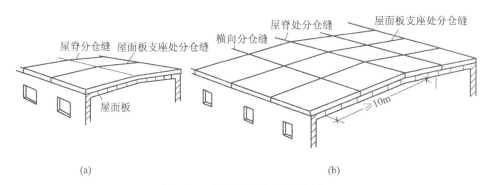

图 5-24　刚性屋面分仓缝的划分

(a)房屋进深小于 10 m,分仓缝的划分;(b)房屋进深大于 10 m,分仓缝的划分

分仓缝的宽度一般为 20 mm 左右,缝内填沥青麻丝等弹性材料,上口嵌油膏或覆盖油毡条,如图 5-25 所示。

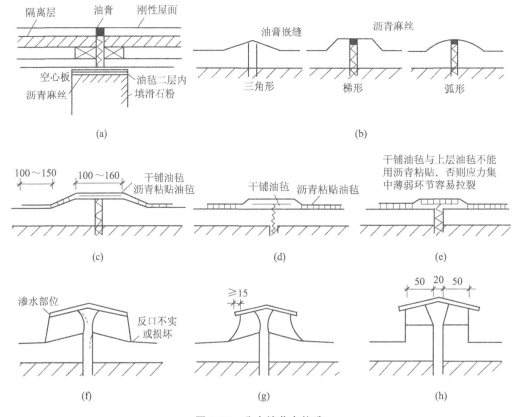

图 5-25　分仓缝节点构造

(a)平缝油膏嵌缝;(b)凸形缝油膏嵌缝;(c)凸缝油毡盖缝;(d)平缝油毡盖缝;(e)贴油毡错误做法;
(f)坐浆不正确引起爬水、渗水;(g)正确做法:坐浆缩进;(h)正确做法:做出反口

③ 设置隔离层。为了减少结构层变形对防水层的不利影响,宜在结构层和防水层之间设隔离层,亦称浮筑层。隔离层可采用纸筋灰、强度等级较小的砂浆或在薄砂层上干铺一层油毡等做法。当防水层抗裂性能较好时,也可不做隔离层。设置隔离层后,结构层在荷载作用下产生的挠曲变形或在温度作用下产生的伸缩变形,对防水层的影响程度降低。

2. 刚性防水屋面的细部构造

(1)泛水构造。

刚性防水屋面的泛水构造与油毡防水屋面类似。一般是将细石混凝土防水层直接引伸到垂直墙面,且不留施工缝,转角处做成圆弧形。刚性防水屋面泛水与垂直墙面之间必须设分格缝,防止两者变形不一致而使泛水开裂,缝内用沥青麻丝等嵌实,如图 5-26 所示。

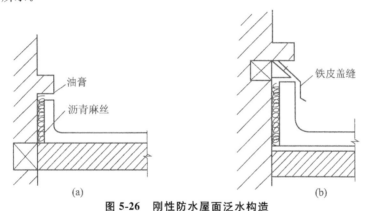

图 5-26　刚性防水屋面泛水构造

(a)油膏嵌缝;(b)镀锌铁皮盖缝

(2)檐口构造。

对于自由落水挑檐,可用细石混凝土防水层直接支模挑出,抹出滴水线,挑出长度不宜过大,应设负弯矩钢筋,如图 5-27(a)所示。对应用较多的挑梁屋面板,可将细石混凝土防水层做到檐口,但要做好板和挑梁的滴水线,如图 5-27(b)所示。

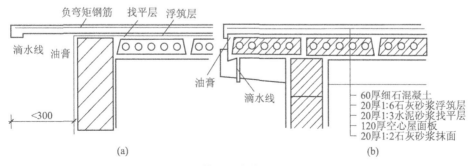

图 5-27　刚性屋面自由落水檐口构造

(a)屋面直接出挑檐口;(b)挑梁檐口构造

　　檐沟挑檐有现浇檐沟和预制屋面板挑檐沟两种。对现浇檐沟，应注意其与屋面板间变形引起的裂缝不能渗水，如图 5-28(a)、(b)所示。在屋面板上设隔离层时，防水层可挑出 50 mm 左右作滴水线，用油膏封口，如图 5-28(c)所示。当无隔离层时，可将防水层直接做到檐沟，并增设构造筋，如图 5-28(d)、(e)所示。预制屋面板挑出檐沟的构造，如图 5-28(f)所示。

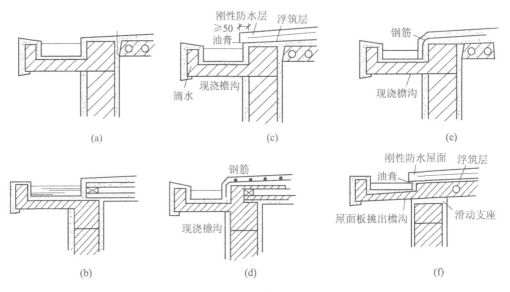

图 5-28　刚性防水檐沟挑檐构造

(a)屋面板与檐沟之间易渗漏的部位；(b)屋面板与檐沟之间易渗漏的部位；

(c)设浮筑层，刚性防水层挑出；(d)刚性防水层做到檐沟；(e)刚性防水层做到檐沟；

(f)屋面板挑出檐沟，在支座处设滑动支座，刚性防水层挑出，下设浮筑层

（3）雨水口。

　　刚性防水屋面的雨水口可参照油毡防水屋面。构造做法如图 5-29 所示。

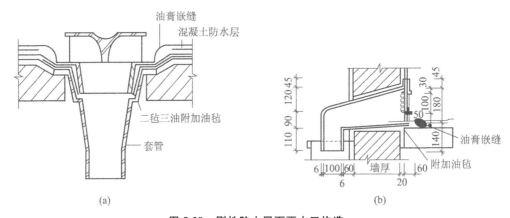

图 5-29　刚性防水屋面雨水口构造

(a)直管式雨水口；(b)弯管式雨水口

5.2.5　平屋顶保温与隔热

1. 平屋顶保温

（1）保温材料。

保温材料一般有散料类、整体类和板块类等形式。

① 散料：有炉渣、矿渣、膨胀陶粒、膨胀蛭石、膨胀珍珠岩等。

② 整体类：是用散料作为骨料，掺入一定量的胶结材料现场浇筑而成的。如水泥炉渣、水泥膨胀蛭石、水泥膨胀珍珠岩、沥青膨胀蛭石和沥青膨胀珍珠岩等。

③ 板块类：是在骨料中掺入胶结材料，由工厂制作而成的板块状材料。如加气混凝土、泡沫混凝土、膨胀蛭石、膨胀珍珠岩、泡沫塑料等块材或板材。

（2）保温层的设置。

根据保温层在屋顶各层次中的位置，有以下三种保温类型。

① 保温层设在结构层上部，防水层做在保温层上面。该做法的保温层设在冷的一面，符合热工学原理，如图 5-30 所示。在采暖房屋中，防水层直接受到室内升温的影响，这种做法也称为"热屋顶保温体系"。

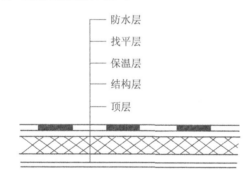

图 5-30　热屋顶保温体系

② 防水层与保温层之间设置空气间层。由于空气间层的设置，室内热量不能直接影响屋面防水层，所以称之为"冷屋顶保温体系"。平屋顶的冷屋面保温做法常用垫块架空预制板，形成空气间层，再在上面做找平层和防水层。空气间层可以带走穿过顶棚和保温层的蒸汽以及保温层散发出来的水蒸气，防止屋顶深部水的凝结；可以带走太阳辐射热通过屋面防水层传下来的部分热量。空气间层必须保证通风流畅，否则会降低保温效果，如图 5-31 所示。

③ 保温层设置在防水层上面。也称为"倒铺法"，优点是防水层不受阳光辐射和剧烈气候变化的直接影响，热温差小，并且防水层不易受外来的损伤，但是必须选用吸湿性低、耐候性强的保温材料。在保温层上应设保护层，防止表面破损及延缓保温材料的老化过程。保护层应选择有一定重量足以压住保温层的材料，常用较大粒径的石子或混凝土保护层，但不能用绿豆砂保护层，如图 5-32 所示。

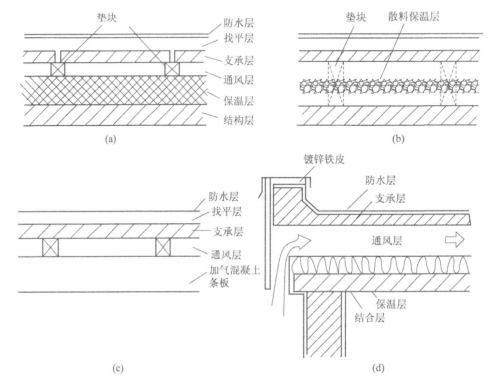

图 5-31　冷屋顶保温体系
(a)垫块架空预制板形成空气间层;(b)垫块支撑于散料内形成空气间层;
(c)垫块支撑于保温层上形成空气间层;(d)通风间层剖面图

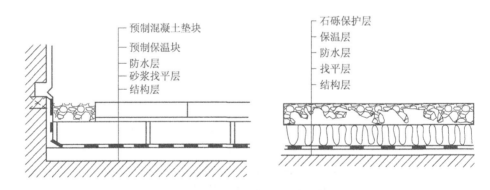

图 5-32　倒铺法保温屋面构造

(3) 隔汽层的设置。

当保温层设在结构层上部,保温层上直接做防水层时,需在保温层下设隔汽层,其目的是防止室内水蒸气透过结构层渗入保温层,使保温材料受潮,降低保温效果。隔汽层的做法通常是在结构层上做找平层,再在其上涂热沥青一道或铺一毡二油,如图 5-33 所示。

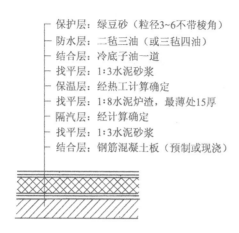

保护层：绿豆砂（粒径3~6不带棱角）
防水层：二毡三油（或三毡四油）
结合层：冷底子油一道
找平层：1:3水泥砂浆
保温层：经热工计算确定
找平层：1:8水泥炉渣，最薄处15厚
隔汽层：经计算确定
找平层：1:3水泥砂浆
结合层：钢筋混凝土板（预制或现浇）

图 5-33 有保温的油毡防水屋面

由于保温层处于隔汽层与防水层之间，保温层的上、下两面被油毡封闭，保温层中残存一定的水汽无法散发。为了解决这个问题，除了在防水层第一层油毡铺设时采用花油法外，还可采用在保温层上加一层砾石或陶粒作为透气层或在保温层中间设排气通道等构造措施，如图 5-34 所示。

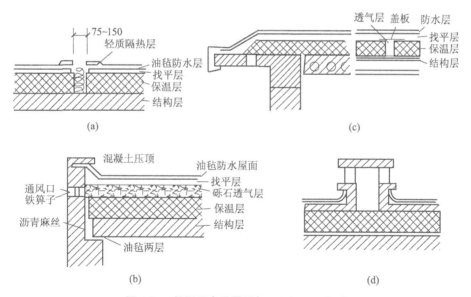

图 5-34 保温层内设置透气层及通风口构造

2. 平屋顶的隔热

（1）通风隔热屋面。

通风隔热屋面是在屋顶中设置通风间层，其上层表面可遮挡太阳辐射，并利用风压和热压原理把间层中的热空气不断带走，使下层板面传至室内的热量大大减少，达到隔热降温的目的。通风隔热屋面一般有架空通风隔热屋面和顶棚通风隔热屋面。

架空通风隔热屋面是在屋面防水层上采用适当的材料或构件制品(如预制板、大阶砖等)做架空隔热层,架空层应有适当的净高,一般为 180～240 mm。架空层周边应设置一定数量的通风孔,以利于空气流通。当女儿墙不宜开洞时,应在距女儿墙 500 mm 范围内铺架空板。隔热板的支点可做成砖垄墙或砖墩,间距根据隔热板尺寸而定,如图 5-35 所示。顶棚通风隔热屋面是利用顶棚与屋顶之间的空间作隔热层,如图 5-36 所示。

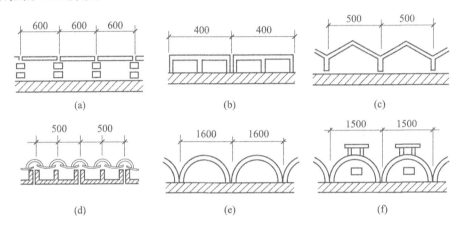

图 5-35 架空通风隔热构造举例
(a)架空预制板(或大阶砖);(b)架空混凝土山形板;(c)架空钢丝网水泥折板;
(d)倒槽板上铺小青瓦;(e)钢筋混凝土半圆拱;(f)1/4 厚砖拱

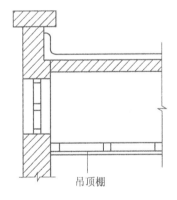

图 5-36 顶棚通风

(2) 实体材料隔热屋面。

实体材料隔热屋面是利用材料的蓄热性、热稳定性和传导过程中的时间延迟性来做隔热屋面的。实体材料隔热屋面,在太阳辐射下,内表面温度比外表面温度有较大降低,使内表面出现高温的时间能延迟 3～5 h,但这种材料自重大、蓄热大,晚间气温降低后,屋顶内蓄存的热量开始向室内散发,一般只适用于夜间不使用的房间。

实体材料隔热屋面主要有蓄水隔热屋面、大阶砖或混凝土实铺屋面、植被隔热屋面等类型。

蓄水隔热屋面是指在屋顶蓄积一层水,利用水蒸发吸收大量太阳辐射和室外气温的热量,以减少屋面吸热能,达到隔热降温的目的。并且水面还可反射阳光,减少阳光对屋顶的直射作用,如图 5-37 所示。

大阶砖或混凝土实铺屋面可作上人屋面,如图 5-38 所示。

植被隔热屋面是在屋面防水层上覆盖种植土,种植各种绿色植物,如图 5-39 所示。

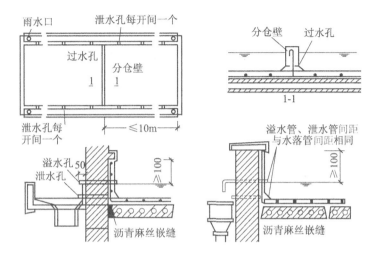

图 5-37　蓄水隔热屋面

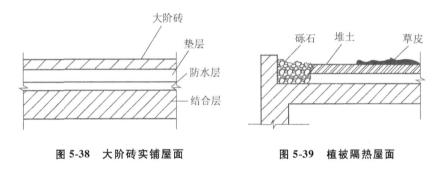

图 5-38　大阶砖实铺屋面　　　　图 5-39　植被隔热屋面

（3）反射隔热屋面。

反射隔热屋面是利用材料的热反射特性来实现隔热降温的。一般可采用浅色的砾石铺面，或在屋面上涂刷一层白色涂料，来提高反射率，起到隔热降温的目的。如果在通风屋顶中的基层加铺一层铝箔，则可利用第二次反射作用，进一步提高隔热效果。

（4）蒸发散热隔热屋面。

蒸发散热隔热屋面是利用屋面上流水层和水雾层的排泄和蒸发降低屋面温度，常用的有淋水屋面和喷雾屋面。

5.3　坡屋顶屋面

5.3.1　坡屋顶的组成与特点

坡屋顶由带有坡度的倾斜面相互交接而成。斜面相交的阳角称为脊，斜面相交的阴角称为沟，如图 5-40 所示。

1. 坡屋顶的组成

坡屋顶由承重结构和屋面两个基本部分组成,根据使用要求,有些还需要设顶棚、保温层或隔热层等,如图 5-41 所示。

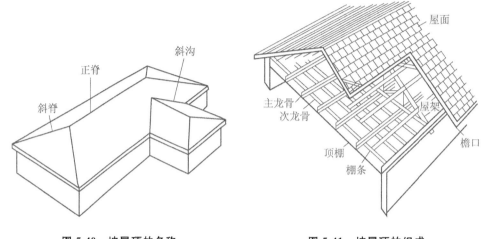

图 5-40　坡屋顶的名称　　　　　　**图 5-41　坡屋顶的组成**

(1) 承重结构。

承重结构主要是承受屋面荷载并把荷载传到墙或柱子上,一般包括屋架(或横墙或屋面大梁)以及檩条、椽子等。

(2) 屋面。

屋面是屋顶上的覆盖层,直接承受雨、雪、风和太阳辐射等作用。屋面一般包括屋面盖料和基层,如屋面板、挂瓦条等。

(3) 顶棚。

顶棚是屋顶下部的遮盖部分,可使室内上部平整,有一定的反射光线和装饰作用。

(4) 保温或隔热层。

保温或隔热层可设在屋面层或顶棚处。

2. 坡屋顶的特点

坡屋顶多采用瓦材防水,瓦材块小,接缝多,易渗漏,坡屋顶的坡度一般大于10°。坡屋顶的坡度大,排水快,防水功能好,但屋顶构造高度较大,消耗材料多,受风载、地震作用明显。

5.3.2　坡屋顶的承重体系

坡屋顶的承重体系有横墙承重、屋架承重、梁架承重等。

1. 横墙承重

当横墙间距较小且具有分隔和承重功能时,可将横墙上部砌成三角形,将檩条直接支承在横墙上,这种承重方式叫做"横墙承重"或"硬山搁檩",如图 5-42 所示。

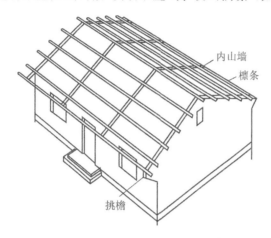

图 5-42 横墙承重结构

横墙承重结构体系做法简单、造价低,适用于多开间并列的房屋,如宿舍、办公室等。

2. 屋架承重

用作屋顶承重结构的桁架叫做屋架。屋架搁置在建筑物的外墙或柱上,屋架上架设檩条承受屋面荷载,这种承重方式叫做屋架承重,如图 5-43 所示。

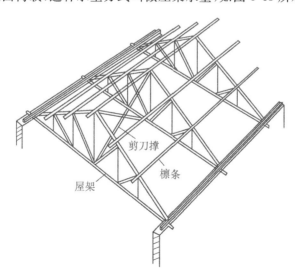

图 5-43 屋架承重结构

屋架有三角形、梯形、异形等形式,三角形屋架构造及施工较简单,适用于各种瓦材屋面。

用异形屋架,可构成不同形式的坡屋顶,如图 5-44 所示。

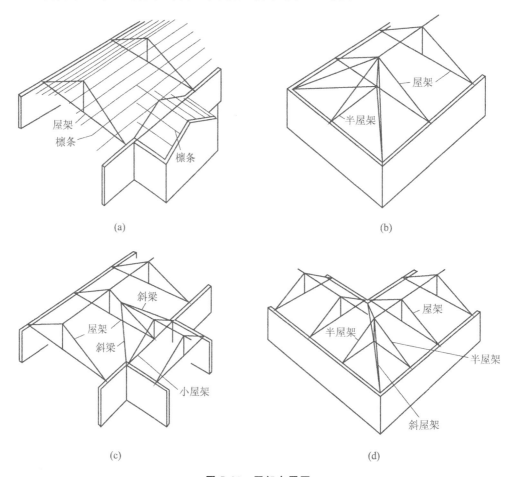

(a) (b)

(c) (d)

图 5-44 屋架布置图

(a)屋顶直角相交,檩条上搁置檩条;(b)四坡顶端部,半屋架搁在全屋架上;
(c)屋顶直角相交,斜梁搁在屋架上;(d)屋顶转角处,半屋架搁在全屋架上

3. 梁架承重

梁架承重是我国传统的屋顶结构形式,由柱和梁形成梁架支承檩条,每隔两根或三根檩条立一柱,并利用檩条和连系梁把整个房屋形成一个整体的骨架,墙只起分隔与围护作用,不承重。这种结构形式有"墙倒,屋不坍"的特点,如图 5-45 所示。

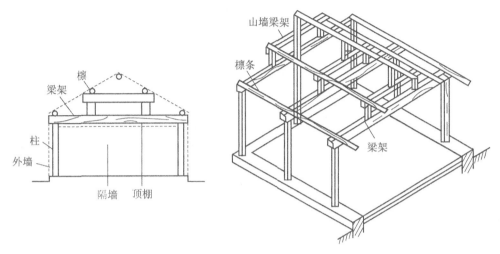

图 5-45 梁架承重结构

5.3.3 坡屋顶的排水方式

坡屋顶排水分为无组织排水和有组织排水,如图 5-46 所示。

1. 无组织排水

无组织排水一般在雨量较少的地区或房屋较低时采用。这种排水方式构造简单、造价低,如图 5-46(a)所示。

2. 有组织排水

坡屋顶有组织排水分为檐沟外排水和女儿墙檐沟外排水。

(1) 檐沟外排水。

在坡屋顶挑檐处悬挂檐沟,屋面雨水经檐沟、雨水管排到地面。檐沟和雨水管采用轻质耐锈的材料制作,通常用镀锌铁皮或石棉水泥等,如图 5-46(b)所示。

(2) 女儿墙檐沟外排水。

在屋顶四周做女儿墙,女儿墙内设檐沟。屋面雨水排到檐沟,经雨水口、雨水管排至地面,如图 5-46(c)所示。檐沟一般用镀锌铁皮或钢筋混凝土制成。

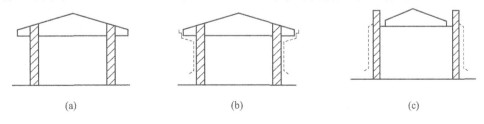

图 5-46 坡屋顶排水方式

(a)无组织外排水;(b)檐沟外排水;(c)女儿墙檐沟外排水

为使排水通畅、迅速，雨水口负担排水量应均匀。屋面排水区一般按每个雨水口负担 100～200 m²（屋面水平投影面积）划分。

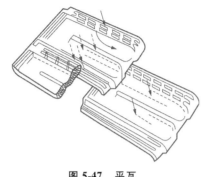

图 5-47　平瓦

5.3.4　平瓦屋面构造

平瓦即黏土瓦，又称机平瓦，如图 5-47 所示。平瓦形状是根据防水和排水需要而设计的。一般尺寸为长 380～420 mm，宽 240 mm，净厚 20 mm。瓦下有挂钩，可以挂在挂瓦条上，防止下滑，其上穿有小孔，在风较大的地区或屋面坡度较大时，可以用铅丝把瓦扎在挂瓦条上。其他如水泥瓦、硅酸盐瓦等，均属此类平瓦，形状和尺寸略有不同。

1. 平瓦屋面

平瓦屋面根据基层不同，有冷摊平瓦屋面、实铺平瓦屋面和钢筋混凝土挂瓦板平瓦屋面。

（1）冷摊平瓦屋面。

冷摊平瓦屋面是平瓦屋面最简单的做法。它是在椽子上钉挂瓦条后直接挂瓦形成的，如图 5-48 所示。挂瓦条尺寸根据椽子间距而定。这种做法构造简单，但雨雪易从瓦缝中飘入室内。

（2）实铺平瓦屋面。

实铺平瓦屋面的做法是：在檩条或椽子上铺一层 20 mm 厚的木板（也称望板），望板可采取密铺法（不留缝）和稀铺法（板间有 10～20 mm 宽的缝隙），在望板上铺一层平行于屋脊的油毡，从檐口到屋脊，搭接长度不小于 80 mm。用 30 mm×10 mm 的压毡条（或称顺水条）钉牢，压毡条铺设方向与檐口垂直，然后在顺水条上钉挂瓦条，并铺平瓦，如图 5-49 所示。这种做法的挂瓦条与油毡间有空隙，从瓦缝飘入的雨水能顺利排出，油毡层起到进一步防水的作用。

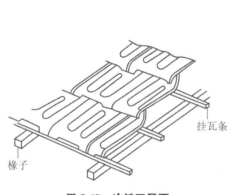

图 5-48　冷摊瓦屋面

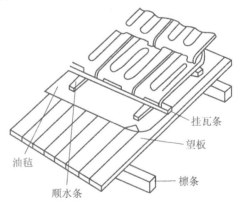

图 5-49　实铺平瓦屋面

实铺平瓦屋面不仅增强了屋面的防水性能,同时提高了保温、隔热性能,但耗用木材多、造价较高。

（3）钢筋混凝土挂瓦板平瓦屋面。

钢筋混凝土挂瓦板平瓦屋面是将预应力或非预应力钢筋混凝土挂瓦板直接搁置在横墙或屋架上,取代了冷摊平瓦屋面和实铺平瓦屋面中的基层、望板和挂瓦条,在挂瓦板上直接挂瓦。该做法的缺点是瓦缝渗水不易处理,渗入的雨水易在挂瓦板的缝处渗漏,如图 5-50 所示。

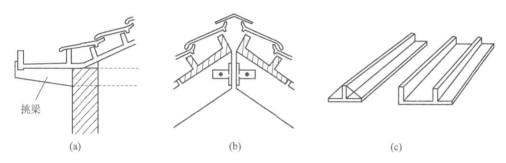

图 5-50　钢筋混凝土挂瓦板平瓦屋面
(a)檐口节点;(b)屋脊节点;(c)挂瓦板

2. 平瓦屋顶的细部构造

（1）纵墙檐口。

坡屋顶的纵墙檐口有挑檐和包檐两种形式。

① 挑檐。挑檐是屋面挑出外墙的部分,对外墙起保护作用。常用的做法有砖砌挑檐、屋面板挑檐、挑椽挑檐、挑檩挑檐等。

砖砌挑檐是在檐口处将砖逐皮外挑,每皮砖挑出 60 mm,一般出挑长度不大于砖墙厚度的一半,如图 5-51(a)所示。

屋面板挑檐是利用木基层中的望板直接挑出,由于屋面板较薄,出挑长度不宜大于 300 mm,如图 5-51(b)所示。如果利用屋架托木或在横墙砌入挑檐木,与屋面板、封檐板结合,出挑长度可适当加大,如图 5-51(c)所示。

挑椽挑檐是当檐口出挑长度大于 300 mm 时,利用椽子挑出,在檐口处可将椽子外露或钉封檐板,如图 5-51(d)所示。

挑檩挑檐是在檐口墙外面加一檩条,利用屋架托木或横墙砌入的挑檐木作为檐檩的支托。檐檩与檐墙上沿游木的间距不大于其他部位檩条的间距,如图 5-51(e)所示。

以上挑檐除砖砌挑檐外,均可做檐口顶棚。常用做法有露缝板条、硬质纤维板、板条抹灰等。它们的基层做法是在靠封檐板一边,利用托木、挑木或挑椽钉一条顶棚龙骨,在靠外墙一侧砌入木砖上再钉一条顶棚龙骨;在两龙骨间钉横向板条或先钉横向小龙骨再钉纵向板条,即可做檐口顶棚的面层露缝或抹灰。为避免檐口屋面板挠曲不平,保证檐口外形挺直,可封闭檐口顶棚。需要装排水檐沟时亦可利用封檐板作支承,平瓦在檐口处应挑出檐板 40~60 mm,油毡要绕过三角木搭入檐沟内,如图 5-52 所示。

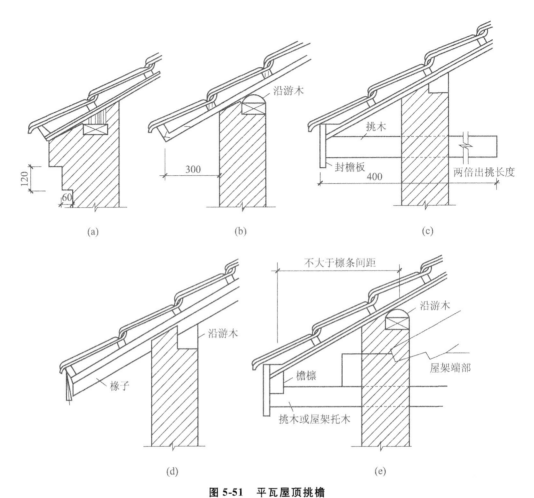

图 5-51 平瓦屋顶挑檐

(a)砖砌挑檐；(a)屋面板挑檐；(c)挑檐木挑檐；(d)挑椽檐口；(e)挑檩檐口

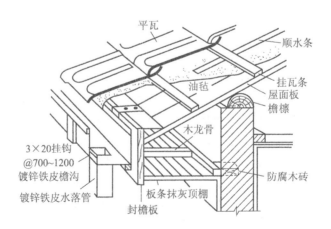

图 5-52 挑檐顶棚构造

② 包檐。包檐檐口是将檐墙砌出屋面形成女儿墙,将檐口包在女儿墙内侧的构造做法。在包檐内应解决好排水问题,一般均须做水平天沟式檐沟。天沟采用钢筋混凝土槽形天沟板,沟内铺卷材防水层,并一直铺到女儿墙上形成泛水。也可用镀锌铁皮放在木底板上,铁皮天沟一侧伸入油毡层上,靠墙一侧做成泛水,如图 5-53 所示。

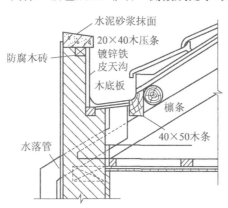

图 5-53 包檐檐口构造

包檐檐口较易损坏,铁皮应经常刷油防锈,木材也须做防腐处理,保养不好将造成漏水。地震区女儿墙易坍落,除特殊需要外一般不宜采用包檐檐口。

(2) 山墙檐口。

山墙檐口可分山墙挑檐和山墙封檐两种做法。

① 山墙挑檐。山墙挑檐又称悬山,一般用檩条挑出山墙,用木封檐板(也称博风板)将檩条封住。平瓦在山墙檐边须隔块锯成半块,用 1 : 2 水泥麻刀砂浆或其他纤维砂浆抹成高 80~100 mm、宽 100~120 mm 的转角封边,称为封山压边或瓦出线,挑檐下也可以和纵墙挑檐一样做檐口顶棚,如图 5-54 所示。

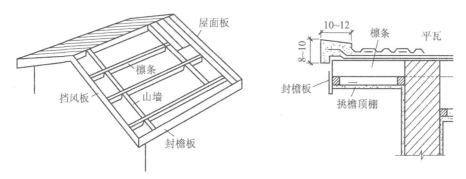

图 5-54 山墙挑檐构造

② 山墙封檐。山墙封檐有硬山和出山两种。硬山做法是屋面和山墙齐平或挑出一皮砖,用水泥砂浆抹出压边瓦出线,如图 5-55 所示。出山做法是将山墙砌出屋面,在山墙与屋面交界处做泛水。最常见的做法有挑砖砂浆抹灰泛水、小青瓦坐浆泛水和镀锌铁皮泛水三大类,如图 5-56 所示。

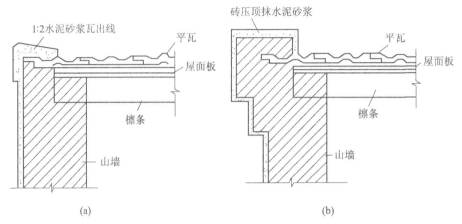

图 5-55　硬山封檐构造

(a)屋面与山墙平齐；(b)屋面挑出一皮砖

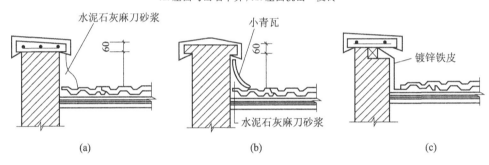

图 5-56　出山封檐构造

(a)挑砖砂浆抹灰泛水；(b)小青瓦坐浆泛水；(c)镀锌铁皮泛水

（3）斜天沟。

斜天沟一般用镀锌铁皮制成,镀锌铁皮两边包钉在木条上,如图 5-57(a)所示；也可用弧形瓦或缸瓦做斜天沟,搭接处要用麻刀灰窝牢,如图 5-57(b)所示。

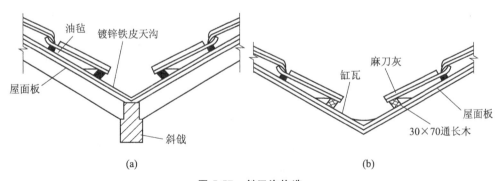

图 5-57　斜天沟构造

(a)镀锌铁皮斜天沟；(b)缸瓦斜天沟

（4）烟囱泛水。

屋面与烟囱四周交接处均须做泛水。烟囱泛水的一种做法是镀锌铁皮泛水。在烟囱的上方，铁皮应铺在瓦下，下方应搭盖在瓦上，两侧同一般泛水处理，如图 5-58（a）所示。根据防火规定，烟囱四周离烟囱内壁 370 mm 或外墙 50 mm 内不能有易燃材料。烟囱泛水的另一种做法是用水泥砂浆或水泥石灰麻刀砂浆做抹灰泛水，其上方既要在上面的瓦下，又要使其承接的雨水流至两侧及下侧的瓦上，如图 5-58（b）所示。

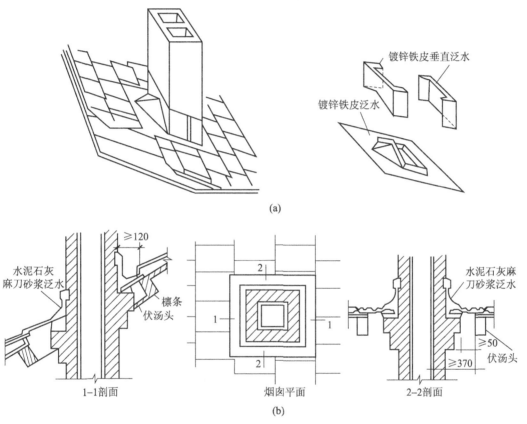

图 5-58 烟囱泛水构造

（a）镀锌铁皮烟囱泛水构造；（b）水泥石灰麻刀砂浆烟囱泛水构造

5.3.5 坡屋顶的保温与隔热

1. 坡屋顶的保温

寒冷地区的坡屋顶需设保温层，一般有两种情况：对不设顶棚的坡屋顶，可将保温层设在屋面层中，在屋面层中设保温层或用屋面兼作保温层，如草屋面、麦秸青灰顶屋面等，如图 5-59（a）所示；还可将保温层放在檩条之间或在檩条下钉保温板材，如图 5-59（b）所示。对有顶棚的坡屋顶，可将保温层设在吊顶上，做法是在顶棚格栅上铺板，板上铺一层油毡作为隔汽层，在油毡上铺设保温材料。保温材料可选无机散状材料,如矿渣、膨胀珍珠岩、膨胀蛭石等;也可选用地方材料,如糠皮、海带草、锯末等有机材料,如图 5-59(c)所示。

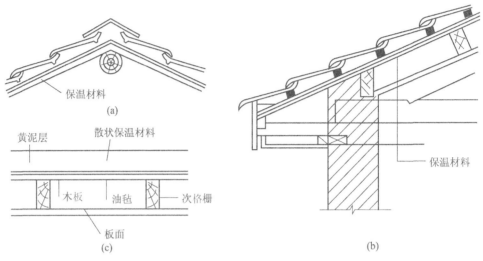

图 5-59 坡屋顶保温构造
(a)瓦材下面设保温层;(b)檩条间设保温层;(c)顶棚上设保温层

2. 坡屋顶的隔热

炎热地区在坡屋顶中设进气口和排气口,利用屋顶内外的热压差和迎背风面的压力差,组织空气对流,形成屋顶内的自然通风,减少由屋顶传入室内的辐射热,改善室内气候环境,如图 5-60 所示。

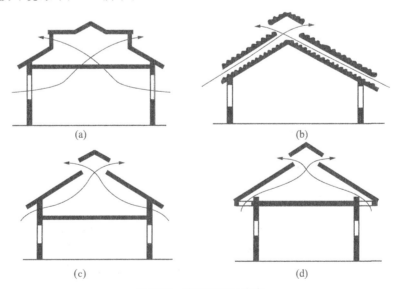

图 5-60 坡屋顶通风示意
(a)在顶棚和天窗设通风孔;(b)在外墙和天窗设通风孔之一;(c)在外墙和天窗设通风孔之二;(d)在山墙及檐口设通风孔

本 章 小 结

1. 屋顶是建筑物的重要组成部分,起着围护和承担荷载的作用。

2. 屋顶有平屋顶、坡屋顶和其他形式的屋顶。

3. 平屋顶有柔性防水屋面、刚性防水屋面和粉剂防水屋面。柔性防水屋面能较好地适应屋面温度变形和结构变形等;刚性屋面施工方便、构造简单,但对温度变化和结构变形较敏感。

4. 坡屋顶有横墙承重、屋架承重和梁架承重的形式,其屋面主要有冷摊平瓦屋面、实铺平瓦屋面和钢筋混凝土挂瓦板平瓦屋面。

【思考与练习】

一、填空题

1. 屋顶按采用材料和结构类型的不同可分为(　　　)、(　　　)和(　　　)三大类。

2. 根据建筑物的性质、重要程度、使用功能要求、防水层耐用年限、防水层选用材料和设防要求,将屋面防水分为(　　　)级。

3. 屋顶坡度的表示方法有(　　　)、(　　　)和(　　　)三种。

4. 平屋顶排水坡度的形成方法有(　　　)和(　　　)两种。

5. 屋顶排水方式分为(　　　)和(　　　)两大类。

6. 在平屋顶卷材防水构造中,当屋顶坡度(　　　)时,卷材宜平行于屋脊方向铺贴;当屋顶坡度(　　　)或屋面受震动时,卷材可垂直于屋脊方向铺贴;当屋顶坡度(　　　)时,卷材可平行或垂直于屋脊方向铺贴。

7. 选择有组织排水时,每根雨水管可排除大约(　　　)m² 的屋面雨水,其间距控制在(　　　)m 以内。

8. 平屋顶的保温材料有(　　　)、(　　　)和(　　　)三种类型。

9. 平屋顶保温层的做法有(　　　)和(　　　)两种方法。

10. 屋面泛水应有足够的高度,最小为(　　　)mm。

11. 坡屋顶的承重结构有(　　　)、(　　　)和(　　　)三种。

12. 坡屋顶的平瓦屋面的纵墙檐口根据造型要求可做成(　　　)和(　　　)两种。

13. 平屋顶的隔热通常有(　　　)、(　　　)、(　　　)和(　　　)等处理方法。

二、选择题

1. 屋顶的坡度形成中材料找坡是指(　　　)来形成。

A. 利用预制板的搁置　　　　　　B. 选用轻质材料找坡

C. 利用油毡的厚度　　　　　　　D. 利用结构层

2. 当采用檐沟外排水时,沟底沿长度方向设置的纵向排水坡度一般应不小于( )

A. 0.5%   B. 1%   C. 1.5%   D. 2%

3. 平屋顶坡度小于3%时,卷材宜沿( )屋脊方向铺设。

A. 平行   B. 垂直   C. 30°   D. 45°

4. 混凝土刚性防水屋面的防水层应采用不低于( )级的细石混凝土整体现浇。

A. C15   B. C20   C. C25   D. C30

5. 混凝土刚性防水屋面中,为减少结构变形对防水层的不利影响,常在防水层与结构层之间设置( )。

A. 隔蒸汽层   B. 隔离层   C. 隔热层   D. 隔声层

6. 平瓦屋面挑檐口构造中,当采用屋面板挑檐时,出挑长度不宜大于( )mm。

A. 200   B. 300   C. 400   D. 150

三、名词解释

1. 材料找坡
2. 结构找坡
3. 无组织排水
4. 有组织排水
5. 刚性防水屋面
6. 泛水
7. 卷材防水屋面
8. 涂膜防水屋面

四、简答题

1. 常见的有组织排水方案有哪几种?
2. 简述刚性防水屋面的基本构造层次及做法。
3. 刚性防水屋面为什么要设置分格缝?通常在哪些部位设置分格缝?
4. 常用于屋顶的隔热降温措施有哪几种?
5. 混凝土刚性防水屋面的构造中,为什么要设隔离层?
6. 在柔性防水屋面中,设置隔汽层的目的是什么?隔汽层常用的构造做法是什么?
7. 简述涂料防水屋面的基本构造层次及做法。
8. 平屋面保温层有哪几种做法?
9. 坡屋顶的承重结构有哪几种?分别在什么情况下采用?

第6章 楼梯与电梯

【知识点及学习要求】

知 识 点	学 习 要 求
1. 楼梯的组成与类型	了解楼梯的组成,熟悉楼梯的类型
2. 楼梯的尺度与设计	掌握楼梯的尺度,了解楼梯的设计步骤
3. 现浇钢筋混凝土楼梯构造	了解现浇钢筋混凝土楼梯构造
4. 预制装配式钢筋混凝土楼梯构造	了解预制装配式钢筋混凝土楼梯构造
5. 楼梯细部构造	掌握楼梯细部构造,特别是防滑处理
6. 室外台阶与坡道	熟悉室外台阶与楼梯的主要区别,熟悉坡道的防滑
7. 电梯与自动扶梯	了解电梯的组成和自动扶梯的构造

凡是楼房,就需要有上、下垂直交通设施。根据房屋的使用要求,这些设施有楼梯、电梯、自动扶梯、爬梯以及台阶和坡道等。楼梯是楼层与楼层之间上下的主要交通设施;电梯主要用于层数较多或有特殊需要的建筑物中,自动扶梯一般用于人流量较大的公共建筑中,在设有电梯和自动扶梯的建筑中,必须同时设置楼梯;爬梯主要用于建筑中的防火与检修;台阶和坡道设于建筑的主要出入口,是连接室内外高差的一段特殊楼梯。

6.1 楼梯的组成与类型

6.1.1 楼梯的组成

楼梯一般由楼梯梯段、楼梯平台、栏杆和扶手三部分组成,如图 6-1 所示。

1. 楼梯梯段

设有踏步供人们上、下楼层的通道段落,称为梯段。它是楼梯的主要承重部分。为了减少人们上、下楼梯时的疲劳,一个楼梯梯段的踏步级数最多不超过 18 级,最少不少于 3 级。

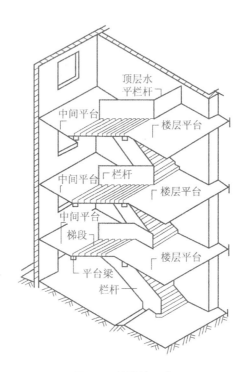

图 6-1　楼梯的组成

2. 楼梯平台

楼梯平台指连接两个梯段之间的水平部分。平台用于供楼梯转折、连通某个楼层或供使用者在攀爬一定距离后稍事休息。楼梯平台包括楼层平台和休息平台两种，与楼层标高一致的平台称作楼层平台；介于两个楼层之间为减轻疲劳而设的平台称作休息平台，又叫中间平台。平台由平台梁和平台板组成。

3. 栏杆和扶手

栏杆或栏板，设于梯段的临空边，是保证人们在攀爬楼梯时的安全而设置的。因此，要求栏杆必须坚固可靠，并且有足够的安全高度。栏杆的顶部供人们倚扶用的连续构件，称作扶手。

6.1.2　楼梯的类型

楼梯按其所在位置可以分为室内楼梯和室外楼梯；按其使用性质可以分为主要楼梯、辅助楼梯、疏散楼梯和消防楼梯；按其材料不同可以分为木楼梯、钢楼梯和钢筋混凝土楼梯等。

楼梯按楼层间梯段的数量和上、下楼层方向的不同，常见的形式有以下几种。

1. 直跑式楼梯

直跑式楼梯指沿着一个方向上、下楼层的楼梯。

2. 双跑式楼梯

双跑式楼梯指第二跑楼梯梯段折回并平行于第一跑梯段的楼梯,如图 6-2 所示。

双跑式楼梯所占梯间长度较小,面积紧凑,使用方便,是民用建筑中使用最普遍的一种形式。

3. 双分式楼梯

双分式楼梯指第一跑楼梯梯段是一个较宽的梯段,经过休息平台后分成两个较窄梯段的楼梯,如图 6-3 所示。双分式楼梯常用于公共建筑的门厅中。

4. 双合式楼梯

双合式楼梯指第一跑为两个较窄的梯段,经过休息平台后合成一个较宽梯段的楼梯,如图 6-4 所示。双合式楼梯与双分式楼梯一样,常布置于公共建筑的门厅中。

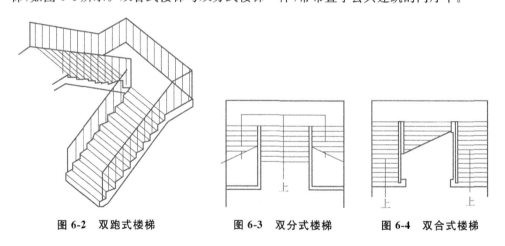

图 6-2　双跑式楼梯　　　图 6-3　双分式楼梯　　　图 6-4　双合式楼梯

5. 剪刀式楼梯

剪刀式楼梯相当于双跑式楼梯的对接,如图 6-5 所示。剪刀式楼梯多用于人流量大的公共建筑中,是室外楼梯的常用形式。

6. 曲线式楼梯

曲线式楼梯有弧线形、螺旋形等形式,如图 6-6 所示。曲线形楼梯造型美观,有较强的装饰效果,多用于公共建筑的大厅中。

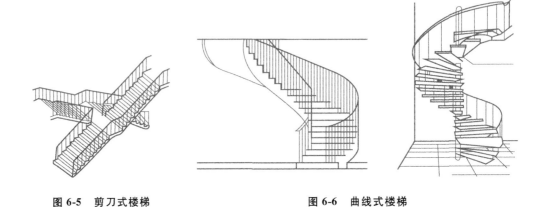

图 6-5 剪刀式楼梯 　　　　　　　　　　　图 6-6　曲线式楼梯

6.2　楼梯的尺度与设计

6.2.1　楼梯的尺度

1. 楼梯的坡度

楼梯的坡度是指楼梯梯段的坡度。它有两种表示方法:一种用斜面与水平面的夹角表示,另一种用梯段的垂直投影高度与梯段的水平投影长度之比表示。楼梯的常见坡度是 $20°\sim45°$,其中以 $26°34'$ 最为常见。坡度小于 $20°$ 时,应采用坡道形式;坡度大于 $45°$ 时,则采用爬梯。楼梯、坡道、爬梯的坡度范围,如图 6-7 所示。

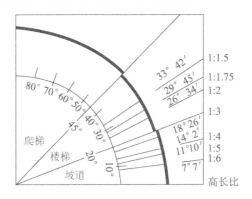

图 6-7　各种竖向交通设计的坡度

楼梯坡度应根据使用情况合理选用,楼梯的坡度越小越平缓,行走越舒适,但增加了楼梯间的进深,适用于托幼建筑和托老建筑的楼梯;楼梯的坡度越陡,行走越吃力,但建筑进深小,适用于使用人数较少的住宅楼梯。

2. 楼梯踏步尺寸

楼梯梯段由若干踏步组成，每个踏步又由踏面和踢面组成。踏面尺寸与人脚尺寸有关，一般踏面宽 300 mm，人脚可以完全落在踏面上，行走比较舒适。当踏面宽度减少时，人行走在踏面上有后跟悬空的感觉，行走不便，所以，踏面的最小宽度不宜小于 240 mm。踢面高度与踏面宽度尺寸有关。因为人行走时每上一步台阶就等于人迈了一步，所以踢面高度与踏面宽度之和要与人的步幅相吻合。

踏面宽度与踢面高度可用下列经验公式计算：

$$2h+b=600～620$$

或

$$h+b=450$$

式中　h——踏步踢面高度，mm；

　　　b——踏步踏面宽度，mm；

　　　600～620——表示成年人平均步距，mm。

经过试算法得到的踏步尺寸应小于最大踢面高度，大于最小踏面宽度的要求，并与常用踏步尺寸相吻合。一般民用建筑楼梯踏步尺寸如表 6-1 所示。

表 6-1　一般民用建筑楼梯踏步尺寸　　　　　　　　　　（单位：mm）

	住宅	学校、办公楼	剧院、会堂	医院	幼儿园
踢面高度 h	150～175	140～160	120～150	150	120～150
踏面宽度 b	250～300	280～340	300～350	300	250～280

当进深尺寸不足，踏步宽度较小时，可以采用加做踏口或踢面倾斜的方法加宽踏面尺寸。踏口的凸出尺寸一般为 20～25 mm，如图 6-8 所示。

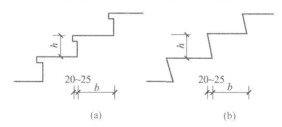

图 6-8　增加楼梯踏步宽度的方法
（a）加做踏口；（b）踢面倾斜

3. 栏杆和扶手高度

栏杆（或栏板）是楼梯梯段的安全设施，一般设在楼梯梯段的临空边，栏杆上面安装扶手。在梯段宽度大于 1400 mm 时，还要在梯段靠墙一侧设扶手。当梯段宽度超过 2200 mm 时，在梯段中间还应设扶手。

扶手高度指踏面中心至扶手顶面的垂直高度，一般成人扶手高度为 900 mm，托幼建筑中的儿童扶手高度取 600 mm,但应注意的是,在设儿童扶手的同时,还要在 900 mm 处设成人扶手。在大型商业建筑中,靠墙一侧在设成人扶手的同时,也要设儿童扶手[见图 6-9(a)]。为了防止儿童穿过栏杆而发生危险,栏杆净距不应大于 110 mm。顶层平台的水平安全栏杆扶手高度应适当加高一些,一般不宜小于 1050 m,室外楼梯扶手高度也应适当提高,且不小于 1050 mm,如图 6-9(b)所示。

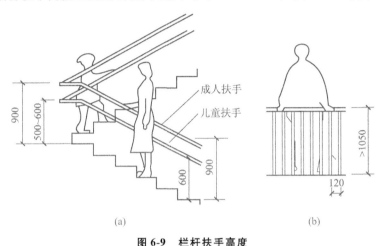

图 6-9　栏杆扶手高度

(a)室内楼梯栏杆扶手高度;(b)室外楼梯栏杆扶手高度

4. 梯段的宽度

楼梯梯段是楼梯安全疏散的主要通道,其宽度必须满足上、下人流及搬运物品的需要。楼梯梯段的宽度与人的身体宽度、摆幅和人流股数有关,与是否通过较大的家具设备也有关。一般只考虑通过人流时,每股人流可考虑取 550 mm＋(0～150 mm),即 550～700 mm,这里 0～150 mm 是人流在行进过程中的摆幅;如果人流按两股考虑,梯段宽度取 1.1～1.4 mm;按三股人流考虑,取 1.65～2.1 mm。住宅共用楼梯梯段净宽不应小于 1.1 mm。六层及以下建筑楼梯,梯段净宽不应小于 1.0 mm。

楼梯两梯段间的空隙称作梯井,梯井的宽度一般取 50～200 mm。

5. 楼梯平台的宽度

楼梯平台是梯段与梯段的连接,可供行人稍加休息。楼梯平台的宽度应大于或至少等于梯段的宽度,才能满足人流通行。在实际楼梯设计中,平台宽度的确定还要具体情况具体分析。住宅共用楼梯平台净宽不得小于梯段宽度,且不得小于 1.2 m。

6. 楼梯的净空高度

楼梯的净空高度包括梯段净高和平台过道处的净高。楼梯梯段处的净高是指自踏步前缘线(包括最低和最高一级踏步前缘线外 0.3 m 范围)量至正上方凸出物下缘间的垂直距离。楼梯梯段处的净高不得小于 2.2 m。平台过道处净高是指平台梁至平台梁正下方踏步或楼地面上边缘的垂直距离。为了保证在这些部位物件通行不受影响,其净空高度应不小于 2 m,如图 6-10 所示。

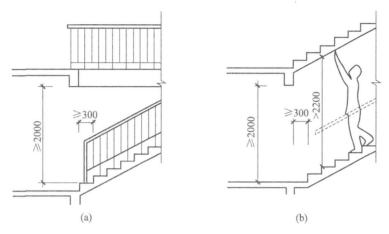

图 6-10 楼梯净空高度控制
(a)平台梁下净高;(b)梯段下净高

在双跑式楼梯中,当首层平台下做通道不能满足净空高度不小于 2 m 的要求时,可以采取以下办法解决。

(1)将底层第一梯段长度增加,形成不等长梯段。这种处理必须加大建筑进深,俗称"升平台"。

(2)楼梯段采用等长梯段,降低楼梯间底层的室内地面标高,这种处理方法可使梯段构建统一,但室内外高差应满足使用要求,且室内地面应略低于室外地坪,这种方法俗称"挖地坪"。

(3)将上述两种方法综合起来,即利用部分室内外高差,又做成不等跑梯段,满足楼梯净空要求。这种方法较为常用。

(4)底层用直跑式楼梯,直达二层。这种处理方法需要更大的楼梯进深。

6.2.2 楼梯设计

楼梯是房屋各楼层间的垂直交通联系部分,是楼层人流疏散的必经通道。楼梯设计应根据使用要求,选择合适的形式,布置在恰当的位置,再根据使用性质、人流通行情况及防火规范综合确定楼梯的宽度及数量。这里只介绍在已知楼梯间的层高、开间、进深尺寸的前提下的楼梯设计。

1. 设计步骤

(1)根据建筑物的类别和楼梯在平面中的位置,确定楼梯的形式。

(2)根据楼梯的性质和用途,确定楼梯的适宜坡度,选择踏步高 h、踏步宽 b。

(3)根据通过的人数和楼梯间的尺寸确定梯段的宽度 B。

(4)确定踏步级数。用建筑层高 H 去除踏步高 h,得出踏步级数 $n = H/h$。踏步应为整数。结合楼梯的形式,确定每个梯段的级数。

（5）确定楼梯平台的宽度 B'。

（6）由初步确定的踏步宽度 b 确定梯段的水平投影长度。注意,梯段的水平投影长度等于 $b\times(n-1)$,即最后一个踏步并入了平台。

（7）进行楼梯净空高度的计算,使之满足净空高度要求。

（8）最后绘制楼梯平面图及剖面图。

2. 设计实例

【例】某宿舍楼,层高为 3300 mm,楼梯间开间尺寸为 3900 mm,进深尺寸为 6600 mm。楼梯平台下做出入口,室内外高差 600 mm,试设计楼梯。

解 （1）根据题意,确定楼梯为双跑式楼梯。

（2）该建筑为宿舍楼,楼梯通行人数较多,楼梯选择较舒适的坡度,初步选定踏步高 $h=150$ mm,踏步宽 $b=300$ mm。

（3）根据开间尺寸 3900 mm,减去 120 mm×2 墙体尺寸,再减去楼梯梯井宽度 60 mm,计算出楼梯段的宽度,即

$B=(3900-120\times2-60)/2$ mm $=1800$ mm >1100 mm(最小梯段宽度)

楼梯梯段满足通行两股人流的要求。

（4）确定踏步级数。

$n=H/h=3300/150$ 级 $=22$ 级,初步确定为等长梯段,每个梯段的级数为 11 级。

（5）确定平台宽度。

平台宽度要大于等于楼梯梯段宽度,即楼梯平台宽度 $B'\geqslant1800$ mm。

（6）确定楼梯段的水平投影长度,验算进深尺寸。

第一级踏步起跑位置距走廊或门口有规定的过渡空间,一般为 550 mm,至少等于一个踏步宽。

$[300\times(11-1)+1800+550]$ mm $=5350$ mm $<(6600-120\times2)$ mm $=6360$ mm,满足要求

（7）进行楼梯净空高度计算。

首层平台下净空高度等于平台标高减去平台梁高,考虑平台梁高为 350 mm 左右,即

$$(150\times11-350)\ mm=1300\ mm<2000\ mm$$

不满足净空高度要求。采取两种措施:一是将首层楼梯做成不等长梯段,第一跑为 13 级,第二跑为 9 级;二是利用室内外高差,下挖室内地坪,考虑到室内外地坪要有至少 100 mm 的高差,故利用 450 mm 高差,设 3 级踏步。此时平台梁下净空高度为

$$(150\times13+450-350)\ mm=2050\ mm>2000\ mm$$

满足净空高度要求。

（8）验算进深尺寸是否满足要求。

$[300\times(13-1)+1800+550]$ mm $=5950$ mm $<(6600-120\times2)$ mm $=6360$ mm,满足要求。

（9）将上述设计结果绘制成图,如图 6-11 所示。

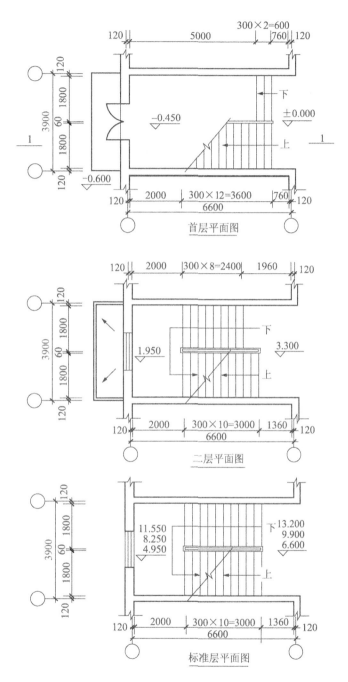

图 6-11 学生宿舍楼梯段设计图

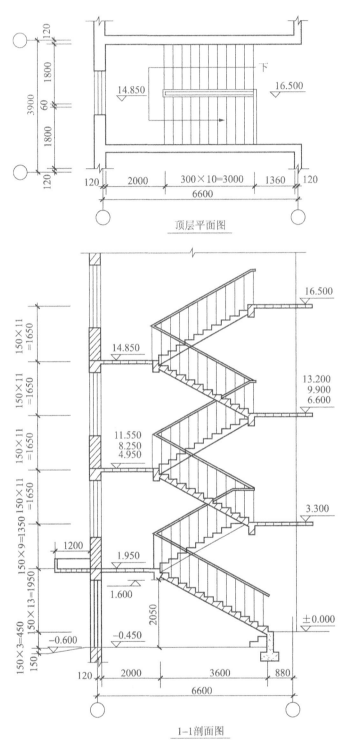

顶层平面图

1-1剖面图

续图 6-11

6.3　现浇钢筋混凝土楼梯构造

楼梯的构成材料可以是木材、钢筋混凝土、型钢或是多种材料的混合。楼梯在安全疏散时起着重要作用,因此防火性能较差的木材现今已经很少用于楼梯的结构部分;型钢作为楼梯构件,也必须经过特殊的防火处理;在一般建筑中,应用最广泛的当属钢筋混凝土楼梯。

钢筋混凝土楼梯按照施工方式分为现浇整体式和预制装配式,本节介绍现浇钢筋混凝土楼梯。

6.3.1　现浇钢筋混凝土楼梯的特点

现浇钢筋混凝土楼梯是指楼梯段、楼梯平台等整体浇筑在一起的楼梯。它整体性好,刚度大,坚固耐久,对抗震较为有利。但是其在施工过程中,要经过支模板、绑扎钢筋、浇筑混凝土、振捣、养护、拆模等作业,受外界环境因素影响较大,工人劳动强度大。因此,现浇整体式楼梯适用于抗震设防要求较高的建筑中,对于曲线式楼梯等形状复杂的楼梯,也宜采用现浇。

6.3.2　现浇钢筋混凝土楼梯的分类及其构造

现浇钢筋混凝土楼梯按照楼梯段的传力特点,分为板式楼梯和梁板式楼梯两种。

1. 板式楼梯

板式楼梯段作为一块整浇板,斜向搁置在平台梁上,楼梯段相当于一块斜放的板,平台梁之间的距离即为板的跨度。楼梯段应沿跨度方向布置受力钢筋。也有带平台板的板式楼梯,即把两个或一个平台板和一个梯段组合成一块折形板。这样处理,平台下净空扩大了,但斜板跨度增加了。当楼梯荷载较大、楼梯段斜板跨度较大时,斜板的截面高度也将很大,钢筋和混凝土用量增加,经济性下降。所以板式楼梯常用于楼梯荷载较小、楼梯段的跨度也较小的住宅等房屋。板式楼梯段的底面平齐,便于装修。

板式楼梯的传力路径是:荷载通过斜板传给两端平台梁,平台梁进一步将荷载传给两端的墙或柱,最后传给基础。

近年来,各地较多地采用了悬臂板式楼梯,其特点是梯段和平台均无支承,完全靠上下梯段与平台组成的空间板式结构和上下层楼板结构来共同受力,造型新颖,空间感好,多作为公共建筑和庭园建筑的外部楼梯。

2. 梁板式楼梯

梁板式楼梯由踏步板、楼梯斜梁、平台梁和平台板组成。荷载由踏步板传给斜梁,再由斜梁传给平台梁,而后传到墙或柱上。梁板式梯段在结构布置上有双梁布置和单梁布置之分。

双梁式梯段系将梯段斜梁布置在踏步的两端,这时踏步板的跨度便是梯段的宽度,也就是楼梯段斜梁间的距离。梁板式楼梯与板式楼梯相比,板的跨度小,故在板厚相同的情况下,梁板式楼梯可以承受较大的荷载。反之,荷载相同的情况下,梁板式楼梯的板厚可以比板式楼梯的板厚薄。而且踏步部分的混凝土,在板式梯段是一种负担,梁板式楼梯中则作为板结构的一部分,这样板的计算便可以扩大到踏步三角形中。当斜梁在板下部时称为正梁式梯段,上面踏步露明,常称明步。为了让梯段底表面平整或避免洗刷楼梯时污水沿踏步端头下淌,弄脏楼梯,将楼梯斜梁反向上面,称反梁式梯段,下面平整,踏步包在梁内,常称暗步。边梁的宽度要做得窄一些,必要时可以和栏杆结合。双梁式楼梯在有楼梯间的情况下,为了节约用料,通常在楼梯段靠墙一边可不设斜梁,用承重的砖墙代替斜梁,则踏步板一端搁在墙上,另一端搁在斜梁上。

在梁板式楼梯中,单梁式楼梯在公共建筑中较多采用。单梁式楼梯的每个梯段由一根梯梁支承踏步。这种楼梯外形轻巧、美观,常为建筑空间造型所采用。

6.4 预制装配式钢筋混凝土楼梯构造

预制装配式钢筋混凝土楼梯是指用预制厂生产或现场制作的构件安装拼合的楼梯。采用预制装配式钢筋混凝土楼梯较现浇式钢筋混凝土楼梯可提高工业化施工水平,节约模板,简化操作程序,缩短工期。但预制装配式钢筋混凝土楼梯的整体性、抗震性等不及现浇式钢筋混凝土楼梯。随着预制装配式钢筋混凝土楼板的大量采用,预制装配式钢筋混凝土楼梯也大量采用。

预制装配式钢筋混凝土楼梯有多种不同的构造形式。按楼梯构件的合并程度,一般可分为小型、中型和大型预制构件装配式楼梯。

1. 小型预制构件装配式楼梯

小型预制构件装配式楼梯是将楼梯按组成分解为若干小构件,如将一梁板式楼梯分解成预制踏步板、预制斜梁、预制平台梁和预制平台板。每一构件体积小、重量轻,易于制作,便于运输和安装。但安装次数多,安装节点多,安装速度慢,需要较多的人力且工人劳动强度较大。小型预制构件装配式楼梯适合施工现场机械化程度低的工地采用。

(1)预制踏步。

钢筋混凝土预制踏步从断面形式看,一般有一字形,正反 L 形和三角形三种,如图 6-12 所示。

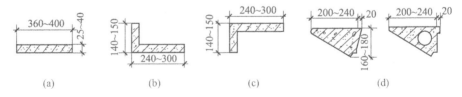

图 6-12 预制踏步的形式

(a)一字形踏步;(b)正 L 形踏步;(c)反 L 形踏步;(d)三角形踏步

一字形踏步制作方便,简支和悬挑均可。

L 形踏步有正、反两种。正 L 形踏步的肋向上，每两个踏步接缝在踢面上、踏面下，踏面端部可突出于下面的踏步的肋边，形成踏口；同时下面的肋可作上面板的支承。反 L 形踏步的肋向下，每两个踏步接缝在踢面下、踏面上。踏步稍有高差，可在接缝处调整。此种接缝要处理严密，否则在楼梯段清扫时污水或灰尘可能下落，影响下面楼梯段的正常使用。不管是正 L 形踏步还是反 L 形踏步，均可简支或悬挑。悬挑时须将压入墙的一端做成矩形截面。

三角形踏步的最大特点是安装后底面严整。为减轻踏步自重，踏步内可抽孔。预制三角形踏步多采用简支的形式。

（2）预制踏步的支承结构。

预制踏步的支承有两种形式：梁承式和墙承式。

梁承式支承的构件是斜向的梯梁。预制梯梁的外形随支承的踏步形式而变化。当斜梁支承三角形踏步时，梯梁为上表面平齐的矩形梯梁［见图 6-13(a)］；当梯梁支承一字形踏步或 L 形踏步时，梯梁上表面为锯齿形［见图 6-13(b)］。

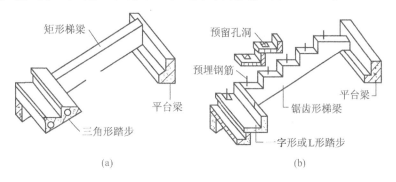

图 6-13 预制梯段斜梁的形式

(a)三角形踏步斜梁；(b)一字形或 L 形踏步斜梁

墙承式楼梯依支承方式不同，可以分为悬挑式（见图 6-14）和墙承式。

2. 中型预制构件装配式楼梯

中型预制构件装配式楼梯一般由楼梯段和带平台梁的平台板两个构件组成。带梁平台板把平台梁和平台板合并成一个构件。当起重能力有限时，可将平台梁和平台板分开。这种构造做法的平台板，可以和小型预制构件装配式楼梯的平台板一样，采用预制钢筋混凝土槽形板或空心板，两端直接支承于楼梯间的横墙上；也可采用小型预制构件钢筋混凝土平台板，直接支承于平台梁和楼梯间的纵墙上。

3. 大型预制构件装配式楼梯

大型预制构件装配式楼梯是把整个梯段和平台预制成一个构件。按结构形式不同，有板式楼梯和梁板式楼梯两种（见图 6-15）。为减轻构件的重量，可以采用空心楼梯段。楼梯段和平台这一整体构件支承于钢支托或钢筋混凝土支托上。

大型构件装配式楼梯，构件数量少，装配程度高，施工速度快，但施工时需要大型

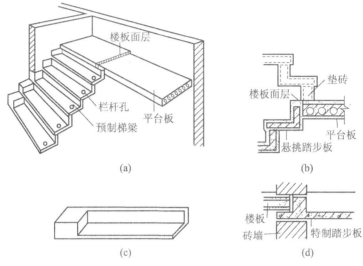

图 6-14 悬挑式楼梯

(a)悬挑踏步式楼梯示意；(b)平台转换处剖面；(c)踏步构件；(d)楼板处构件

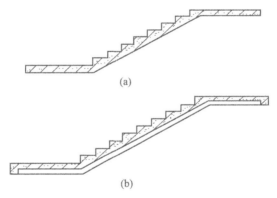

图 6-15 大型预制构件装配式楼梯形式

(a)板式楼梯；(b)梁板式楼梯

起重运输设备，主要用于大型装配式建筑中。

6.5 楼梯细部构造

6.5.1 踏步面层及防滑处理

踏步是供人行走的，踏面应便于行走、耐磨、防滑，且便于清洁、美观。现浇钢筋混凝土楼梯拆模后一般表面粗糙，需做面层。踏步的面层材料视装修要求而定，常与门厅或楼道的楼地面面层材料一致。常用的踏步面层材料有水泥砂浆、水磨石、大理石和缸砖等(见图 6-16)。

在通行人流量大或踏步表面光滑的楼梯，为防止行人在行走时滑倒跌伤，踏步表面应采取防滑措施。通常在踏步踏口处做防滑条、防滑槽或防滑包口处理，如图6-17

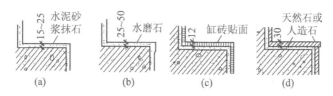

图 6-16　踏步面层构造
(a)水泥砂浆面层；(b)水磨石面层；(c)缸砖面层；(d)天然石或人造石面层

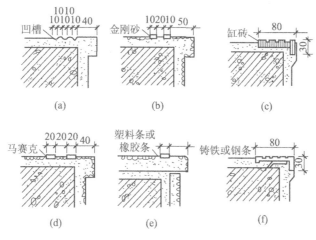

图 6-17　踏步防滑处理
(a)防滑凹槽；(b)金刚砂防滑条；(c)缸砖包口；(d)贴马赛克防滑条；(e)嵌橡胶防滑条；(f)铸铁包口

所示。防滑条、防滑槽的长度按梯段每边少 150 mm 处理。防滑条可采用铁屑水泥、金刚砂、塑料条、金属条等；防滑槽是做踏步面层时，留两三道凹槽，但易被泥土等填满，且不易清洁，现已较少采用；防滑包口是采用缸砖或铸铁等材料，既防滑又美观。标准较高的建筑，也可铺地毯，它弹性好，行走舒适。

6.5.2　栏杆、栏板和扶手构造

楼梯栏杆(或栏板)和扶手是上、下楼梯的安全设施，也是建筑中装饰性较强的构件。设计时应考虑坚固、安全、适用、美观。

1. 栏杆

栏杆多用方钢、圆钢、扁钢等型材焊接或铆接成各种图案，既起防护作用，又有一定的装饰效果，常见栏杆形式如图 6-18 所示。常用栏杆断面尺寸为：圆钢 $\phi16\sim\phi25$，方钢 15 mm×15 mm～25 mm×25 mm，扁钢(30～50 mm)×(3～6 mm)，钢管 $\phi20\sim\phi50$。

栏杆与楼梯段应有可靠的连接，连接方法主要有预埋铁件焊接、预留孔洞插接和螺栓连接，如图 6-19 所示。预埋铁件焊接是将栏杆的立杆与楼梯段中事先预埋的钢板或套管焊接在一起。预留孔洞插接是将栏杆的立杆端部做成开脚或倒刺插入楼梯段预留的孔洞，再用水泥砂浆或细石混凝土填实。

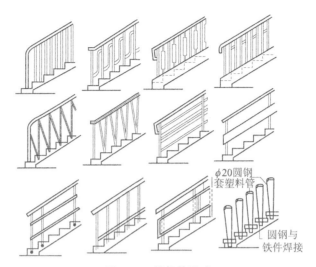

图 6-18　栏杆的形式

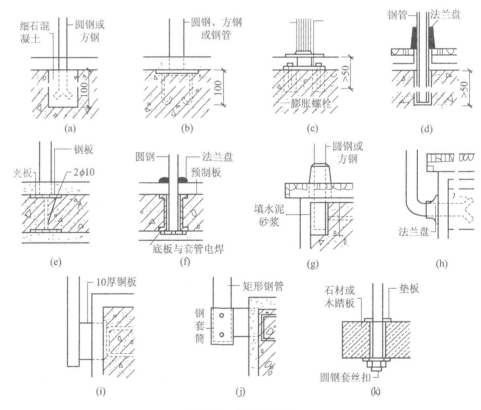

图 6-19　栏杆的固定

(a)埋入预留孔洞;(b)与预埋钢板焊接;(c)立杆焊接在底板上,用膨胀螺栓锚固底板;(d)立杆套丝扣与预埋套管丝扣拧固;(e)与预埋夹板焊接;(f)立杆入套管,电焊;(g)侧面凹凸焊接;(h)立杆埋入跨板侧面预留孔内;(i)立杆焊在跨板侧面钢板上;(j)立杆插入钢套筒内,螺丝拧固;(k)立杆穿过预留孔,螺母拧固

2. 栏板

用实体材料做成的栏板,多用钢筋混凝土、加筋砖砌体、有机玻璃等制作。对砖砌栏板,当栏板厚度为 60 mm(即标准砖侧砌)时,外侧要用钢筋网加固,再用钢筋混凝土扶手与栏板连成整体。栏板可现场浇筑而成。预制钢筋混凝土栏板则用预埋钢板焊接。

3. 扶手

扶手一般采用硬木、塑料和金属材料制作,其中硬木扶手只能用于室内楼梯。另外,栏板顶面的扶手可用水泥砂浆或水磨石抹面而成,也可用大理石、预制水磨石或木板贴面制成。常见扶手类型如图 6-20 所示。

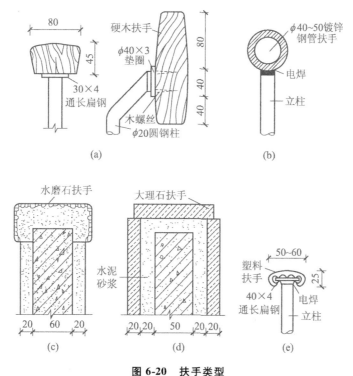

图 6-20　扶手类型
(a)硬木扶手;(b)镀锌钢管扶手;(c)水磨石扶手;(d)大理石扶手;(e)塑料扶手

楼梯扶手与栏杆应有可靠的连接,连接方法视扶手材料而定。硬木扶手与金属栏杆的连接,通常是在金属栏杆的顶部先焊接一根带小孔的通长扁钢,然后用木螺丝通过预留小孔将硬木扶手和栏杆连接成整体;塑料扶手与金属栏杆的连接方法与硬木扶手类似,或塑料扶手直接通过预留的卡口卡在扁钢上;金属扶手与金属栏杆多用焊接。

楼梯扶手有时必须固定在侧面的砖墙或混凝土柱上,如顶层安全栏杆扶手、休息平台护窗扶手、靠墙扶手等。扶手与砖墙连接时一般是在砖墙上预留 120 mm×120 mm×120 mm 的孔洞,将扶手或扶手铁件伸入洞内,用细石混凝土或膨胀水泥砂浆填牢;扶手与混凝土墙或柱连接时,一般在墙或柱上预埋铁件,与扶手焊接;也可用膨胀螺栓连接或预留孔洞插接。

在双跑楼梯平台转折处,上行楼梯段与下行楼梯段的第一个踏步口常设在一条竖线上,如果平台栏杆紧靠踏步口设置,其顶部突然变化,扶手将成为"鹤颈"扶手。这种扶手费工费料,使用不便,应尽量避免。常用方法有:一是将平台处栏杆内移至踏步口约半步的地方,二是将上下行梯段错开一步。栏杆扶手转折处高差处理方法如图 6-21 所示。

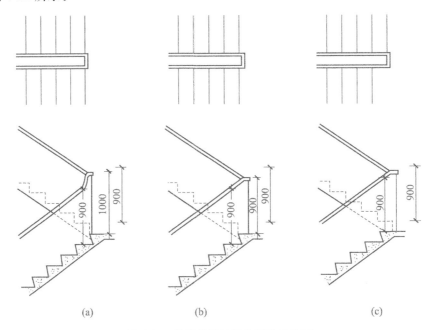

图 6-21 栏杆扶手转折处高差的处理
(a)"鹤颈"扶手;(b)栏杆扶手伸出踏步半步;(c)上、下梯段错开一步

6.6 室外台阶与坡道

台阶位于建筑物的出入口,它联系着房屋的室内、外地坪,由平台和一段踏步组成。平台宽度至少应比门洞宽出 500 mm,平台进深的最小尺寸应能保证在门打开后,还有一个人站立的位置,即其尺寸不小于门扇宽加 300~600 mm,以保证人们上、下台阶的缓冲之用。

台阶的坡度应较楼梯平缓,一般踏步尺寸采用高度 100~150 mm,踏步宽度 300~400 mm。同时,为了防止雨水积聚,平台面宜比室内低 20~60 mm,并向外找坡 1%~3%。

6.6.1　台阶

1. 台阶的形式

台阶有单面踏步式、三面踏步式等形式,大型公共建筑还常将可通行汽车的坡道与踏步结合,形成很壮观的大台阶,尤以医院和宾馆建筑常用。常见台阶形式如图6-22所示。

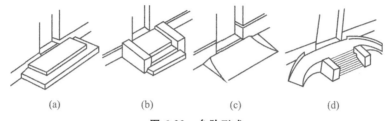

(a)　　　　(b)　　　　(c)　　　　(d)

图 6-22　台阶形式

(a)三面踏步式;(b)单面踏步式;(c)坡道式;(d)踏步、坡道结合式

2. 台阶的设计

台阶应选用耐久性、抗冻性好并比较耐磨的材料,如天然石材、混凝土、缸砖等。北方地区冬季室外地面较滑,台阶表面应处理粗糙一些为好。台阶构造如图6-23所示。

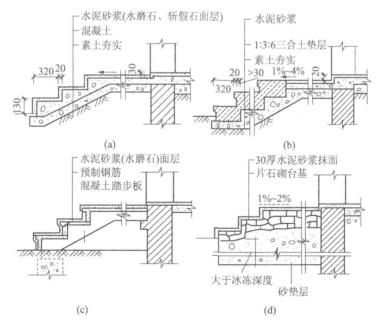

(a)　　　　　　　　　　(b)

(c)　　　　　　　　　　(d)

图 6-23　台阶构造

(a)混凝土台阶;(b)石台阶;(c)预制钢筋混凝土架空台阶;(d)换土地基台阶

6.6.2 坡道

  室外门前为了便于车辆上下,常做坡道。坡道的坡度与使用要求、面层材料和构造做法有关。坡道的坡度一般为 1∶6～1∶2;面层光滑的坡道,坡度不得大于1∶10;粗糙材料和做防滑设计的坡道,坡度可大些,但不应大于1∶6;锯齿形坡道的坡度可采用1∶4。

  坡道和台阶一样,一般采用耐久、耐磨和抗冻性好的材料,一般多采用混凝土材料,也可采用天然石材,坡道构造如图 6-24 所示。

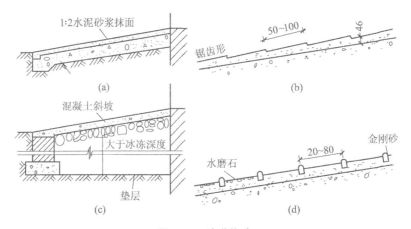

图 6-24 坡道构造
(a)混凝土坡道;(b)锯齿形坡面;(c)换土地基坡道;(d)防滑条坡面

6.7　电梯与自动扶梯

6.7.1　电梯

1. 电梯分类与组成

  当房屋的层数较多(如住宅建筑超过6层)或房屋最高楼面达16 m以上时,通过楼梯上下不仅耗费时间,同时消耗人的体能较大,此时应设电梯。一些公共建筑虽然层数不多,但是建筑等级较高(如宾馆)或出于实际需要(如医院),也应设电梯。

  电梯按用途可分为乘客电梯、住宅电梯、病床电梯、客货电梯、载货电梯等。

  电梯一般由轿厢、井道、机房三部分组成。电梯轿厢供载人或载物之用,要求造型美观、经久耐用,轿厢沿轨道滑行。电梯井道内的平衡重由金属块叠合而成,用吊索与轿厢相连,保持轿厢平衡。电梯井道是供电梯轿厢运行的通道,电梯机房是安装电梯起重设备的空间。

2. 电梯的设计要求与构造

（1）电梯井道。

电梯井道是供电梯运行的通道，其内除电梯及出入口外，尚安装有导轨、平衡重及缓冲器等。

① 井道尺寸。电梯井道的平面尺寸应考虑井道内的设备大小及设备安装和设备检修所需尺寸，与电梯的类型、载重量有关，设计时可按电梯厂的产品要求来确定。井道的高度包括底层端站地面至顶层端站楼面的高度、井道顶层高度和井道底坑深度。井道底坑是电梯底层端站地面以下的部分。考虑电梯的安装、检修和缓冲要求，井道的顶部和底部应留有足够的空间。井道顶层高度和底坑深度视电梯运行速度、电梯类型及载重量而定，井道顶层高度一般为 3.8～5.6 m，底坑深度为 1.4～3.0 m。

② 井道的防火和通风。井道是高层建筑穿通各层的垂直通道，火灾事故中火焰及烟气容易蔓延。因此，井道四壁必须具有足够的防火能力，以保证电梯在火灾时能够正常运行。电梯井道应选用坚固、耐火的材料，一般多采用钢筋混凝土井道，也可采用砖砌井道，但砖砌井道应采取加固措施。

为使井道内空气流通，火灾时能迅速排除烟和热气，应在井道底部和中部及地坑等适当位置设不小于 300 mm×600 mm 的通风口，上部与排烟口结合。排烟口面积不小于井道面积的 3.5%，通风口总面积的 1/3 应经常开启。通风管道可在井道顶板或井道壁上直接通往室外。井道上除了开设电梯门洞和通风孔洞外，不应开设其他洞口。

③ 井道的隔振与隔声。为了减轻电梯在井道内运行时对建筑物产生振动和噪声，应采取适当的隔振及隔声措施。一般除在机房机座下设弹性垫层外，还应在机房与井道间设隔声层，高度为 1.5～1.8 m。

④ 井道底坑。井道底坑的地面设有缓冲器，以减轻电梯轿厢停靠时与坑底的冲撞。坑底一般采用混凝土垫层，厚度根据缓冲器反力确定。为了便于检修，须考虑在坑壁上设置爬梯和检修灯槽，坑底位于地下室时，宜从侧面开一检修用小门。坑内预埋件按电梯厂要求确定。

（2）电梯门套。

电梯门套装修的构造做法应与电梯厅的装修统一考虑。可采用水泥砂浆抹灰、水磨石或木装修；高级的还有采用大理石或金属装修的。电梯门一般为双扇推拉门，宽 800～1500 mm，有中央分开推向两边和双扇推向同一边两种。推拉门的滑槽通常安置在门套下楼板边梁牛腿挑出部分。

（3）电梯机房。

电梯机房一般设置在电梯井道的顶部，也有少数设置在顶端本层、底层或地下。机房的平面尺寸须根据机械设备尺寸的安排及管理、维修等需要决定，一般至少有两个面每边扩出 600 mm 以上的宽度，高度多为 2.5～3.5 m。机房应有良好的采光和自然通风，机房的围护结构应具有一定的防火、防水和保温、隔热性能。为了便于安装和检修，机房的楼板应按机器设备要求的部位预留孔洞。

6.7.2 自动扶梯

自动扶梯适用于有大量人流上、下的公共场所,如车站、商场、地铁站等。自动扶梯是建筑物楼层间连续效率最高的载客设备。一般自动扶梯均可正、逆两个方向运行,可做提升及下降使用。机器停转时可做普通楼梯使用。

自动扶梯的坡度比较平缓,一般采用 30°,运行速度为 0.5~0.7 m/s,宽度按输送能力有单人和双人两种。自动扶梯的栏板分为全透明型、透明型、半透明型、不透明型四种。前三种内装照明灯具,不透明型靠室内照明。自动扶梯由电动机械牵动梯段踏步连同栏杆扶手一起运转,机房悬挂在楼板下面,如图 6-25 所示。

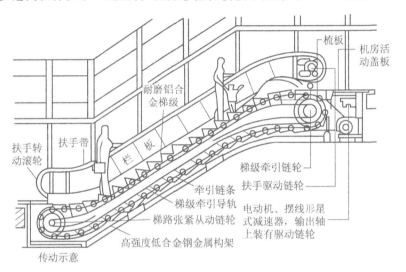

图 6-25 自动扶梯示意

本 章 小 结

楼梯是楼层上、下垂直交通设施。本章主要内容有三大部分:一是从楼梯的组成和类型入手,重点介绍楼梯的尺度和楼梯设计;二是介绍现浇钢筋混凝土楼梯和预制装配式钢筋混凝土楼梯的构造;三是介绍台阶、坡道、电梯和自动扶梯。

本章的重点是楼梯尺度和预制装配式钢筋混凝土楼梯,难点是双跑楼梯的剖面设计。

【思考与练习】

一、填空题

1. 楼梯一般由( )、( )、( )三部分组成。

2. 楼梯的坡度应控制在（　　　）度至（　　　）度之间。

3. 一般建筑物中,最常见的楼梯形式是（　　　）。

4. 楼梯踏步高度成人以（　　　）较适宜,不应高于（　　　）。踏步宽度以（　　　）左右为宜,不应窄于（　　　）。踏步出挑一般为（　　　）。

5. 踏步尺寸与人的步距有关,通常采用（　　　）两个经验公式来表示。

6. 现浇钢筋混凝土楼梯按梯段的形式不同,有（　　　）和（　　　）两种类型。当梯段跨度不大、荷载较小时,选用（　　　）楼梯。

7. 梁承式楼梯的预制踏步板搁置在（　　　）上,组成梯段,（　　　）搁置在平台梁上,平台梁搁置在两边墙或柱上。

8. 踏步的上表面要求（　　　）,（　　　）。

二、判断题

1. 楼梯、电梯、自动扶梯是各层楼间的上、下交通设施,有了电梯和自动扶梯的建筑就可以不设楼梯了。

2. 楼梯的坡度不宜大于 45°。

三、选择题

1. 在楼梯形式中,不宜用于疏散的楼梯是（　　　）。

A. 直跑梯　　　　　B. 双跑梯　　　　　C. 剪刀梯　　　　　D. 螺旋梯

2. 楼梯踏步的踏面宽 b 及踢面高 h 参考经验公式为（　　　）。

A. $2h+b=600\sim630$ 　　　　　B. $2h+b=580\sim620$

C. $h+2b=600\sim620$ 　　　　　D. $h+2b=580\sim620$

3. 当梯段宽度大于（　　　）m 时应在中央增设栏杆扶手一道。

A. 1.4　　　　　B. 2.0　　　　　C. 2.4　　　　　D. 2.8

4. 有关楼梯的净空高度设计,下述何者不正确（　　　）。

A. 楼梯平台上部及下部过道处的净高不应小于 1.90 m

B. 楼梯平台上部及下部过道处的净高不应小于 2.00 m

C. 梯段净高不应小于 2.20 m

D. 储藏室、局部夹层、走道及房间最低处的净高不应小于 2.0 m

5. 通常确定楼梯段宽度的因素是通过该楼的（　　　）。

A. 使用要求　　　　　B. 家具尺寸　　　　　C. 人流数　　　　　D. 楼层高度

6. 一般公共建筑梯段的最小宽度不应小于（　　　）mm。

A. 900　　　　　B. 1000　　　　　C. 1100　　　　　D. 1200

7. 建筑物底层地面至少应高出室外地面（　　　）mm。

A. 450　　　　　B. 600　　　　　C. 100　　　　　D. 150

8. 台阶坡度较楼梯平缓,每级踏步宽度为（　　　）mm。

A. 260～300　　　　　B. 260～400　　　　　C. 300～400　　　　　D. 300～450

9. 有关台阶方面的描述不正确的是（　　　）。

A. 室内外台阶踏步不宜小于 300 mm

B. 踏步高度不宜大于 150 mm

    C. 室外台阶踏步数不应少于 3 级

    D. 室内台阶踏步数不应少于 2 级

  10. 一般情况下,坡道坡度大于(   )时,坡面要做齿槽防滑。

    A. 1∶5   B. 1∶6   C. 1∶8   D. 1∶10

四、简答题

  1. 钢筋混凝土楼梯按施工方式不同,可分为哪两类?

  2. 当首层平台下做通道,净空高度如何满足要求?

第7章 门窗构造

【知识点及学习要求】

知 识 点	学 习 要 求
1. 门窗的类型与尺度	了解门窗的类型,选择门的开启方向,掌握窗洞的模数尺寸
2. 木门窗构造	了解平开木门的构造,了解门窗的安装
3. 金属及塑料门窗	了解金属及塑料的安装方法

门和窗是房屋的重要组成部分。门的主要功能是交通联系,兼采光和通风;窗主要供采光和通风用。同时,两者在不同情况下又具有分隔、隔声、保温、防火、防水等围护功能,也拥有建筑造型和装饰作用。

在设计门窗时,必须根据有关规范和建筑的使用要求来确定其形式及尺寸大小,规格类型应尽量统一,并符合《建筑模数协调标准》(GB/T 50002—2013)的要求,以降低成本和适应建筑工业化生产的需要。

7.1 门窗的类型与尺寸

7.1.1 门的类型与尺寸

1. 门的类型

门按开启方式有平开门、弹簧门、推拉门、折叠门、转门、卷帘门等,如图 7-1 所示。此外,还有上翻门、升降门等。

(1) 平开门。

平开门是水平开启门,门扇围绕铰链转动。平开门有单扇、双扇及向内开、向外开之分。平开门构造简单,开启灵活,加工制作简便,维修容易,是建筑中最常见、使用最广泛的门,如图 7-2 所示。平开门门扇距离地面应有 5 mm 空隙,便于门扇的开启。

(2) 弹簧门。

弹簧门的开启方式与平开门的类似,不同之处是其以弹簧铰链代替普通铰链,使门扇经常保持关闭,但幼儿园等儿童用建筑不宜采用。弹簧门又分为单面弹簧门和双面弹簧门。前者用单面弹簧铰链与门框相连,门扇向一个方向开启,一般为单扇,用于有自关要求的房间;后者用双面弹簧铰链或地弹簧器将门窗固定,门扇能朝内、外两个方向开启,一般为双扇,常用于公共建筑中人流出入较频繁的场所。双面弹簧门门扇上部一般镶嵌玻璃,避免人流出入相撞,如图 7-3 所示。由于双向开启,门扇与门框结合部位应做成弧形。

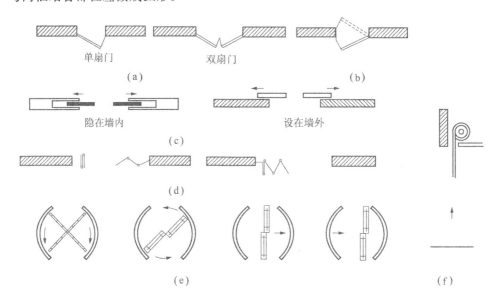

图 7-1 门的开启方式

(a)平开门;(b)弹簧门;(c)推拉门;(d)折叠门;(e)转门;(f)卷帘门

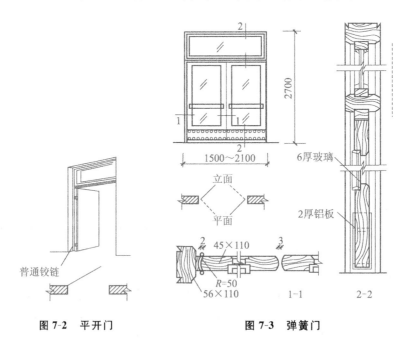

图 7-2 平开门　　　　**图 7-3 弹簧门**

（3）推拉门。

推拉门开启时门扇沿轨道向左、右滑行，可为单扇或双扇，其宽度为 1000～1500 mm，开启时门扇可隐藏于墙内或悬于墙外。根据轨道位置，推拉门可分为上挂式和下滑式。当门扇高度小于 3 m 时，一般做成上挂式，即在门扇上部装置滑轮，滑轮吊在门过梁的预埋铁轨上（上导轨），如图 7-4（a）所示；当门扇高度大于 3 m 时，一般采用下滑式，即在门扇下部装滑轮，将滑轮置于预埋在地面的铁轨上（下导轨），并在门的下部（上挂式）或上部（下滑式）设导向装置，如图 7-4（b）所示。

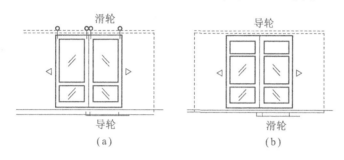

图 7-4　推拉门

（a）上挂式；（b）下挂式

（4）折叠门。

折叠门由多扇门构成，每扇门宽度为 500～1000 mm，一般以 600 mm 为宜，适用于宽度较大的洞口。折叠门可分为侧挂式和推拉式两种。折叠门开启时占空间少，但构造较复杂，一般用作商业建筑门或在公共建筑中作灵活分隔空间用，如图 7-5 所示。

（5）转门。

转门由两个固定的弧形门套和垂直旋转的门扇构成。门扇可分为三扇或四扇，绕竖轴旋转。转门对隔绝室外气流有一定作用，但不能作为疏散门。当设置在疏散口时，需在其两旁另设疏散用门。转门构造复杂，造价高，不宜大量采用，如图 7-6 所示。

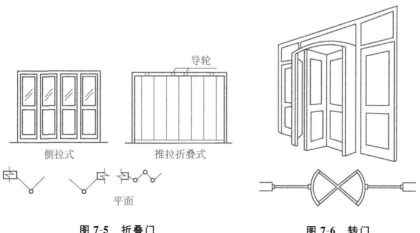

图 7-5　折叠门　　　　　　**图 7-6　转门**

（6）卷帘门。

卷帘门的门扇由一块块连锁金属片条或木板条组成,帘板两端放在门两边的滑槽内。卷帘门开启时不占室内外空间,适用于非频繁开启的高大洞口。卷帘门制作较复杂,造价较高,多用作商业建筑外门,如图 7-7 所示。

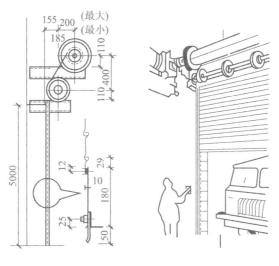

图 7-7　卷帘门

2. 门的尺寸

确定门的尺寸应考虑人的通行要求、通风、采光、搬运设备及其与建筑的比例关系等。

单扇门宽为 700～1000 mm,双扇门宽为 1200～1800 mm,宽在 2000 mm 以上则为四扇或双扇带固定扇的门。门洞宽度为门扇宽加门框及门框与墙间的缝隙尺寸。无亮子时,门洞高 2100～2400 mm;设亮子时,亮子高度一般为 300～900 mm。门洞高度为门扇高度加亮子高度,再加门框及门框与墙间的缝隙尺寸,一般为2400～2700 mm。

为方便使用,各地均有图标,设计时可直接选用,如表 7-1 所示。

表 7-1　民用建筑平开门、弹簧门尺度参考　　　　　　（单位:mm）

宽 高	700	800	900	1000	1500	1800	2400	3000	3300
2100	▯	▯	▯						
2400	▯	▯	▯	▯	▯				

续表

宽　／　高	700	800	900	1000	1500	1800	2400	3000	3300
2700		▯	▯	▯	▦	▦			
3000				▯	▦	▦	▦	▦	▦

7.1.2　窗的类型与尺寸

1. 窗的类型

窗按开启方式有平开窗、推拉窗、固定窗、悬窗、立转窗等,此外还有百叶窗、滑轴窗、折叠窗等。

(1)平开窗。

平开窗向外或向内水平开启,有单扇、双扇、多扇及向内开、向外开之分。其构造简单,开启灵活,制作和维修均方便,应用最广泛,如图 7-8 所示。

(2)推拉窗。

推拉窗分水平推拉和垂直推拉两种。它不占室内空间,窗扇受力状态好,适于安装大玻璃,但通风面积受到限制,通常用于金属及塑料窗,如图 7-9 所示。

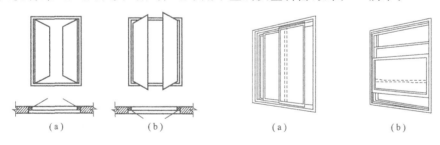

图 7-8　平开窗	图 7-9　推拉窗
(a)内平开窗;(b)外平开窗	(a)水平推拉;(b)垂直推拉

(3)固定窗。

固定窗无窗扇,不能开启,玻璃直接嵌固在窗框上,可供采光及眺望,不能通风。固定窗构造简单,密闭性好,如图 7-10 所示。

(4)悬窗。

悬窗按转轴位置不同,可分为上悬窗、中悬窗和下悬窗。上悬窗转轴位于窗扇上方,外开时防雨较好,通风较差,多用作外门和

图 7-10　固定窗

窗上的亮子。中悬窗转轴位于窗扇水平中部,开启时窗扇上部向内,下部向外,对挡雨、通风有利,多用于单层厂房侧窗。下悬窗转轴位于窗扇下方,一般向内开,通风较好,不防雨,一般不能用作外窗,多用于内门上的亮子。若上、下悬窗联动,也可用于外窗或用作靠外廊的窗。悬窗示例如图 7-11 所示。

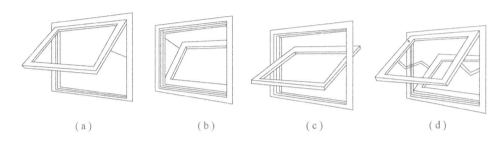

(a)　　　　　　　(b)　　　　　　　(c)　　　　　　　(d)

图 7-11 悬窗

(a)上悬窗;(b)下悬窗;(c)中悬窗;(d)联动上下悬窗

(5)立转窗。

立转窗在窗扇上、下两边设垂直转轴,转轴可设在中部或偏一侧。立转窗开启方便,通风、采光好,但防雨和密闭性较差,一般只用于不常开启的窗,如图 7-12 所示。

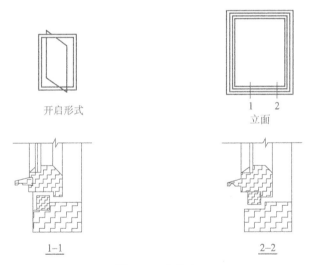

开启形式　　　　　　　　立面

1—1　　　　　　　　　　2—2

图 7-12　立转窗

2. 窗的尺寸

窗的尺寸主要取决于房间的采光、通风、构造做法和建筑造型等要求。一般平开窗的窗扇高度为 800～1200 mm,宽度不宜大于 500 mm;上、下悬窗的窗扇高度为 300～600 mm,中悬窗窗扇高不宜大于 1200 mm,宽度不宜大于 1000 mm;推拉窗高度均不宜大于 1500 mm。

民用建筑常见的平开木窗尺寸如表 7-2 所示。

表 7-2　平开木窗尺寸　　　　　　　　　　　（单位：mm）

宽 / 高	600	900	1200	1500 1800	2100 2400	3000 3300
900 1200						
1200 1500 1800						
2100						
2400						

窗的尺寸通常采用扩大模数 3 M 数列作为标志尺寸，设计时按各地通用图直接选用即可。

7.1.3　门窗构造设计要求

（1）应满足使用功能和坚固耐用的要求，如交通安全、采光通风、抵抗风雨侵蚀等要求。

（2）尺寸规格应统一，符合《建筑模数协调标准》（GB/T 50002—2013）的要求，做到经济、美观。

（3）使用上应开启灵活，关闭紧密。

（4）维护上满足便于擦洗和维修方便的要求。

7.2　木门窗构造

7.2.1　平开木门的构造

1. 平开木门的组成

平开木门由门框、门扇、亮子、五金零件及附件组成，如图 7-13 所示。木门框是联系构件，由上框、边框、中横框、中竖框组成，一般不设下框。门扇有镶板门、夹板门、拼板门、玻璃门、百叶门和纱门等。亮子又称腰窗，位于门上方，起辅助采光及通风作用。五金零件有铰链、插销、门锁、拉手、门碰头等。附件有贴脸板、筒子板等。

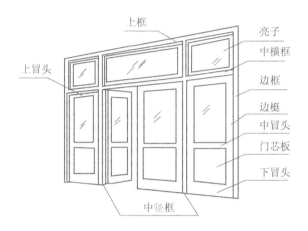

图 7-13　平开木门的组成

2. 门框

（1）断面形式与尺寸。

门框断面形式和门的开启方式及尺寸、层数有关。门框的毛断面尺寸应大于净断面尺寸。门框断面形式与尺寸,如图 7-14 所示。为使门扇开启方便,并具有一定的密闭性,门框上留有裁口,深度一般为 12 mm。为节约木材,也有不用裁口而用钉铆的做法,即在门框枋木上钉上小木条形成裁口(图 7-14 中的虚线即表示钉铆位置)。

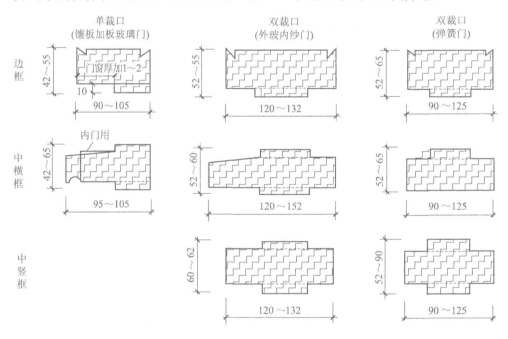

图 7-14　门框断面形式与尺寸

（2）门框与墙体的连接。

木门框靠墙一面易受潮变形，故常在该面开 1～2 道背槽，以免产生翘曲变形。背槽有矩形或三角形，深 8～10 mm，宽 12～20 mm。门框按施工方式分塞口和立口两种，如图 7-15 所示。

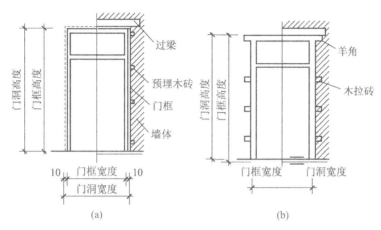

图 7-15　门框的安装方式

（a）塞口；（b）立口

塞口是在墙砌好后再安装门框的。洞口的宽度应比门框大 20～30 mm，高度比门框高 10～20 mm。门洞两侧砖墙上每隔 500～600 mm 预埋木砖或预留缺口。门框与墙间的缝隙需用沥青麻丝嵌填。

立口是在砌墙前先用支撑立门框后砌墙。门框与墙结合紧密，但立门框与砌墙工序交叉，施工不便。

门框在墙中的位置有外平、内平、立中等形式，如图 7-16 所示。一般多与开启方向的一侧墙平齐，使开启角最大。门框与墙体抹灰的接缝用贴脸板和木压条盖缝，装修标准较高者还可在门洞两侧和上方设筒子板。

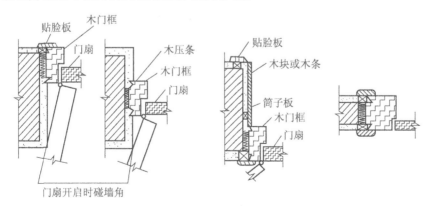

图 7-16　门框位置

3. 门扇

常用的木门扇有镶板门和夹板门。

（1）镶板门。

镶板门是常用的一种门扇，由边梃、上冒头、中冒头、下冒头构成骨架，内装门芯板。门芯板可为木板、胶合板、硬质纤维板、玻璃和百叶等，一般多用 10～15 mm 厚木板拼成，如图 7-17 所示。

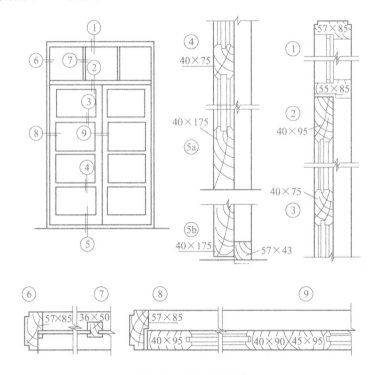

图 7-17　镶板门的构造

（2）夹板门。

夹板门门扇内部采用约 34 mm×34 mm 的方木做成框格骨架，两面粘贴面板，如胶合板、塑料面板或硬质纤维板等，四周用木条镶边或盖缝，如图 7-18 所示。门上可按需要留出洞口安装玻璃和百叶。夹板门不宜用于湿度大的房间。

7.2.2　平开木窗的构造

1. 平开木窗的组成

平开木窗由窗框、窗扇（玻璃扇、纱扇）、五金（铰链、风钩、插销）及附件（窗帘盒、窗台板）等组成，如图 7-19 所示。

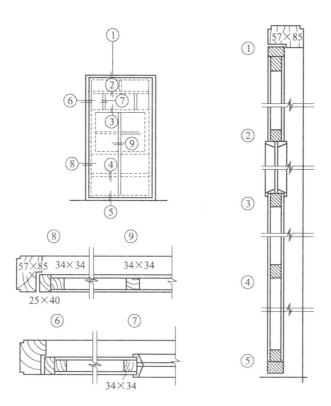

图 7-18　夹板门的构造

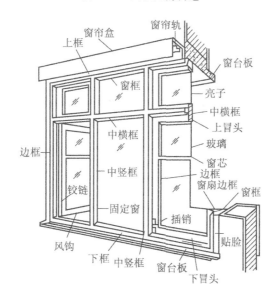

图 7-19　平开木窗的组成

2. 窗框

窗框由边框及上框、下框、中横框、中竖框组成。

（1）断面形式与尺寸。

窗框断面形式由窗扇的层数、厚度、开启方式、洞口大小及当地风力来确定。窗框断面形式与尺寸如图 7-20 所示。中横框用料可加宽 20～30 mm，采用披水板或滴水槽防止雨水流入室内。

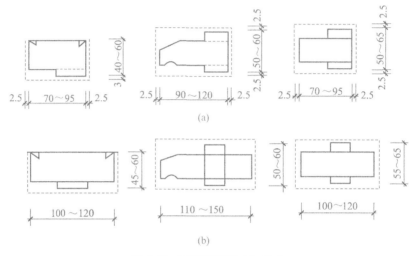

图 7-20　窗框断面形式与尺寸

(a)单层窗;(b)双层窗

（2）窗框与墙体的连接。

窗框在构造上应有裁口及背槽处理，并在背槽上涂沥青防腐。其安装也分塞口与立口。塞口时洞口尺寸应比窗框尺寸大 10～20 mm。

窗框在墙中的位置有内平、外平和立中三种形式，如图 7-21 所示。当窗框与墙内表面平(内平)时，窗框应凸出砖面 20 mm，框与抹灰面交接处设贴脸板，防止接缝处开裂掉灰。当窗框与墙外表面平(外平)时，窗扇宜内开，靠室内一侧设窗台板，裁

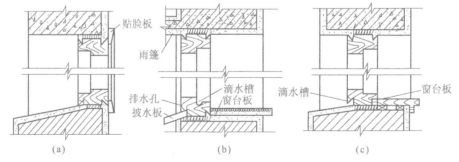

图 7-21　窗框在墙中的位置

(a)内平;(b)外平;(c)立中

口在内侧,窗框留积水槽。窗框居中(立中)时,应内设窗台板,外设窗台。

3. 窗扇

窗扇由上、下冒头和边梃榫接而成,用窗芯分格。常见的木窗扇有玻璃窗扇和纱窗扇,如图 7-22 所示。

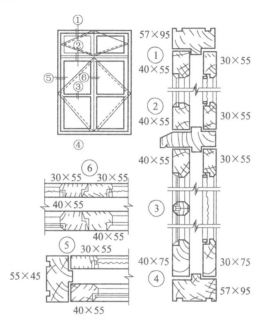

图 7-22 玻璃窗扇、纱窗扇构造

(1)玻璃窗扇。

窗梃和冒头断面为 40 mm×55 mm,窗芯断面尺寸为 40 mm×30 mm。窗扇外侧有安装玻璃的裁口,深度约为 10 mm。

为使窗扇关闭严密,两扇窗的接缝处一般做高低缝盖口,必要时加钉盖缝条。内开的窗扇为防止雨水流入室内,在下冒头处设披水板,同时窗框上设滴水槽和排水孔。

单块面积在 0.5 m² 左右的玻璃可采用 3 mm 厚的净片,玻璃用油灰嵌在窗扇的裁口内。

(2)纱窗扇。

由于窗纱轻,纱窗框料截面尺寸较小,用小木条将窗纱固定在裁口内。

7.2.3 中悬木窗的构造

中悬木窗的铰链位于窗扇中心线以下 30 mm 处,窗扇靠铰链的水平轴旋转而开启及关闭,窗框外缘的上半部、内缘的下半部设裁口,深度加大为 12 mm,裁口多采用钉铆做法。中悬木窗的窗扇断面形状与尺寸和平开木窗的一致,如图 7-23 所示。

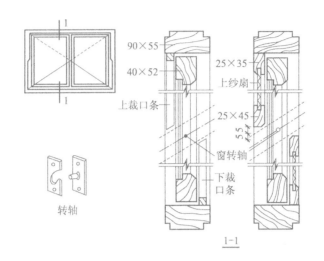

图 7-23　中悬木窗构造

7.3　金属门窗、塑料门窗及高性能节能窗

由于木门窗耗木材多,20 世纪 80 年代起逐渐被钢门窗取代,而铝合金门窗除具有钢门窗的优点外,还有自重轻、密封性好、外形色泽美观等优点,在近些年来它取代了钢门窗。钢门窗和铝合金门窗同属于金属门窗。

7.3.1　钢门窗

1. 钢门窗的特点

钢门窗与木门窗相比,有以下特点。

(1) 质地坚固,耐久性、耐火性较好。

(2) 工厂预制,现场安装,工业化生产程度高。

(3) 钢料断面较小,透光系数大。

(4) 外观整洁、美观、大方,长期维修费用低。

(5) 易受酸碱和有害气体腐蚀,需经常进行表面油漆维护。

2. 钢门窗料型

钢门窗的料型有实腹式和空腹式两类。

(1) 实腹式。

实腹式钢门窗是最常用的一种。按实腹钢门窗料型断面的 b 值(沿墙厚方向的厚度),门窗料分为 25 mm、32 mm、40 mm,如图 7-24 所示。图中所标注数字的前两位为料的规格,如 25、32、40 等。一般门选用 32 及 40 料,窗选用 25 及 32 料。

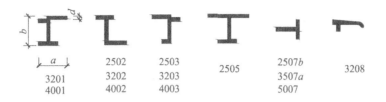

图 7-24　实腹式钢门窗料

（2）空腹式。

空腹式钢门窗分沪式和京式两种。其断面高度有 25 mm、32 mm 等规格，用 1.5～2.5 mm 厚的低碳带钢，经冷轧而成为中空形的薄壁型钢，如图 7-25 所示。空腹式比实腹式刚度大、外形美、自重轻，节约钢材 40％左右，但壁薄，耐腐蚀性差。

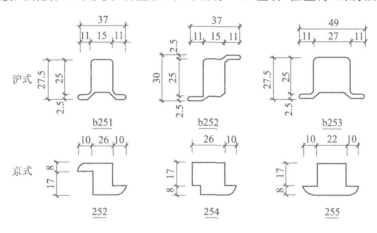

图 7-25　空腹式钢门窗料

3. 基本钢门窗

为使用灵活及运输方便，常在工厂制成标准化的基本门窗，如表 7-3 所示。标准门窗是组成门或窗的最小基本单元。设计人员可根据需要，直接选用或组合出所需大小和形式的门窗。

（1）实腹式基本钢门窗。

钢窗立面的划分应尽量减少规格，立面式样要统一，每扇窗的高宽不宜过大。具体设计应根据面积的大小、风荷载情况及允许挠度值等因素来选择窗料规格。一般当风荷载 $q \leqslant 70$ kg/m² 时，若洞口面积不超过 3 m²，采用 25 料；若洞口面积不超过 4 m²，采用 32 料；若洞口面积大于 4 m²，采用 40 料。

基本钢窗的形式有平开式、上悬式、固定式、中悬式和百叶窗几种；基本钢门主要为平开门。钢窗与木窗有以下不同：平开钢窗两窗扇闭合处设中竖框，作关闭窗扇时固定执手；中悬钢窗的窗框和窗扇以中转轴为界，上下两部分在转轴处焊接而成。

表 7-3　实腹式基本钢门窗　　　　　（单位:mm）

高 ＼ 宽		600	900 1200	1500 1800
平开窗	600		▢	
	900 1200 1500	▢	▢	▢
	1500 1800 2100	▢	▢	▢
中悬窗	600 900 1200		▢	▢
	1500 1800		▢	▢
门	2100 2400	▢	▢	▢

钢门分单扇门和双扇门。双扇平开门两门扇的碰头缝节点,可不设中竖框,用上下插销来销紧门扇。常用钢门的宽度有 900 mm、1200 mm、1500 mm、1800 mm,高度为 2100 mm 或 2400 mm。钢门扇可做成半截玻璃门,下部为钢板,上部为玻璃,也可全为钢板,钢板厚度为 1～2 mm。钢门窗安装玻璃时首先用油灰打底,避免玻璃紧贴钢料,将弹簧夹子或钢皮夹子穿过门窗料预先钻好的孔,压牢玻璃,再嵌油灰(内加少量红丹粉),如图 7-26 所示。

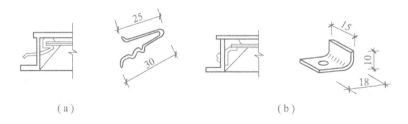

（a）　　　　　　　　　　　　　（b）

图 7-26　钢门窗玻璃安装

(a)弹簧夹子;(b)钢皮夹子

钢门窗的安装均采用塞口方式。门窗框与砖墙的连接,是在砖墙上预留孔洞,将固定在门窗框四周的燕尾铁脚伸入预留孔,并用水泥砂浆嵌固。在与钢筋混凝土梁或墙、柱连接时,则先预埋铁件,将门窗框上的 Z 形铁脚焊接在预埋铁件上,如图 7-27 所示。固定点的间距为 500~700 mm,最外一个砸框角 18 mm。

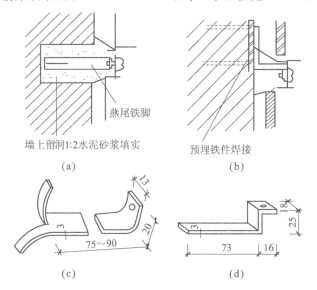

图 7-27　钢门窗与墙连接

(a)与砖墙连接;(b)与混凝土连接;(c)燕尾铁脚;(d)Z形铁脚

（2）空腹式基本钢门窗。

空腹式基本钢门窗的形式及构造原理与实腹式基本钢门窗的相同,但空腹式钢窗料的刚度大,窗扇尺寸可以适当加大。

4. 组合式钢门窗构造

大面积的钢门窗可用若干门窗基本单元组合,基本单元之间须用拼料作支撑构件,拼料断面尺寸如图 7-28 所示。拼料的形式和断面大小应根据允许跨度和允许间距进行选择,如图 7-29 所示。组合时可横拼,也可竖拼。

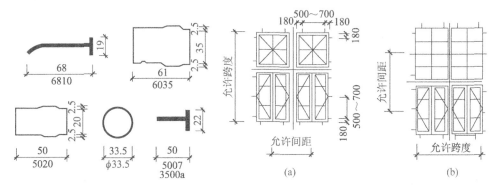

图 7-28　拼料断面尺寸

图 7-29　组合钢窗的拼接

(a)横拼组合;(b)竖拼组合

各门窗基本单元与拼料由螺钉拧紧固定,用油灰嵌缝,如图7-30所示。

拼料与砖墙连接时,在墙上预留孔洞,用细石灰混凝土锚固;拼料与钢筋混凝土梁或柱间,用预埋铁件焊接锚固。

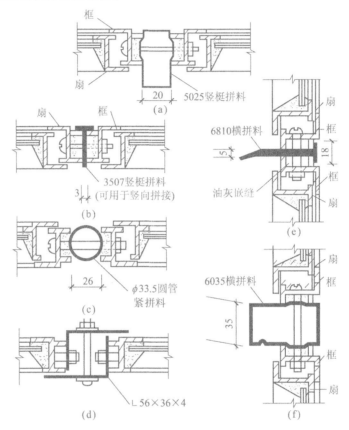

图 7-30 拼料与基本门窗连接构造

(a)横向拼接;(b)横向拼接;(c)横向拼接;(d)伸缩缝节点;(e)上、下窗的拼接;(f)上、下窗的拼接

7.3.2　铝合金门窗

1. 铝合金门窗的特点

铝合金门窗与钢门窗、木门窗相比,有以下特点。

(1)铝合金门窗质量较轻,相同门窗用料一般较钢门窗轻20%左右,较木门窗轻50%左右。

(2)铝合金门窗的密封性能、气密性、水密性、隔声性、隔热性都较钢门窗显著提高。

(3)铝合金门窗不需涂涂料,氧化层不褪色、不脱落、耐腐蚀性强,表面不需维修,强度高、刚性好、坚固耐用,开闭轻便灵活。

(4)铝合金门窗框料表面经氧化处理,表面光洁、色泽美观、牢固、造型新颖大方,增加了建筑物立面和内部的美观。

(5)便于工业化生产。

2. 铝合金门窗的种类

常用的铝合金门窗有推拉门窗、平开门窗、固定门窗、滑撑窗、悬挂窗、百叶窗、弹簧门及卷帘门等。各种门窗都由不同断面型号的型材和配套零件及密封件加工制成。

铝合金门窗按门、窗框厚度尺寸分,推拉窗有 55、60、70、90 等系列,推拉门有 70、90 等系列。

3. 铝合金门窗的构造及安装

(1) 铝合金门窗的构造。

铝合金门窗是表面处理过的铝合金型材,经下料、打孔、攻丝等加工,制成门窗框料构件,然后与连接件、密封件、开闭五金件等组合装配成门窗。它一般不设窗芯及门的中间冒头,而在门窗扇料间直接镶玻璃。常用 5～6 mm 厚净片玻璃,并用橡胶密封条嵌固在门窗的边梃上。

铝合金平开窗构造示例如图 7-31 所示。

(2) 铝合金门窗的安装。

铝合金窗安装时,在抹灰前将门窗框立于门窗洞处,与墙内预埋件对正,然后用木楔将三边固定。经检验确定门窗框水平、垂直、无挠曲后,用射钉枪将门窗框上的连接件固定在墙、柱或梁上,使门窗框固定就位。

门窗框固定好后,门窗框与门洞四周留有 25～30 mm 的缝隙,一般采用软质保温材料填塞,如泡沫塑料、玻璃丝毡条等,分层填实,外表留 5～8 mm 深的槽口用密封膏密封。这样可以避免门窗框直接与混凝土、水泥砂浆接触,受碱腐蚀;同时防止门窗框四周产生结露,影响防寒、防风的正常功能,延长墙体的寿命,也提高了建筑物的隔声、保温等功能。

铝合金门窗安装节点示例如图 7-32 所示。

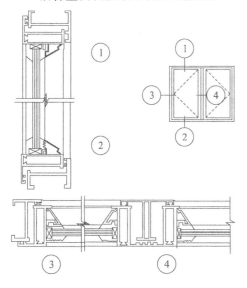

图 7-31 铝合金平开窗构造

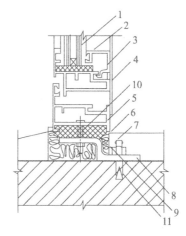

图 7-32 铝合金门窗安装节点及缝隙处理示意

1—玻璃;2—橡胶条;3—压条;4—内扇;
5—外框;6—密封膏;7—砂浆;8—地脚;
9—软填料;10—塑料垫;11—膨胀螺栓

另外,铝合金门窗出厂时表面装修已全部结束,所以运输、安装都要小心,现场不得堆放于露天场所,以免损伤门窗框的装饰面。

7.3.3 塑料门窗

塑料门窗被誉为 20 世纪以来继木、钢、铝合金门窗之后而崛起的第四代新型节能建筑门窗。

1. 塑料门窗的特点

塑料门窗是采用添加耐候、耐腐蚀等多种添加剂的塑料,经挤压成型的型材组装成的门窗。其特点表现在以下几个方面。

(1) 刚性强,耐冲击。

塑料门窗采用特殊耐冲击配方和精心设计的型材断面,机械性能和刚度完全胜于金属。

(2) 耐腐蚀性能好。

硬质 PVC 材料不受任何酸、碱、盐、废气等物质侵蚀,耐腐蚀、耐潮湿、不朽、不锈、不霉变。

(3) 使用寿命长。

经实际推测,塑料门窗使用寿命可达 50 年以上。

(4) 隔热性能好。

硬质 PVC 材料导热系数低,比使用钢、铝合金门窗的室内温度可提高 5 ℃左右。

(5) 气密性、水密性、隔声性能好。

塑料门窗具有双级密封性,并于窗框、扇适当位置开排水槽孔,能将雨水和冷凝水排出,水密性佳;隔声效果可比铝合金门窗提高 30 dB。

(6) 装饰性能好。

型材表面光滑细腻、色泽均匀、线条清晰、造型美观。

(7) 价格合理。

低档塑料门窗比钢、木门窗便宜,中档价格较高,但综合性能较合理。

(8) 耐候性好。

可在−40~70 ℃之间经受烈日、暴雨、风雪、干燥、潮湿等,并可长期使用。

(9) 阻燃性好。

为良好的防火材料,不自燃、不助燃、离火能自熄、使用安全性能高。

(10) 电绝缘性好。

(11) 热膨胀低,尺寸稳定性好。

(12) 易保养。

无需涂油漆及维护保养。

2. 塑料门窗的分类

（1）塑料窗的分类。

① 按异型材尺寸分为 50、60、80、90 和 100 系列。各系列的号码为型材断面的名称宽度。窗扇面积越大，所需型材的断面尺寸也越大。

② 按开启方式分为平开窗、推拉窗、旋转窗及固定窗。

③ 按窗扇结构方式分为单玻、双玻、三玻、百叶窗和气窗。

（2）塑料门的分类。

常用的塑料门有镶板门、框板门、折叠门、整体门及贴塑门。

3. 塑料门窗的构造及安装

（1）塑料门窗的构造。

塑料门窗的构造与铝合金门窗的相似。

（2）塑料门窗的安装。

塑料门窗必须采用后塞口的方法安装，即先做好门窗洞口，并在墙体内预埋木砖或铁件，在内外墙大面积抹灰后再安装塑料门窗框。

塑料门窗框尺寸比洞口小 20～30 mm，缝隙不能用水泥砂浆等刚性材料封填，而是采用矿棉等软质材料，再用密封胶封缝，以提高其密封性和绝缘性能。塑料门窗安装节点示例如图 7-33 所示。塑料窗玻璃安装示意如图 7-34 所示。

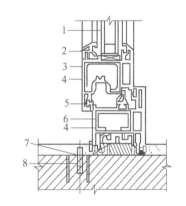

图 7-33　塑料门窗安装节点示意
1—玻璃；2—玻璃压条；3—内扇；4—内钢条；
5—密封条；6—外框；7—地脚；8—膨胀螺栓

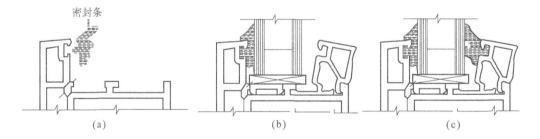

图 7-34　塑料窗玻璃安装示意
(a)嵌入密封条；(b)放中空玻璃；(c)将嵌入密封条的压玻璃条卡入窗扇异型材的凹槽内

7.3.4　高性能节能窗

根据《建筑外门窗气密、水密、抗风压性能分级及检测方法》（GB/T 7106—

2008)、《建筑外门窗保温性能分级及检测方法》(GB/T 8484—2008)、《民用建筑热工设计规范》(GB 50176—1993)、《建筑玻璃　可见光透射比、太阳光直接透射比、太阳能总透射比、紫外线透射比及有关窗玻璃参数的测定》(GB/T 2680—1994)、《建筑门窗玻璃幕墙热工计算规程》(JGJ/T 151—2008)等标准,节能窗中主要节能指标为传热系数、遮阳系数、露点、玻璃的可见光透射比及气密性。

1. 选材及结构设计

提高窗的节能效果,要通过阻止传导、对流和热辐射,减少框窗比,改善工艺提高密封性等途径来解决。

铝及铝合金材料的导热系数高达 $160\sim237$ W/(m·K),是热的良导体,约为钢的 3.5 倍,木材的 700 倍,玻璃的 400 倍,导热系数越大,传热能力越强。选用断桥铝合金型材可以提高铝合金窗的节能效率。常用材料热工物理系数如表 7-4 所示。

表 7-4　常用材料热工物理系数

材　　料	密度/(kg/m³)	导热系数/[W/(m·K)]	表面发射率	备注
铝合金	2800	160	0.20~0.80	阳极氧化
铝	2700	237	0.9	涂漆
建筑钢材	7850	58.2	0.2	镀锌
不锈钢	7900	17	0.8	氧化
建筑玻璃	2500	1	0.84	玻璃面
PA66GF25	1450	0.3	0.9	
硬 PVC	1390	0.17	0.9	
EPDM	1150	0.25	0.9	
花岗岩	2800	3.49		
矿棉,岩棉,玻璃棉	120	0.03 ~0.05		

提高窗的整体节能效率主要通过合理设计型材结构,增加隔热条的截面尺寸、减少型材内部可形成的对流腔、减少型材表面的吸热面积、减小框窗面积比、选择节能效果好的玻璃、选用优质材料、提高加工及安装质量等途径获得。不同类型窗的框窗面积比、传热系数分别如表 7-5、表 7-6 所示。

表 7-5　不同类型窗的框窗面积比

窗型材类型	框窗面积比(F_K/F_C)	窗型材类型	框窗面积比(F_K/F_C)
PVC 塑料窗	0.3~0.4	铝木复合	0.3~0.35
断桥铝合金窗	0.25~0.3	铝塑复合	0.3~0.35
玻璃钢窗	≈0.3	实木	0.35~0.4

表 7-6 不同类型窗传热系数参考　　　　　（单位：W/(m² · K)）

普通铝合金窗	断桥铝合金窗（隔热条长 12.5 mm）	UPVC 塑料框（三腔结构）	UPVC 塑料框（五腔结构）	铝木复合框（铝包木 75 mm）	实木（硬木 70 mm）
6.25	3.4	1.8	1.6	1.5	1.4

北京某公司设计的 SJ 系列窗一个标准窗 1500 mm×1500 mm 洞口，750 mm×1500 mm 一个开启扇，框窗面积比为 24.5％，成为铝窗系列的最优配置。

铝合金门窗可通过以下措施降低传热系数：

（1）Low-E 玻璃充氩气；

（2）中空玻璃采用暖边间隔条；

（3）采用双银 Low-E 玻璃；

（4）采用双中空玻璃；

（5）穿条式隔热铝合金型材两个热条间空腔分割或填塞或灌注保温材料；

（6）采用铝合金型材在室内侧复合木质材料，铝合金材料主要承受荷载（积木包铝）。

不同玻璃配置的传热系数如表 7-7 所示。

表 7-7 不同玻璃配置的传热系数

玻 璃 类 型	玻 璃 配 置	间隔层规格/mm	间隔气体	玻璃传热系数/[W/(m² · K)]
单层透明	6	—	—	5.7
中空玻璃	6＋9A＋6	9	空气	2.80
	6＋12A＋6	12	空气	2.65
	5＋12A＋5	12	空气	2.70
	6＋12Ar＋6	12	氩气	2.45
	5＋4＋0.38pvb＋4	12	空气	2.57
双中空	5＋9A＋5＋9A＋5	9	空气	1.90
	5＋9Ar＋5＋9Ar＋5	9	氩气	1.70
双中空,Low-E（在线,辐射率≤0.25）	5Low-E＋9A＋5＋9A＋5	9	空气	1.40
Low-E 中空(在线,辐射率≤0.25)	6Low-E＋12A＋6	12	空气	1.90
	6Low-E＋12Ar＋6	12	氩气	1.65
Low-E 中空（离线,辐射率≤0.15）	6Low-E＋12A＋6	12	空气	1.70
	6Low-E＋12Ar＋6	12	氩气	1.45

玻璃类型	玻璃配置	间隔层规格/mm	间隔气体	玻璃传热系数/[W/(m² · K)]
Low-E 中空（双银,辐射率≤0.08）	6Low-E＋12A＋6	12	空气	1.60
	6Low-E＋12Ar＋6	12	氩气	1.40
Low-E 真空＋中空（离线,辐射率≤0.15）	5＋12A＋5Low-E＋0.12V＋4	0.12,12	真空,空气	0.70
双中空,Low-E（在线,辐射率≤0.25）	5Low-E＋9A＋5＋9A＋5	9	空气	1.4
	6Low-E＋16Ar＋6	16	氩气	1.5
Low-E 中空,离线,辐射率≤0.15	6Low-E＋16Ar＋6	16	氩气	1.42
Low-E 中空,双银,辐射率≤0.08	6Low-E＋16Ar＋6	16	氩气	1.35
	5Low-E＋9Ar＋5＋9Ar＋5	9	氩气	1.15

我国行业标准《建筑门窗玻璃幕墙热工计算规程》(JGJ/T 151—2008)与美国 ASHRAE 90.1—2010 标准、NFRC 标准的比较分别如表 7-8、表 7-9 所示。

表 7-8　中国 JGJ/T 151—2008 标准与美国 ASHRAE 90.1—2010 标准的比较

玻璃品种	基片颜色	反射颜色	可见光/(%)			中国 JGJ/T 151—2008 标准		美国 ASHRAE 90.1—2010 标准		
			透射比	反射比 室外	反射比 室内	K 值/[W/(m² · K)]	遮阳系数 S_c	U 值 冬季晚上	U 值 夏季白天	遮阳系数 S_c
6Super SE Ⅰ＋12A＋6C	透明	无色	73	11	13	1.8	0.7	1.82	1.81	0.67
	绿色	绿色	61	9	12	1.8	0.45	1.82	1.81	0.42
6Super SE Ⅲ＋12A＋6C	透明	浅灰	53	19	11	1.84	0.47	1.86	1.86	0.44
	绿色	灰绿	44	15	10	1.84	0.34	1.86	1.86	0.32
6Super SE Ⅳ＋12A＋6C	透明	浅灰	45	23	11	1.82	0.42	1.84	1.84	0.4
	绿色	灰绿	38	17	10	1.82	0.3	1.84	1.84	0.28
6Super SE Ⅴ＋12A＋6C	透明	蓝灰	42	32	18	1.75	0.36	1.76	1.74	0.34
	绿色	浅绿	35	23	17	1.75	0.27	1.76	1.74	0.25

表 7-9　中国 JGJ 151—2008 与美国 NFRC 标准的比较

品种	玻璃结构	基片颜色	反射颜色	可见光/(%)			中国 JGJ 151—2008 标准		美国 NFRC 标准				太阳红外热能总透射比/(%)
				透射比	反射比		K 值/[W/(m²·K)]	S_c	U winter /[W/(m²·K)]	U summer /[W/(m²·K)]	S_c	LSG	
					室外	室内							
双银	6TD78-1+12A+6C	透明	无色	67	11	12	1.69	0.48	1.69	1.64	0.45	1.74	12.1
	6TD67-1+12A+6C	透明	无色	61	10	11	1.69	0.43	1.69	1.64	0.40	1.76	10.9
	6TD57-1+12A+6C	透明	银灰	54	18	18	1.69	0.37	1.69	1.64	0.34	1.82	7.8
	6TD51-1+12A+6C	透明	蓝灰	46	28	24	1.69	0.29	1.69	1.64	0.27	1.99	5.2
三银	6TT63+12A+6LI	超白	超白	64	13	14	1.63	0.37	1.63	1.56	0.34	2.20	3.9

2. 降低线传热系数 Ψ(边界)的方法

线传热系数的大小由型材及玻璃的类型确定。可以通过以下方式降低线传热系数：

(1) 合理设计玻璃的镶嵌；

(2) 采用暖边工艺；

(3) 选用透射比较高的玻璃制品。

《建筑门窗玻璃幕墙热工计算规程》(JGJ/T 151—2008)给出了基本线传热系数，如表 7-10 所示。

表 7-10　线传热系数　　　　　　　(单位:W/(m·K))

玻璃类型 窗框材料	双层或三层 未镀膜中空玻璃	双层 Low-E 镀膜或三层 (其中两片 Low-E 镀膜)中空玻璃
木窗框和塑料窗框	0.04	0.06
带热断桥的金属窗框	0.06	0.08
没有断桥的金属窗框	0	0.02

3. 外门窗的气密性能

《严寒和寒冷地区居住建筑节能设计标准》(JGJ 26—2010)4.2.6 条及《建筑外门窗气密、水密、抗风压性能分级及检测方法》(GB/T 7106—2008)对外门窗气密性的要求:

严寒地区的外窗及敞开式阳台门的气密性不应低于 6 级;寒冷地区的外窗及敞开式阳台门的气密性 1～6 层不应低于 4 级,7 层及以上不应低于 6 级。

北京地区《居住建筑节能设计标准》(DB11/891—2012)3.2.9 条规定:外窗、敞开式阳台的阳台门(窗)应具有良好的密闭性能,其密闭性等级不应低于国家标准《建筑外门窗气密、水密、抗风压性能分级及检测方法》(GB/T 7106—2008)中规定的 7级。

《居民建筑节能设计标准》(DB11/891—2012)3.2.11 条规定:居住建筑外窗的实际可开启面积,不应小于所在房间面积的 1/15,并应采取可以调节换气量的措施。

住宅的窗地比要求是 1/7,相当于外窗的开启面积约为满足窗地比的窗面积的一半。外窗开启面积的规定主要是为了夏季通风降温的要求,且春、夏、秋季加大通风量也可改善室内热环境和空气品质。减少空调机的开启时间,节约能源消耗量。

在采用气密性良好的外窗后,室外空气的自然掺入量不足以满足人员所需的新风量,同时为了满足供暖时适量换气,需要采取可以调节换气量的措施,例如采用带有可以自由调节开度小扇的外窗、既可平开又可内倒的外窗、在窗户上部(或下部)设专门的可调式通风器或其他可行的换气措施,以达到既满足人员所需的新风量又显著减少过量通风换气导致的能耗的目的。

本 章 小 结

1. 门窗按其制作材料分为木门窗、钢门窗、铝合金门窗、塑料门窗等;门窗有多种开启方式,各有不同的特点和用途。

2. 钢门窗按框料截面形式,有实腹式钢门窗和空腹式钢门窗;组合式钢门窗适用于较大的洞口。

3. 铝合金门窗具有质量轻、耐腐蚀、坚固耐用、色泽美观的优点,并有良好的密闭、隔声、隔热等性能,适应于工业化生产。

4. 塑料门窗具有非常好的隔热、隔声、节能、密闭性能,耐腐蚀、耐久性能强,表面光洁、便于维修。

【思考与练习】

一、填空题

1. 门按开启方式分类有（　　　）、（　　　）、（　　　）、（　　　）、（　　　）。

二、判断题

1. 从构造上讲，一般平开窗的窗扇宽度为 400～600 mm；高度为 800～1500 mm，腰头上的气窗高度为 300～600 mm。固定窗和推拉窗的尺寸可以小些。

2. 铝合金门窗框固定后，缝隙内一般采用水泥砂浆填塞。

3. 铝合金门窗框固定后，缝隙内一般采用软质保温材料填塞。

4. 塑料门窗框固定后，缝隙不能用刚性材料封填。

三、选择题

1. 窗洞口尺寸常采用（　　　）。

A. 30 M　　　　　　　　B. 15 M

C. 6 M　　　　　　　　D. 3 M

第8章 变 形 缝

【知识点及学习要求】

知 识 点	学 习 要 求
1. 变形缝的类型及要求	了解变形缝的种类,熟悉对变形缝的要求
2. 变形缝的构造	掌握变形缝的构造,特别是墙体、屋顶、楼地层、基础的变形缝

8.1 变形缝的类型及要求

建筑物由于受气温变化、地基不均匀沉降以及地震等因素的影响,结构内部产生附加应力和变形,如处理不当,将会造成建筑物的破坏,产生裂缝甚至倒塌,影响使用与安全。其解决办法有二:一是加强建筑物的整体性,使之具有足够的强度与刚度来克服破坏应力,不产生破裂;二是预先在变形敏感部位将结构断开,留出一定的缝隙,以保证各部分建筑物在缝隙中有足够的变形宽度而不造成建筑物的破损。这种建筑物中预留的缝隙称为变形缝。

变形缝有三种,即伸缩缝、沉降缝和防震缝。

8.1.1 伸缩缝

建筑物因受温度变化的影响而产生热胀冷缩,在结构内部产生温度应力,当建筑物长度超过一定限度、建筑平面变化较多或结构类型变化较大时,建筑物会因热胀冷缩变形较大而产生开裂。为预防这种情况发生,常常沿建筑物长度方向每隔一定距离或结构变化较大处预留缝隙,将建筑物断开。这种适应温度变化而设置的缝隙就称为伸缩缝或温度缝。

伸缩缝要求把建筑物的墙体、楼板层、屋顶等地面以上部分全部断开,基础部分因受温度变化影响较小,不必断开。

伸缩缝的最大间距,应根据不同材料的结构而定,详见有关结构设计规范。砌体结构伸缩缝的最大间距参见表 8-1,钢筋混凝土结构伸缩缝的最大间距参见表 8-2。

表 8-1　砌体结构伸缩缝的最大间距　　　　　　　　（单位：m）

砌体类型	屋顶或楼层结构类别		间距
各种砌体	整体式或装配整体式钢筋混凝土结构	有保温层或隔热层的屋顶、楼层	50
		无保温层或隔热层的屋顶	40
	装配式无檩体系钢筋混凝土结构	有保温层或隔热层的屋顶、楼层	60
		无保温层或隔热层的屋顶	50
	装配式有檩体系钢筋混凝土结构	有保温层或隔热层的屋顶、楼层	75
		无保温层或隔热层的屋顶	60
黏土砖、空心砖砌体	黏土瓦或石棉水泥瓦屋顶、木屋顶或楼层、砖石屋顶或楼层		100
石砌体			80
硅酸盐块砌体和混凝土块砌体			75

注：1. 层高大于 5 m 的砌体结构单层建筑，其伸缩缝间距可按表中数值乘以 1.3，但当墙体采用硅酸盐砌块和混凝土砌块砌筑时，不得大于 75 m。

　　2. 温度较大且变化频繁地区和严寒地区不采暖的建筑物墙体伸缩缝的最大间距，应按表中数值予以适当减小。

表 8-2　钢筋混凝土结构伸缩缝的最大间距　　　　　　　　（单位：m）

结构类别		室内或土中	露天
排架结构	装配式	100	70
框架结构	装配式	75	50
	现浇式	55	35
剪力墙结构	装配式	65	40
	现浇式	45	30
挡土墙、地下室墙等结构	装配式	40	30
	现浇式	30	20

注：1. 当屋面板上部无保温或隔热措施时，框架、剪力墙结构的伸缩缝间距可按表中露天栏的数值选用，排架结构的伸缩缝间距可按表中室内栏的数值适当减小。

　　2. 排架结构的柱高（从基础顶面算起）低于 8 m 时，宜适当减小伸缩缝间距。

　　3. 伸缩缝的间距应考虑施工条件的影响，必要时（如材料收缩较大或室内结构因施工时外露时间较长）宜适当减小伸缩缝间距。伸缩缝宽度一般为 20～30 mm。

8.1.2 沉降缝

沉降缝是为了预防建筑物各部分由于不均匀沉降引起的破坏而设置的变形缝。凡属于下列情况时均应考虑设置沉降缝:

(1) 同一建筑物相邻部分的高度相差较大、荷载大小相差悬殊或结构形式变化较大,易导致地基沉降不均时;

(2) 当建筑物各部分相邻基础的形式、宽度及埋置深度有很大差异,易形成不均匀沉降时[见图 8-1(a)];

(3) 当建筑物建造在不同地基上,且难于保证均匀沉降时;

(4) 建筑物体型比较复杂、连接部位又比较薄弱时[见图 8-1(b)];

(5) 新建建筑物与原有建筑物紧相毗连时[见图 8-1(c)]。

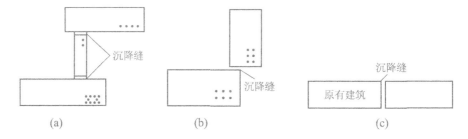

(a)   (b)   (c)

图 8-1 沉降缝的设置部位示意

沉降缝与伸缩缝的作用不同,因此在构造上有所区别。沉降缝要求从基础到屋顶所有构件均应设缝分开,使沉降缝两侧建筑物成为独立的单元,各单元的竖向能自由沉降,不受约束。

沉降缝的宽度与地基的性质和建筑物的高度有关。地基越软弱、建筑物高度越大,缝隙也就越宽。不同地基情况下的沉降缝宽度如表 8-3 所示。

沉降缝一般与伸缩缝合并设置,兼起伸缩缝的作用。

表 8-3 沉降缝宽度 (单位:m)

地 基 性 质	建筑物高度(H)或层数	缝 宽
一般地基	$H<5$ m	30
	$H=5\sim10$ m	50
	$H=10\sim15$ m	70
软弱地基	2~3 层	50~80
	2~5 层	80~120
	6 层以上	>120
湿陷性黄土地基		≥30~70

注:沉降缝两侧结构单元层数不同时,由于高层部分的影响,低层结构的倾斜往往很大。因此,沉降缝的宽度应按高层部分的高度确定。

8.1.3　防震缝

在地震烈度为 7～9 度的地区,当建筑物体型比较复杂或建筑物各部分的结构刚度、高度以及质量相差较悬殊时,应在变形敏感部位设缝,将建筑物分割成若干规整的结构单元。每个单元的体型规则、平面规整、结构体系单一,防止在地震波作用下相互挤压、拉伸,造成变形和破坏,这种缝隙称为防震缝。对多层砌体建筑来说,遇到下列情况时宜设置防震缝:

(1) 建筑立面高差在 6 m 以上时;

(2) 建筑错层,且楼层错开距离较大时;

(3) 建筑物相邻部分的结构刚度、质量相差悬殊时。

防震缝应沿建筑物全高设置,缝的两侧应布置墙或柱,形成双墙、双柱或一墙一柱,使各部分结构封闭,提高刚度(见图 8-2)。防震缝应同伸缩缝、沉降缝尽量结合布置。一般情况下基础不设缝,如与沉降缝合并设置时,基础也应设缝断开。

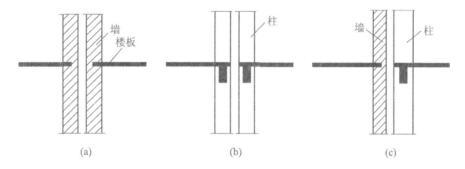

图 8-2　防震缝两侧结构布置

(a)双墙方案；(b)双柱方案；(c)一墙一柱方案

防震缝的宽度根据建筑物高度和所在地区的地震烈度来确定。一般多层砌体建筑的缝宽取 50～100 mm。多层钢筋混凝土框架结构建筑,高度在 15 m 及 15 m 以下时,缝宽为 70 mm;当高度超过 15 m 时,按不同设防烈度增加缝宽:

(1) 6 度地区,建筑每增高 5 m,缝宽增加 20 mm;

(2) 7 度地区,建筑每增高 4 m,缝宽增加 20 mm;

(3) 8 度地区,建筑每增高 3 m,缝宽增加 20 mm;

(4) 9 度地区,建筑每增高 2 m,缝宽增加 20 mm。

8.2　变形缝的构造

为防止风、雨、冷热空气、灰沙等侵入室内,影响建筑的使用和耐久性,也为了美观,构造上对变形缝应覆盖和装修。覆盖和装修的同时必须保证变形缝能充分发挥其功能,缝隙两侧结构单元的水平或竖向相对位移不受阻碍。

8.2.1 墙体变形缝

1. 伸缩缝

墙体伸缩缝一般做成平缝、错口缝、企口缝或凹缝等截面形式(见图 8-3),主要视墙体材料、厚度及施工条件而定。

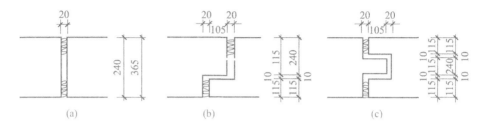

图 8-3 砖墙伸缩缝截面形式

(a)平缝;(b)错口缝;(c)企口缝

为了避免外界自然因素对室内的影响,外墙外侧缝口应填塞或覆盖具有防水、保温和防腐性能的弹性材料,如沥青麻丝、泡沫塑料条、橡胶条、油膏等。当封口较宽时,还应用镀锌铁皮、铝片等金属调节片覆盖。如墙面做抹灰处理,为防止抹灰脱落,可在金属片上加钢丝网后再抹灰。填缝或盖缝材料和构造应保证结构在水平方向能自由伸缩。考虑到缝隙对建筑立面的影响,通常将缝隙布置在外墙转折部位或利用雨水管将缝隙挡住,做隐蔽处理。外墙内侧及内墙缝口通常用具有一定装饰效果的木质盖缝条遮盖,木条固定在缝口的一侧,也可采用金属片盖缝(见图 8-4、图 8-5)。

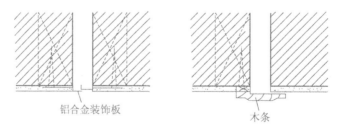

图 8-4 转角墙体外墙内侧、内墙伸缩缝缝口构造一

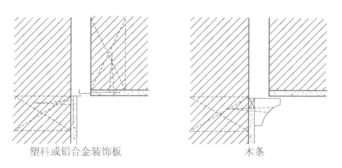

图 8-5 转角墙体外墙内侧、内墙伸缩缝缝口构造二

2. 沉降缝

沉降缝一般兼有伸缩缝的作用。墙体沉降缝的构造与伸缩缝的构造基本相同，只是调节片或盖缝板在构造上能保证两侧结构在竖向的相对变位不受约束（见图8-6）。

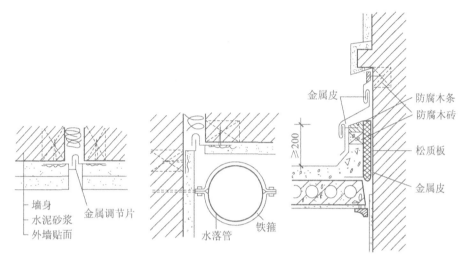

图 8-6　沉降缝构造

3. 防震缝

墙体防震缝构造与伸缩、沉降缝构造基本相同，只是防震缝一般较宽，通常采用覆盖做法。外缝口用镀锌铁皮、铝片或橡胶条覆盖，内缝口常用木质盖板遮缝。寒冷地区的外缝口应用具有弹性的软质聚氯乙烯泡沫塑料、聚苯乙烯泡沫塑料等保温材料填实（见图8-7）。

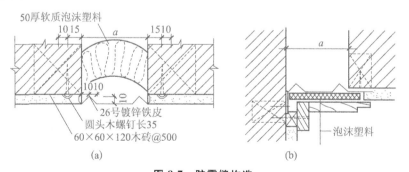

图 8-7　防震缝构造

（a）外墙平缝处；（b）外墙转角处；（c）内墙转角处；（d）内墙平缝处

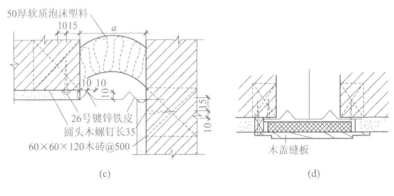

50厚软质泡沫塑料

1015

a

10 10

26号镀锌铁皮
圆头木螺钉长35
60×60×120木砖@500

(c)

木盖缝板

(d)

续图 8-7

8.2.2 楼地层变形缝

楼地层变形缝的位置与缝宽应与墙体变形缝一致。变形缝内常以具有弹性的油膏、沥青麻丝、金属或塑料调节片等材料做填缝或盖缝处理,上铺与地面材料相同的活动盖板、铁板或橡胶条等以防灰尘下落。卫生间等有水房间中的变形缝尚应做好防水处理。顶棚的缝隙盖板一般为木质或金属,木盖板一般固定在一侧,以保证两侧结构的自由伸缩和沉降(见图 8-8)。

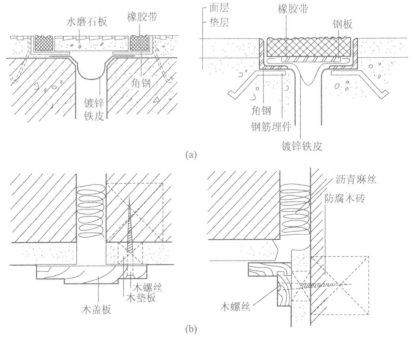

图 8-8 楼地层变形缝构造
(a)地面变形缝构造;(b)顶棚变形缝构造

8.2.3 屋顶变形缝

屋顶变形缝的位置与缝宽应与墙体、楼地层的变形缝一致。缝内用沥青麻丝、金属调节片等材料填缝和盖缝。屋顶变形缝一般设于建筑物的高低错落处,也见于两侧屋面处于同一标高处。不上人屋顶通常在缝隙一侧或两侧加砌矮墙,按屋面泛水构造要求将防水材料沿矮墙上卷,顶部缝隙用镀锌铁皮、铝片、混凝土板或瓦片等覆盖,并允许两侧结构自由伸缩或沉降而不致雨水渗漏。寒冷地区在缝隙中应填以岩棉、泡沫塑料或沥青麻丝等具有一定弹性的保温材料。上人屋顶因使用要求一般设矮墙,应切实做好防水,避免雨水渗漏。平屋顶变形缝构造如图8-9、图 8-10 所示。

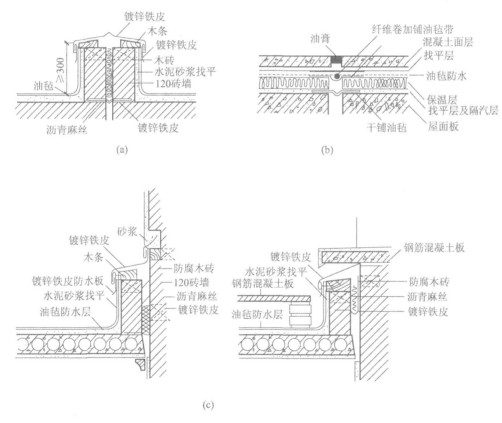

图 8-9 卷材防水平屋顶变形缝构造

(a)不上人屋顶平接变形缝;(b)上人屋顶平接变形缝;(c)高低错落处屋顶变形缝

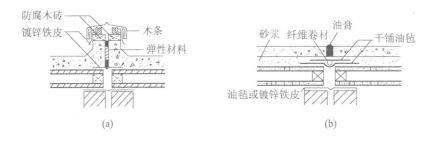

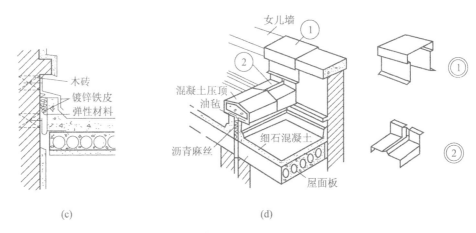

图 8-10　刚性防水平屋顶变形缝构造

(a)不上人屋顶平接变形缝；(b)上人屋顶平接变形缝；

(c)高低错落处屋顶变形缝；(d)变形缝立体图

8.2.4　基础变形缝

基础变形缝主要为沉降缝,其构造通常采用双基础或挑梁基础两种方案(见图 8-11)。

(1) 双基础方案。

建筑沉降缝两侧各设有承重墙,墙下有各自的基础。这样,每个结构单元都有封闭连续的基础和纵横墙,结构整体刚度大,但基础偏心受力,并在沉降时相互影响。

(2) 挑梁基础方案。

为使缝两侧结构单元既能自由沉降又互不影响,经常在缝的一侧做成挑梁基础。缝侧如果设置双墙,则在挑梁端部增设横梁,将墙支承其上。当缝隙两侧基础埋深相差较大或与新建筑毗连时,多采取挑梁基础方案。

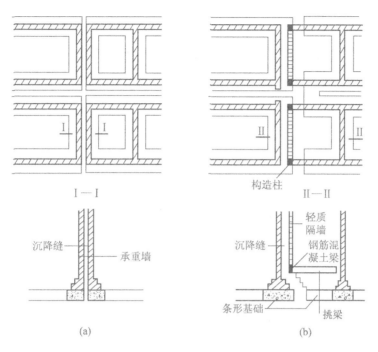

图 8-11　基础沉降缝构造

(a)双基础方案；(b)挑梁基础方案

本 章 小 结

本章从变形缝入手,进而讲解伸缩缝、沉降缝、防震缝。

讲解变形缝的构造,从墙体变形缝,到楼地层变形缝、屋顶变形缝、基础变形缝。

【思考与练习】

一、填空题

　　1. 变形缝有三种,即(　　)、(　　)和(　　)。

二、名词解释

　　1. 伸缩缝

　　2. 沉降缝

　　3. 防震缝

第9章 大跨度建筑构造

【知识点及学习要求】

知 识 点	学 习 要 求
1. 大跨度建筑结构形式与建筑造型	了解大跨度建筑结构形式
2. 中庭天窗构造	了解中庭天窗构造
3. 大跨度建筑的屋顶构造	熟悉大跨度建筑的屋顶构造
4. 常见大跨度建筑构造形式	掌握常见大跨度建筑构造形式

大跨度建筑通常是指跨度在 30 m 以上的建筑。在民用建筑中主要用于影剧院、体育场馆、展览馆、大会堂、航空港以及其他大型公共建筑,在工业建筑中则主要用于飞机装配车间、飞机库和其他大跨度厂房。

大跨度建筑在古代罗马已经出现,如公元 120—124 年建成的罗马万神庙,呈圆形平面,穹顶直径达 43.3 m,用天然混凝土浇筑而成,是罗马穹顶技术的光辉典范。在万神庙之前,罗马最大的穹顶是公元 1 世纪阿维奴斯地区的一所浴场穹顶,直径大约 38 m。然而大跨度建筑真正得到迅速发展还是在 19 世纪后半叶,特别是第二次世界大战后的几十年中。例如:1889 年为巴黎世界博览会建造的机械馆,跨度达到 115 m,采用三铰拱钢结构;1912—1913 年在波兰布雷斯劳建成的百年大厅,直径为 65 m,采用钢筋混凝土肋穹顶结构。目前世界上跨度最大的建筑是美国底特律的韦恩县体育馆,圆形平面,直径达 266 m,为钢网壳结构。我国大跨度建筑有 20 世纪 70 年代建成的上海体育馆,圆形平面,直径 110 m,钢平板网架结构。我国目前以钢索及膜材做成的结构最大跨度已达到 320 m。

大跨度建筑迅速发展的原因有:一方面社会发展使建筑功能越来越复杂,需要建造高大的建筑空间来满足群众集会、举行大型的文艺体育表演、举办盛大的各种博览会等;另一方面新材料、新结构、新技术的出现,促进了大跨度建筑的进步。例如:在古希腊古罗马时代就出现了规模宏大的容纳几万人的大剧场和大角斗场,但当时的材料和结构技术条件却无法建造能覆盖上百米跨度的屋顶结构,结果只能建成露天的大剧场和露天的大角斗场。随着钢结构和钢筋混凝土结构在建筑上的广泛应用,大跨度建筑有了很快的发展,特别是近几十年来新品种的钢材和水泥在强度方面有了很大的提高,各种轻质高强材料、新型化学材料、高效能防水材料、高效能绝热材料的出现,为建造各种新型的大跨度结构和造型新颖的大跨度建筑创造了更有利的物质技术条件。

　　大跨度建筑发展的历史比起传统建筑毕竟是短暂的,它们大多为公共建筑,人流集中、占地面积大、结构跨度大,从总体规划、个体设计到构造技术都提出了许多新的研究方向,本章主要对大跨度建筑的结构形式与建筑造型、大跨度建筑的屋顶构造、大跨度建筑的中庭天窗设计等三个问题进行论述。

9.1　大跨度建筑的结构形式与建筑造型

　　结构是房屋的骨架,是形成建筑内部空间和外部形式的基础,结构是在特定的材料和施工技术条件下运用力学原理创造出来的。某种新的结构一旦产生并在工程实践中反复出现时,便会逐渐形成一种崭新的建筑形式。可见结构技术是影响建筑空间形式及造型的重要因素,在大跨度建筑中尤其如此。图 9-1 是采用不同结构建造的三幢建筑,反映出风格各异的三种立面造型。图 9-1(a)为木结构刚架,三角形的立面轮廓线反映出刚架结构的真实外形,造型与结构形式统一;图 9-1(b)为钢筋混凝土落地拱,拱形屋顶轮廓线是立面的主要特征,落地拱两旁的空间高度很低,不便利用,于是将外墙向中间收进,让落地拱敞露出来,使立面造型、功能、结构三者高度协调统一;图 9-1(c)中间为钢筋混凝土双曲扁壳结构,高耸于两旁的平屋顶之上,以便设置高侧窗采光通风,建筑立面以突出新结构的曲线轮廓为特征。

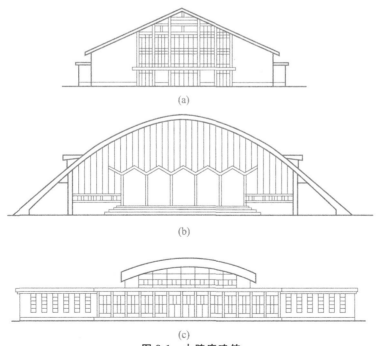

图 9-1　大跨度建筑
(a)木结构刚架;(b)钢筋混凝土落地拱;(c)钢筋混凝土双曲扁壳结构

通过上述例子说明，在建筑设计中，选择结构形式不仅是结构工程师的工作，也是建筑师的职责，现代建筑的特点是建筑艺术与建筑技术的高度统一。建筑师只有对各种结构形式的基本力学特征和适用范围有深入的了解之后，才能自由地进行创作，把结构形式与建筑造型融为一体。

9.1.1 拱结构及其建筑造型

1. 拱结构的受力特点、优缺点和适用范围

拱是古代大跨度建筑的主要结构形式。由于拱呈曲面形状，在外力作用下，拱内的弯矩值可以降低到最小限度，主要内力变为轴向压力，且应力分布均匀，能充分利用材料的强度，比同样跨度的梁结构断面小，故拱能跨越较大的空间。

但是拱结构在承受荷载后将产生横向推力，为了保持结构的稳定性，必须设置宽厚坚固的拱脚支座抵抗横推力。常见的方式是在拱的两侧做两道厚墙来支承拱，墙厚随拱跨增大而加厚。很明显，这会使建筑的平面空间组合受到约束。

拱的内力主要是轴向压力，结构材料应选用抗压性能好的材料。古代建筑的拱主要采用砖石材料，近代建筑多采用钢筋混凝土拱，有的采用钢桁架拱，跨度可达百米以上。拱结构所形成的巨大空间，常常用来建造商场、展览馆、体育馆、散装货仓等建筑。

2. 拱结构的形式

拱结构按组成和支座方式不同可分为：三铰拱，如图 9-2(a)所示；两铰拱，如图9-2(b)所示；无铰拱，如图 9-2(c)所示。

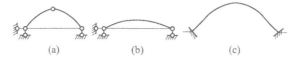

图 9-2　拱的形式

(a)三铰拱；(b)两铰拱；(c)无铰拱

3. 拱结构的建筑造型

拱结构的造型主要取决于矢高大小和平衡拱推力的方式。

拱的矢高对建筑的外部轮廓形象影响最大。矢高小的拱，外形起伏变化小，呈扁平状，结构占用的空间小，但水平推力和拱身轴力都偏大；而矢高大的拱，外形起伏变化强烈，产生的水平推力和轴向力都较小，但拱身材料耗费量多，拱下形成的内部空间大，拱曲面坡度很陡，当采用油毡屋面时，容易出现沥青流淌和油毡滑移现象。所以矢高大小应综合考虑建筑的外观造型要求、结构受力的合理性、材料消耗量、屋面防水构造等多种因素。通常拱屋顶的矢高为拱跨的 1/7～1/5，最小不小于 1/10。采

用油毡屋面时,矢高不应大于 1/8。混凝土自防水屋面的矢高一般取 1/6。

如前所述,拱是一种有水平推力的结构,解决水平推力的方式不同,建筑的外形也显然不一样,通常有以下几种处理方式。

(1)由拉杆承受拱推力的建筑造型。

在拱脚支座处设水平拉杆来抵消拱推力是最常见的方法,其优点是支承拱的侧墙(或柱)不承受拱推力,大大简化了支座的受力状况,可使墙身和柱子断面减小。根据使用功能和造型要求,可以处理成单跨、多跨、高低跨,平面布局灵活,外形轻巧,形式多样。武汉体育馆即是用钢拉杆平衡钢筋混凝土拱推力的一个实例,如图 9-3 所示。

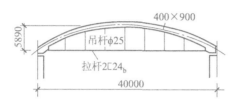

图 9-3 武汉体育馆两铰拱屋架

(2)由框架结构承受拱推力的建筑造型。

在拱的两侧设置框架来抵抗水平推力是另一种常见的处理方式。但框架应具有足够的刚度,拱脚与框架连接要防止发生水平位移或倾斜。根据建筑使用功能和造型要求,在两组框架之间可以布置单跨或多跨,如图 9-4 所示。北京崇文门菜市场中间跨为售货大厅,屋顶为 32 m 跨的钢筋混凝土两铰拱,两边布置三层高的钢筋混凝土框架以支承两铰拱,三层框架部分为小营业厅。拱为装配式整体结构,拱上铺加气混凝土屋面板,油毡屋面。根据建筑造型要求,拱的矢高为拱跨的 1/8,即 4 m。

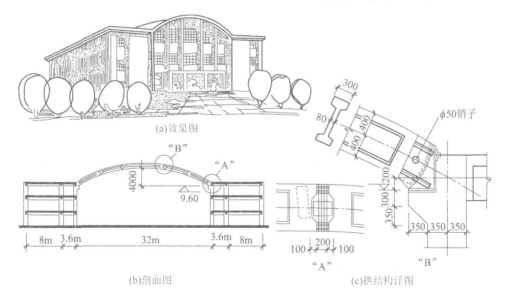

(a)效果图

(b)剖面图   (c)拱结构详图

图 9-4 北京崇文门菜市场

（3）由基础承受拱推力的建筑造型。

当水平推力不太大或地质条件较好时,落地拱的推力可由基础直接承受。北京体育学院田径房即为这种处理方式的实例,如图 9-5 所示。北京体育学院田径房面积为 6200 m²,有 200 m 的半圆跑道、100 m 的直跑道及跳跃场地。田径房结构采用钢筋混凝土落地无铰拱,由基础直接承受拱推力,基底呈斜面,更有利于抵抗推力。落地拱暴露出来,以强烈的结构自身的韵律来美化室内环境。室内利用高侧窗采光。

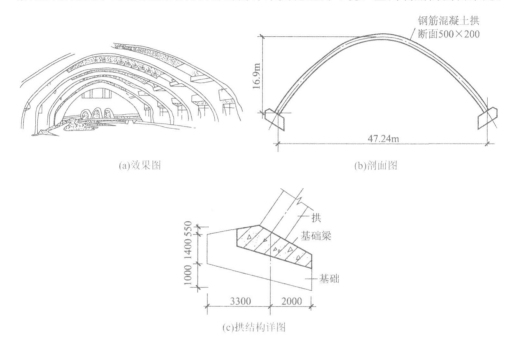

(a)效果图　　　　　　　　　　　　　　　　(b)剖面图

(c)拱结构详图

图 9-5　北京体育学院田径房

9.1.2　刚架结构及其建筑造型

1. 钢架结构的受力特点、优缺点和适用范围

刚架是横梁和柱以整体连接方式构成的一种门形结构。由于梁和柱是刚性结点,在竖向荷载作用下柱对梁有约束作用,因而能减少梁的跨中弯矩;同样,在水平荷载作用下,梁对柱也有约束作用,能减少柱内的弯矩。刚架结构比屋架和柱组成的排架结构轻巧,可以节省钢材和水泥。由于大多数刚架的横梁是向上倾斜的,不但受力合理,且结构下部的空间增大,对某些要求高大空间的建筑特别有利。同时,倾斜的横梁使建筑的屋顶形成折线形,建筑外轮廓富于变化。

由于刚架结构受力合理,轻巧美观,能跨越较大的跨度,制作又很方便,因而应用非常广泛。一般用于体育馆、礼堂、食堂、菜市场等大空间的民用建筑,也可用于工业建筑,但刚架结构的刚度较差,当吊车起重量超过 100 kN 时不宜采用。

2. 刚架结构的形式

刚架按结构组成和构造方式的不同，分为无铰刚架、两铰刚架、三铰刚架，如图 9-6 所示。无铰刚架和两铰刚架是超静定结构，结构刚度较大，但当地基条件较差，发生不均匀沉降时，结构将产生附加内力。三铰刚架则属于静定结构，在地基产生不均匀沉降时，结构不会引起附加内力，但其刚度不如前两种好。一般来说，三铰刚架多用于跨度较小的建筑，两铰和无铰刚架可用于跨度较大的建筑。

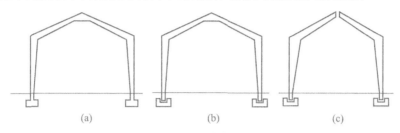

图 9-6 刚架结构的形式

（a）无铰刚架；（b）两铰刚架；（c）三铰刚架

3. 刚架结构的建筑造型

刚架结构常用钢筋混凝土建造，为了节约材料和减轻结构自重，通常将刚架做成变断面形式，柱梁相交处弯矩最大，断面增大，铰接点处弯矩为零，断面最小，所以刚架的立柱断面呈上大下小。根据建筑造型需要，立柱可做成里直外斜，或外直里斜。刚架多采用预制装配，构件呈 Y 形和 r 形，用这些构件可组成单跨、多跨、高低跨、悬挑跨等各式各样的建筑外形。屋脊一般在跨度正中间，形成对称式刚架，也可偏于一边，构成不对称式刚架，如图 9-7 所示。图 9-8 是杭州黄龙洞游泳馆，采用钢筋混凝土刚架结构，主跨为不对称刚架，屋脊靠左移，使跳水台处有足够的高度，主跨右侧带有一悬挑跨，用作休息和其他辅助房间。

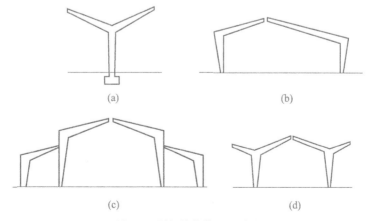

图 9-7 刚架结构的建筑造型

（a）悬臂式刚架；（b）单跨不对称刚架；（c）三跨不等高刚架；（d）单跨带悬臂刚架

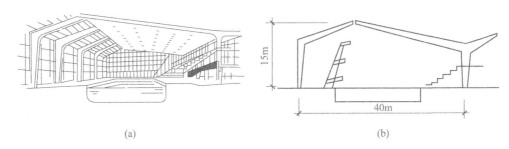

(a) (b)

图 9-8 杭州黄龙洞游泳馆

(a)杭州黄龙洞游泳馆内景；(b)黄龙洞游泳馆剖面

9.1.3 桁架结构及其建筑造型

1. 桁架结构的受力特点、优缺点和适用范围

桁架是由杆件组成的一种格构式结构体系。桁架结构比梁结构受力要合理。梁的内力主要是弯矩，且分布不均匀，其常以最大弯矩处的断面尺寸为整个梁的断面大小，因此梁的材料强度未得到充分利用。桁架内力分布均匀，材料强度能充分利用，减少材料耗量和结构自重，使结构跨度增大。所以桁架结构是大跨度建筑常用的一种结构形式，主要用于体育馆、影剧院、展览馆、食堂、菜市场、商场等公共建筑。

为了使桁架的规格统一，有利于工业化施工，建筑的平面形式宜采用矩形。

2. 桁架结构的形式

桁架一般用木材、钢材、钢筋混凝土建造。桁架形式分为三角形、梯形、拱形、无斜腹杆和三铰拱等各种形式，如图 9-9 所示。

三角形桁架可用钢、木或钢筋混凝土制作。当跨度不超过 18 m 时，杆件内力较小，比较经济，故常用于跨度不大于 18 m 的建筑。三角形桁架的坡度一般为1/5～1/2，视屋面防水材料而定，采用各种瓦材时为 1/3～1/2，采用卷材防水时常为 1/5～1/4。

梯形桁架可用钢或钢筋混凝土制作，常用跨度为 18～36 m，我国最大的梯形钢桁架跨度是 72 m。桁架矢高与跨度之比一般为 1/8～1/6。梯形桁架端部增大，降低了结构的稳定性，增加了材料用量。

拱形桁架的外形呈抛物线，与上弦的压力线重合，杆件内力均匀，比梯形桁架材料耗量少。拱形桁架的矢高与跨度之比一般为 1/8～1/6。拱形桁架可用钢或钢筋混凝土制作，常用跨度为 18～36 m，我国最大的预应力混凝土拱形桁架跨度达到 60 m。

无斜腹杆桁架的上弦为抛物线形，犹如拱，主要承受轴向压力，竖杆和下弦受拉力，结构用料经济，由于无斜腹杆结构造型简洁，便于制作，在桁架之间铺管道和进行检修工作均很方便，特别适用于在桁架下弦有较多吊重的建筑，常用跨度为15～30 m。

桁架选型应综合考虑建筑的功能要求、跨度和荷载大小、材料供应和施工条件等

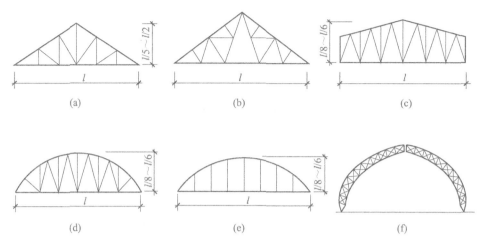

图 9-9 桁架结构的形式

(a)三角形豪式桁架;(b)三角形芬克式桁架;(c)梯形桁架;(d)拱形桁架;(e)无斜腹杆桁架;(f)三铰拱桁架

因素。当建筑跨度在 36 m 以上时,为了减轻结构自重,宜选择钢桁架;跨度在 36 m 以下时,一般可选用钢筋混凝土桁架,有条件时最好选用预应力混凝土桁架;当桁架所处的环境相对湿度大于 75%或有腐蚀性介质时,不宜选用木桁架和钢桁架,而应选用预应力混凝土桁架。

3. 桁架结构的建筑造型

桁架结构在大跨度建筑中多用作屋顶的承重结构,根据建筑的功能要求、材料供应和经济的合理性,可设计成单坡、双坡、单跨、多跨等不同的外观和形状,如图 9-10

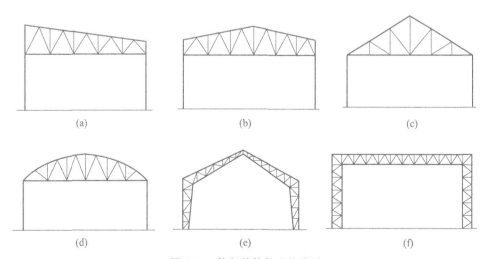

图 9-10 桁架结构的建筑造型

(a)梯形桁架单坡屋顶;(b)梯形桁架双坡屋顶;(c)三角形桁架双坡屋顶;

(d)拱形桁架曲面屋顶;(e)桁架式三铰刚架双坡屋顶;(f)由矩形桁架组成的排架平屋顶

所示。图 9-11 为采用三铰拱钢桁架的北京体育馆的造型,图 9-12 为采用拱形钢桁架的重庆体育馆的造型。

图 9-11　北京体育馆

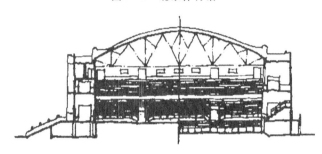

图 9-12　重庆体育馆

9.1.4　网架结构及其建筑造型

1. 网架结构的受力特点、优缺点和适用范围

网架是一种由很多杆件以一定规律组成的网状结构。它具有下列优点。

(1) 杆件之间起互相支撑作用,形成多向受力的空间结构,故其整体性强、稳定性好、空间刚度大,有利于抗震。

(2) 当荷载作用于网架各节点上时,杆件主要承受轴向力,故能充分发挥材料的强度,节省材料。

(3) 网架结构高度小,可以有效地利用空间。

(4) 结构的杆件规格统一,有利于工厂化生产。

(5) 网架形式多样,可创造丰富多彩的建筑形式。

网架结构主要用来建造大跨度公共建筑的屋顶,适用于多种平面形状,如圆形、方形、三角形、多边形等各种平面的建筑。

2. 网架结构的形式

网架结构按外形分为平板网架和曲面网架,如图 9-13 所示;按建造材料可分为钢网架、木网架、钢筋混凝土网架;按网架本身的构造又可分为单层网架和双层网架。平板网架都是双层的,曲面网架可以是单层网架也可以是双层网架。平板网架多采用钢管或角钢制作,曲面网架可采用木、钢、钢筋混凝土制作。我国受木材资源少的

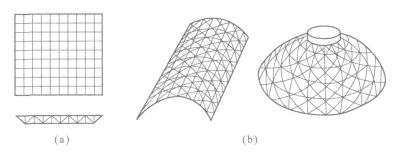

图 9-13 网架结构的形式

（a）平板网架；（b）曲面网架

限制，很少用木材制作网架，而多采用钢网架，有时也采用钢筋混凝土网架。

平板网架自身不产生推力，支座为简支，构造比较简单，可以适用于各种形状的建筑平面，所以应用最广泛。曲面网架多数是有推力的结构，支座条件比较复杂，但外形美观，建筑造型独具特色。

3. 平板网架的类型与尺寸

平板网架按其构造方式不同，可分为交叉桁架体系和角锥体系两类。

（1）交叉桁架体系平板网架。

交叉桁架体系由两向或三向交叉的桁架所构成。

① 两向交叉桁架构成的平板网架。两向交叉桁架的交角大多数为 90°，按网架与建筑平面的相对位置，有正放和斜放两种布置方式，如图 9-14 所示。

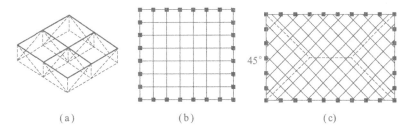

图 9-14 两向交叉桁架构成的平板网架

（a）两向网架；（b）两向正放网架；（c）两向斜放网架

正放网架构造较简单，一般适用于正方形或近似正方形的建筑平面，这样可使两个方向的桁架跨度接近，才能共同受力发挥空间作用。如果平面形状为长方形，受力状态类似于单向板结构，网架的空间作用很小。对于中等跨度（50 m 左右）的正方形建筑平面，采用正放网架较为有利，特别是四支点支承时比斜放网架更优越。

斜放网架的外形较美观，刚度更好，用钢量更省，特别是跨度比较大时其优越性更明显。同时斜放网架不会因使用于长条形建筑平面而削弱其空间受力状态，所以斜放网架比正放网架适用的范围更为广泛。

② 三向交叉桁架构成的平板网架。三向交叉桁架由三个方向的桁架相互以 60°

夹角组成。它比两向交叉桁架的刚度大,杆件内力更均匀,能跨越更大的空间,但其结点构造复杂。三向交叉桁架特别适用于三角形、梯形、六边形、八边形、圆形等平面形状的建筑,如图9-15所示。

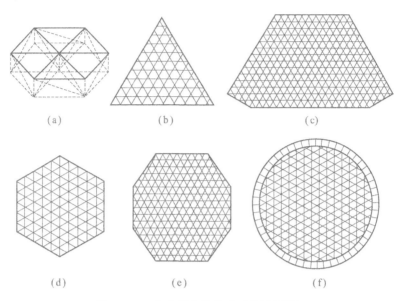

(a)　　　　　　　(b)　　　　　　　　　　(c)

(d)　　　　　　　(e)　　　　　　　　　　(f)

图9-15　三向交叉桁架构成系的平板网架

(a)三向网架;(b)三向三角形平面网架;(c)三向梯形平面网架;

(d)三向正六边形平面网架;(e)三向正八边形平面网架;(f)三向圆形平面网架

(2)角锥体系平板网架。

角锥体系平板网架分别由三角锥、四角锥、六角锥等锥体单元组成。这类网架比交叉桁架体系平板网架的刚度大、受力情况好,并可事先在工厂预制成标准锥体单元,运输和安装均很方便。

① 三角锥体平板网架。由呈三角锥体的杆件组成,锥尖可朝下或朝上布置。这种网架比四角锥网架和六角锥网架受力更均匀,是大跨度建筑中应用最广的一种网架形式。它适合于各种建筑平面形状,如矩形、方形、三角形、梯形、多边形、圆形等,如图9-16(a)、(b)所示。

② 四角锥体平板网架。由呈四角锥体的杆件组成,锥尖可朝下或朝上布置,可正放或斜放,受力情况不及三角锥体网架,如图9-16(c)、(d)所示。这种网架多用于中小型大跨度建筑,正放四角锥体网架适用于正方形或近似正方形的平面,而斜放四角锥体网架无论方形或长条矩形平面都适用。斜放网架的上弦杆较短,对受压有利,下弦较长,为受拉杆件,充分发挥了材料的强度,且结点汇集杆件的数目少,构造较简单,故应用甚广。

③ 六角锥体平板网架。由呈六角锥体的杆件组成,锥尖可朝下或朝上布置,如图9-16(e)、(f)所示。

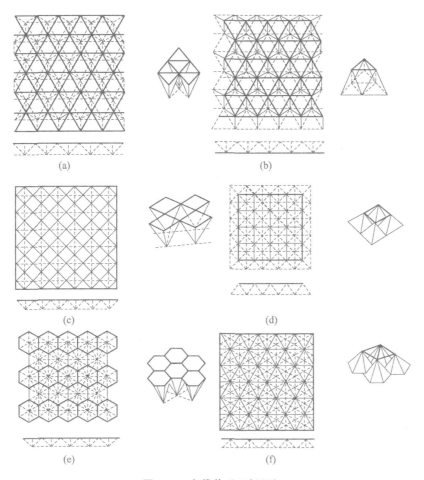

图 9-16　角锥体系平板网架

(a)三角维网架(锥尖朝下)；(b)三角锥网架(锥尖朝上)；(c)四角锥网架(锥尖朝下)；
(d)四角锥网架(锥尖朝上)；(e)六角锥网架(锥尖朝下)；(f)六角锥网架(锥尖朝上)

4. 网架杆件断面与节点连接

(1) 网架杆件断面。

网架杆件常用钢管或角钢，钢管比角钢受力合理，省材料，应用最广。钢管壁厚不应小于 1.5 mm。

(2) 网架杆件节点连接。

当网架杆件采用角钢时，节点处用连接钢板将各杆件连接起来，可采用焊接或螺栓连接方式，如图 9-17(a)所示。

当网架杆件为钢管时，宜用钢球将各杆件连接起来，如图 9-17(b)所示。这种连接方法构造简单、用钢量少、外形美观，被广泛采用。

(3) 网架排水坡度的形成方法。

拱形和穹形网架由自身的曲面自然形成一定的排水坡度。平板网架的排水坡度一般为2‰～5‰,坡度的形成方法有两种:一种是网架自身起拱,屋面板或檩条直接搁于网架结点上,这种方法使网架的各结点标高变化复杂,特别是正方形四坡水屋顶更复杂,故较少采用;另一种是在网架上弦节点加焊短钢管或角钢找出屋面坡度,这种方法网架本身是平放的,构造较简单,网架各节点的标高一致,容易控制,故应用较广,如图9-17(c)所示。

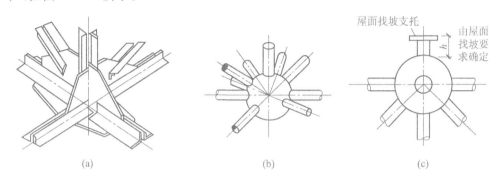

图 9-17　网架杆件断面与节点连接构造
(a)角钢杆件节点;(b)钢管杆件节点;(c)加焊钢管找屋顶坡度

5. 网架结构的建筑造型

网架结构的建筑造型主要受两个因素的影响,一是网架的形式,二是网架的支承方式。平板网架的屋顶一般是平屋顶,但建筑的平面形式可多样化。曲面网架的建筑外形呈拱曲面,但平面形式往往比较单一,多为矩形平面。穹形网架的外形独具特色,平面为圆形或其他形状、外形呈半球形成抛物面圆顶。

网架的支承方式是建筑造型的一个重要影响因素。网架四周或为墙,或为柱,或悬挑,或封闭,或开敞,应根据建筑的功能要求、跨度大小、受力情况、艺术构思等因素确定。当跨度不大时,网架可支承在四周圈梁上,圈梁则由墙或柱支承,如图9-18(a)、(b)所示。这种支承方式对网格尺寸划分比较自由,网架受力均匀,门窗开设位置不受限制,建筑立面处理灵活。

当跨度较大时,网架宜直接支承于四周的立柱上,如图9-18(c)所示。这种支承方式传力直接,受力均匀,但柱网尺寸要与网架的网格尺寸相一致,使网架节点正好处于柱顶位置。

当建筑不允许出现较多的柱时,网架可以支承在少数几根柱子上,如图9-18(d)、(e)所示。这种支承方式网架的四周最好向外悬挑,利用悬臂来减小网架的内力和挠度,从而降低网架的造价。悬挑长度以1/4柱距为宜。对于两向正交正放的平板网架,采用四支点支承最为有利。

当建筑物的一边需要敞开或开设宽大的门时,网架可以支承在三边的立柱上,如图9-18(f)所示。敞开的一面没有柱子,为了保证网架空间刚度和均匀受力,敞开的一面必须设置边梁或边桁架。

拱形网架的支承需要考虑水平推力,解决办法可以参照拱结构的支承方式进行

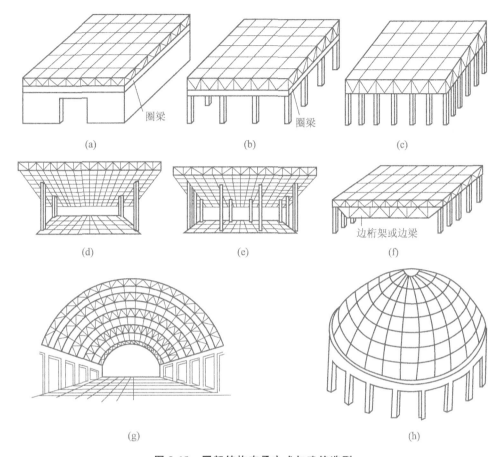

图 9-18 网架结构支承方式与建筑造型

(a)、(b)网架支承在圈梁上;(c)网架支承在四周立柱上;

(d)网架悬挑支承在四根柱上;(e)网架悬挑支承在四周立柱上;

(f)网架支承在三边立柱上;(g)拱形网架支承在两排立柱上;(h)穹形网架支承在周边柱上

处理。穹形网架常支承在环梁上,环梁置于柱或墙上。图 9-18(g)、(h)为拱形网架和穹形网架支承方式和造型示例。

6. 网架结构建筑造型实例

下面列举两个实例,具体说明网架建筑的造型处理。一个例子是南京五台山体育馆,如图 9-19(a)所示。该馆为八角形平面,容纳观众 1 万人。屋顶采用三向交叉桁架平板网架,平面尺寸长为 88.682 m,宽为 76.8 m,网架高 5 m,采用钢管杆件球节点组装而成,网架周边支承在一圈钢筋混凝土柱上。另一个例子是墨西哥马达莱纳体育馆,如图 9-19(b)所示。该馆为圆形平面,外径 170 m,内径 125 m,高 47 m,建筑面积 $4.2×10^4$ m²,可容纳 2.2 万人。屋顶采用铝金属穹形网架,纵横各有 11 个网架支承在四个钢筋混凝土墩和 Y 形钢筋混凝土支柱上。屋面用钢皮覆盖,随网格轮廓转折起伏,闪闪发光,造型独特,是世界著名建筑之一。

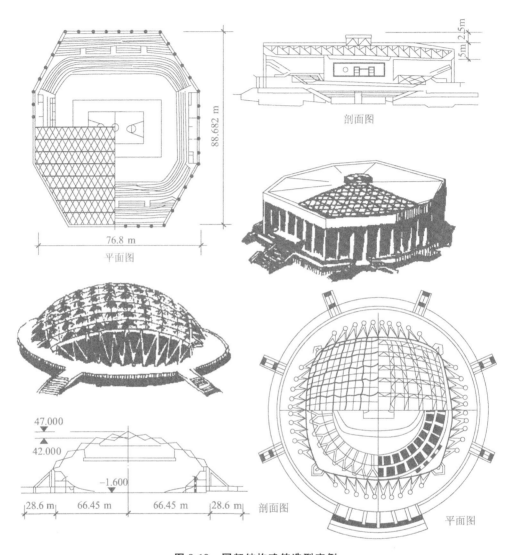

图 9-19　网架结构建筑造型实例

(a)南京五台山体育馆;(b)墨西哥马达莱纳体育馆

9.1.5　折板结构及其建筑造型

1. 折板结构的受力特点、优缺点及适用范围

折板结构是以一定倾斜角度整体相连的一种薄板体系。折板结构通常用钢筋混凝土建造,也可用钢丝网水泥建造。

折板结构由折板和横隔构件组成,如图 9-20(a)所示。在波长方向,折板犹如折叠起伏的钢筋混凝土连续板,折板的波峰和波谷处刚度大,可视为连续板的各支点,如图 9-20(b)所示。在跨度方向,折板如同简支梁,如图 9-20(c)所示,其强度随折板的矢高而增加。横隔构件的作用是将折板在支座处牢固地结合在一起,如果没有它,折板会坍塌而破坏。横隔构件可根据建筑造型需要来设计,如钢筋混凝土横隔板、横隔梁等。折板的波长不宜太大,否则板太厚,不经济,一般不应大于 12 m。

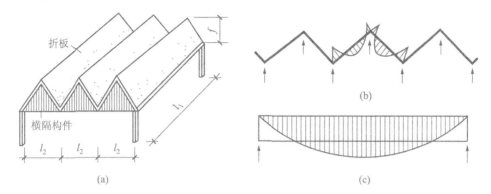

图 9-20 折板结构的组成

(a)折板的组成;(b)沿波长方向的折板;(c)沿跨度方向的折板

跨度与波长之比大于等于 1 时称为长折板,小于 1 时称为短折板。为了获得良好的力学性能,长折板的矢高不宜小于跨度的 $1/15 \sim 1/10$,短折板的矢高则不宜小于波长的 $1/8$。

折板结构呈空间受力状态,具有良好的力学性能,结构厚度薄,省材料,可预制装配,省模板,构造简单。折板结构可用来建造大跨度屋顶,也可用作外墙。

2. 折板结构的形式

折板结构按波长数目的多少分为单波折板和多波折板;按结构跨度的数目分为单跨和多跨;按结构断面形式分为三角形折板和梯形折板,如图 9-21(a)、(b)所示;按折板的构成情况分为平行折板和扇形折板,如图 9-21(c)、(d)所示。平行折板构造简单最常用,扇形折板一端的波长较小,另一端的波长较大,呈放射状,多用于梯形平面的建筑。

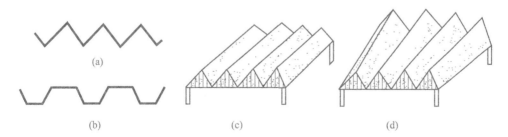

图 9-21 折板结构的形式

(a)三角形折板;(b)梯形折板;(c)平行折板;(d)扇形折板

3. 折板结构的建筑造型

由于折板结构构造简单,又可预制装配施工,故被广泛用于工业与民用建筑,可用于矩形、方形、梯形、多边形、圆形等平面。由折板结构建造的房屋,造型新颖,具有独特的外观,如图 9-22、图 9-23 所示。

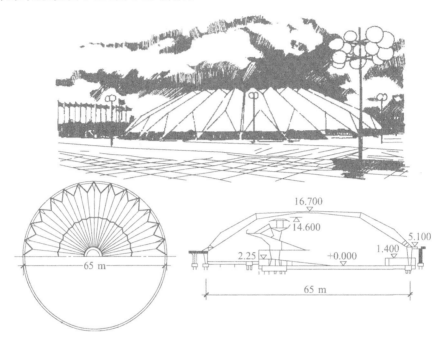

图 9-22 巴西圣保罗会堂

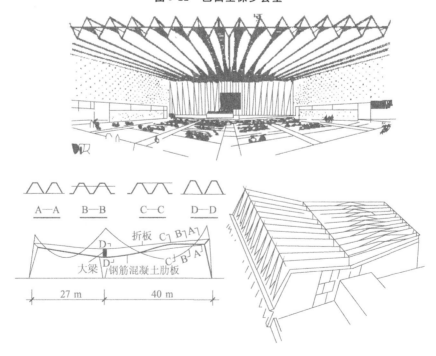

图 9-23 巴黎联合国教科文组织会议大厅

9.1.6　薄壳结构及其建筑造型

1. 薄壳结构的受力特点、优缺点和适用范围

薄壳结构为曲面的薄壁结构,按曲面生成的形式分为筒壳、圆顶薄壳、双曲扁壳和双曲抛物面壳等,材料大多采用钢筋混凝土。壳体能充分利用材料强度,同时又能将承重与围护两种功能融合为一。薄壳结构很薄,当壳体受到外荷载后,壳体的主要内力是面内力(也称薄膜内力)。而弯曲内力与扭转内力相对很小,有时甚至可忽略不计。因此,薄壳结构主要是依靠薄膜内力来支承自重及外荷载的,这一特点可充分发挥材料的潜力,充分利用材料的强度。另外,薄壳结构的内力流向呈立体作用,其壳面所受的外荷载能直接传至支承结构,传力途径简捷。以上两个特点,使薄壳结构具有很好的经济性。薄壳结构的优点包括可覆盖大跨度空间而中间不设支柱;节约材料,经济效果好;自重轻、刚度大、整体性好,有良好的抗震和动力性能;造型美观、活泼新颖。缺点包括现浇薄壳需耗费大量模板;如不加处理,则某些壳体的隔热和声学效果差。

2. 薄壳结构的形式

薄壳结构的形式很多,常用的有筒壳、圆顶壳、双曲扁壳、双曲抛物面壳等四种。

(1) 筒壳。

筒壳由壳面、边梁、横隔构件三部分组成,如图 9-24(a)所示。两横隔构件之间的距离(l_1)称为跨度,两边梁之间的距离为波长(l_2)。筒壳跨度与波长的比值不同时,其受力状态也不一样。当 l_1/l_2 大于 1 时称为长壳,l_1/l_2 小于 1 时为短壳。短壳比长壳的受力性能更好,这主要是横隔构件起的作用。横隔构件承受壳板和边梁传来的力,如果没有横隔构件,筒壳就不能形成空间结构。横隔构件可做成拱形梁、拱形桁架、拱形刚架等多种结构形式。

为了保证筒壳的强度和刚度,壳体的矢高应为 $l_1/15 \sim l_1/10$。

筒壳为单曲面薄壳,形状较简单,便于施工,是最常用的薄壳形式。

(2) 圆顶壳。

圆顶壳由支承环和壳面两部分组成,如图 9-24(b)所示。支承环对壳面起箍的作用,主要内力为拉力。壳面径向受压,环向上部受压,下部为拉或压。由于支承环对壳面的约束作用,壳面边缘会产生局部弯矩,因此壳面在支承环附近应适当增厚。

圆顶壳可以支承在墙、柱、斜拱或斜柱上。

由于圆顶壳具有很好的空间工作性能,很薄的圆顶可以覆盖很大的空间,可用于大型公共建筑,如天文馆、展览馆、体育馆、会堂等。

(3) 双曲扁壳。

双曲扁壳由双向弯曲的壳面和四边的横隔构件组成,如图 9-24(c)所示,圆壳顶矢高与边长之比很小($f/e \leqslant 1/5$),壳体呈扁平状,故称为双曲扁壳。壳体中间区域为轴向受压,弯矩出现在边缘,四角则有较大的拉力。

双曲扁壳受力合理,厚度薄,可覆盖较大的空间,较经济,适用于工业与民用建筑的各种大厅或车间。

(4)双曲抛物面壳。

双曲抛物面壳由壳面和边缘构件组成,外形犹如一组抛物线倒悬在两根拱起的抛物线之间,形如马鞍,故又称鞍形壳,如图9-24(d)所示。倒悬方向的曲面如同受拉的索网,向上拱起的曲面如同拱结构,拉压相互作用,提高了壳体的稳定性和刚度,使壳面可以做得很薄。如果从双曲抛物面壳上切取一部分,可以作成各种形式的扭壳,如图9-24(e)、(f)所示。

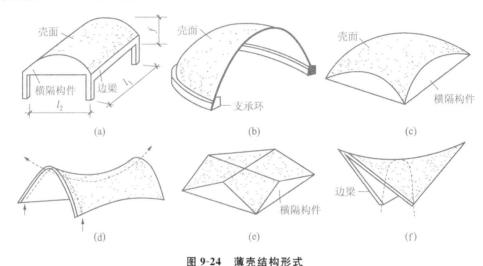

图9-24 薄壳结构形式

(a)筒形壳;(b)圆顶壳;(c)双曲扁壳;(d)双曲抛物面壳;(e)、(f)扭壳

3. 薄壳结构的建筑造型

薄壳结构的建筑造型以各种几何曲面图形为基本特征,基本形式为圆筒形、圆球形、双曲抛物面形。它与传统的梁、板、架一类结构相比,在造型上独具特色,容易给人以新奇感,突出建筑物的个性。世界著名建筑中有不少是用薄壳结构建成的,深究其成功的奥秘,发现它们往往不是简单地重复那些基本形式,而是巧妙地运用交贯、切割、改变结构参数等方法,对一种或一种以上的薄壳形式加以重新组合,进行再创造,因而在建筑造型上有所突破和创新,如图9-25所示。图9-25(a)为法国思恩中心新水塔,其上部为一容量达3000 m³的水落,下部为一个面积为2500 m²的市场。水塔由一圈向内凹进的筒壳围成圆锥形,塔身支承在一根中心柱上,壳的外围由向外凸的肋箍住,承受环向张力。这组建筑在造型上的创新主要体现在把壳体看作竖向跨越的元件,并收缩成一锥形。图9-25(b)为美国加拉哈西多功能大厅,该厅屋顶由一

钢筋混凝土拱悬吊两组筒壳组成,竖向的拱与横的筒壳形成对比,而且拱使筒壳跨度缩短一半。筒壳的波长外大里小,构成扇形效果。鲜明的个性表现在拱与壳两种结构形式的巧妙组合和筒壳的波长变化上。图 9-25(c)为法国格勒诺布尔冰球馆,该馆屋顶以四片筒形薄壳呈十字形正交覆盖于一方形平面上空,四片筒壳的外沿切割成尖叶形。壳体相交的谷像加劲肋一样增加了壳体强度,整个壳顶支承在四个柱墩上。图 9-25(d)为美国"未来航空港设计方案",该航空港的屋顶由两套筒壳组成,一套是呈放射状布置的锥形筒壳,另一套体系是呈环状的筒壳与锥形筒壳相交,共同组成屋顶结构方案。其结构刚度主要来自两套壳体相交的谷。建筑造型上的鲜明特征表现在两套壳体的巧妙"相贯"上。

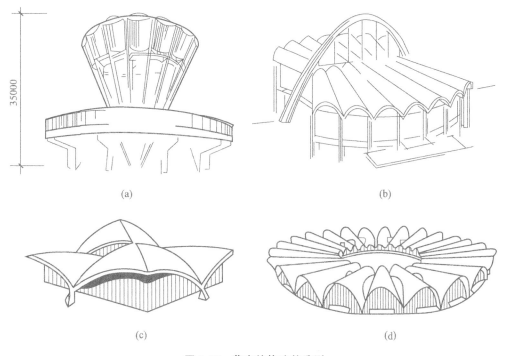

(a) (b)

(c) (d)

图 9-25 薄壳结构建筑造型

(a)法国思恩中心新水塔;(b)美国加拉哈西多功能大厅;
(c)法国格勒诺布尔冰球馆;(d)美国"未来航空港设计方案"

9.1.7 悬索结构及其建筑造型

1. 悬索结构的受力特点、优缺点和适用范围

悬索结构用于大跨度建筑是受悬索桥梁的启示。我国在公元 5 世纪就已建造了这种桥梁,跨度达 104 m 的大渡河泸定桥就是著名的铁索桥实例。20 世纪 50 年代以后,由于高强钢丝的出现,国外开始用悬索结构来建造大跨度建筑的屋顶。

悬索结构由索网、边缘构件和下部支承结构三部分组成,如图 9-26 所示。索网非常柔软,只承受轴向拉力,既无弯矩也无剪力。索网的边缘构件是索网的支座,索网通过锚固件固定在边缘构件上。根据不同的建筑形式要求,边缘构件可以采用梁、桁架、拱等结构形式,它们必须具有足够的刚度,以承受索网的拉力。悬索的下部支承结构一般是受压构件,常采用柱结构。

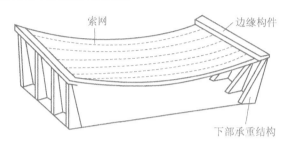

图 9-26　悬索结构

悬索结构的主要优点如下。

(1) 充分发挥材料的力学性能,利用钢索来受拉、钢筋混凝边缘构件来受压受弯,因而能节省大量材料,减轻结构自重,比普通钢结构建筑节省钢材 50%。

(2) 由于主要构件承受拉力,其外形与一般传统建筑迥异,因而其建筑造型给人以新鲜感,且形式多样,可适合于矩形、椭圆形等不同的平面形式。

(3) 由于它受力合理,自重轻,故能跨越巨大的空间而不需要在中间加支点,为建筑功能的灵活安排提供了非常有利的条件。

(4) 悬索结构的施工比起其他大跨度建筑更方便、更快速,因钢索自重轻,不需要大型施工设备便可进行安装。

悬索结构的主要缺点是在强风吸引力的作用下容易丧失稳定而破坏,故在设计中应加以周密考虑。

从总体来看,悬索结构的优点是主要的,因而在大跨度建筑中应用较广,特别是跨度在 60~150 m 范围内,与其他结构比较具有明显的优越性。它主要用来覆盖体育馆、大会堂、展览馆等建筑的屋顶。

2. 悬索结构的形式

悬索结构按其外形和索网的布置方式分为单层单曲面悬索、双层单曲面悬索、双曲面轮辐式悬索和双曲面鞍形悬索。

(1) 单层单曲面悬索结构。

单层单曲面悬索由许多相互平行的拉索组成,像一组平行悬吊的缆索,屋面外表呈下拉索两端的支点可以是等高和不等高的,边缘构件可以是梁、桁架、框架,下部支承结构为柱,如图 9-27(a)所示。单层单曲面悬索结构构造简单,但抗振动和抗风性能差,在强风力的作用下,悬索易发生振动。为了弥补这一缺陷,提高屋顶的稳定性,可在悬索上铺钢筋混凝土屋面板,并对屋面板施加预应力,形成下凹的混凝土壳体,借以增强屋面刚度,提高抗风、抗震能力。不过这样处理的结果使悬索结构轻巧的形象被削弱了。

悬索的垂度大小直接影响索中的拉力大小,垂度越小拉力越大。垂度一般控制在跨度的 1/50～1/20 范围内。

(2)双层单曲面悬索结构。

双层单曲面悬索也是由许多相互平行的拉索组成的,但与单层单曲面悬索所不同的是,每一拉索均由曲率相反的承重索和稳定索构成,如图 9-27(b)所示。承重索与稳定索之间用拉索拉紧,也就是对上下索施加预应力,增强了屋顶的刚度,因而不必采用厚重的钢筋混凝土屋面板,而改用轻质材料覆盖屋面,使屋面自重减轻,造价降低。双层单曲面悬索比单层单曲面悬索的抗风、抗震性能好。

上索的垂度可取跨度的 1/20～1/7,下索的拱度可取跨度的 1/25～1/20。

以上两种悬索结构形式适用于矩形平面,而且多布置成单跨。

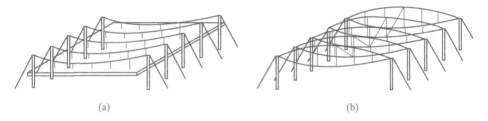

(a)   (b)

图 9-27 单曲面悬索结构

(a)单层单曲面悬索结构;(b)双层单曲面悬索结构

(3)双曲面轮辐式悬索结构。

双曲面轮辐式悬索结构为圆形平面,设有上、下两层放射状布置的索网。下层索网承受屋面荷载,称为承重索;上层索网起稳定作用,称为稳定索。两层索网均固定在内外环上,酷似一个自行车轮平搁于建筑物的顶部,所以叫轮辐式悬索结构,如图 9-28 所示。这种结构的外环承受压力,内环承受拉力。

将上述轮辐式悬索变换一下上、下索的位置和内外环的形式,可以构成外形完全不同的轮辐式悬索结构,如图 9-28 所示,它们有两道受压外环,上、下索之间均用拉索拉紧。

轮辐式悬索结构比单层单曲面悬索增加了稳定索,屋面刚度变大,抗风、抗震性能好,屋面轻巧,施工方便。轮辐式悬索结构在圆形平面建筑中较常用。

(4)双曲面鞍形悬索结构。

双曲面鞍形悬索结构由两组曲率相反的拉索交叉组成索网,形成双曲抛物面,外形像马鞍,故称为鞍形悬索结构,如图 9-29 所示。向下弯曲的索为承重索,向上弯曲的索为稳定索,施工时对稳定索施加预应力,将承重索也张紧,以增强结构刚度。

为了支承索网,马鞍形悬索结构的边缘构件可以根据建筑平面形状和建筑造型

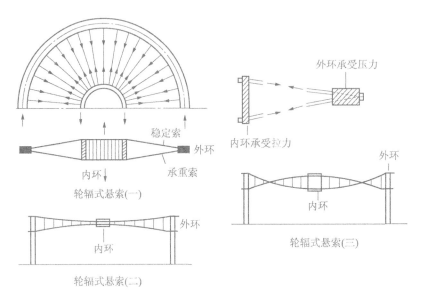

图 9-28 双曲面轮辐式悬索结构

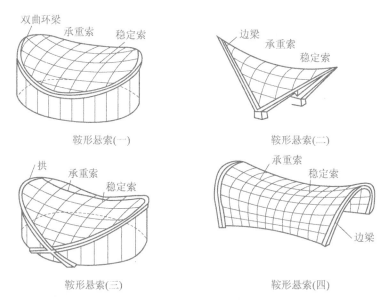

图 9-29 双曲面鞍形悬索结构

需要,采用双曲环梁、斜向边梁、斜向拱等结构形式。

3. 悬索结构的建筑造型

悬索结构的造型与薄壳结构一样是以几何曲面图形为特征,但也有其自身的特点,主要表现在两个方面:一是悬索只能受拉不能受压,外形大多呈凹曲面,而薄壳结构是用钢筋混凝土建造成的,外形以拱曲面、抛物线曲面和球形曲面居多;二是悬索结构是由两种不同材料的构件组成,即钢索网和钢筋混凝土边缘构件,索网的曲面形式多样,边缘构件的形式各异,只要变动其中一种,就能创造出与基本形式截然不同的造型。运用"交叉""并联"等手法还可以改变某种基本形式的造型,所以悬索结构的建筑造型比较丰富,如图 9-30 所示。图 9-30(a)为德国乌柏行市游泳馆,其游泳比赛厅为 60 m×40 m 矩形平面,可容纳观众 2000 人。屋顶采用单曲面积悬索结构,跨度 65 m,两侧看台下每 3.8 m 布置一根钢筋混凝土斜梁,上、下端分别与悬索的边梁和钢筋混凝土游泳池底板相连,使悬索的拉力与斜梁、池底的内力取得平衡。看台下的立柱在屋面荷载下为受拉结构。为加强单曲面悬索抗风和抗振动的能力,屋顶整浇一层轻质混凝土屋面板。图 9-30(b)为美国瑞利市牲畜展赛馆,该馆可容纳观

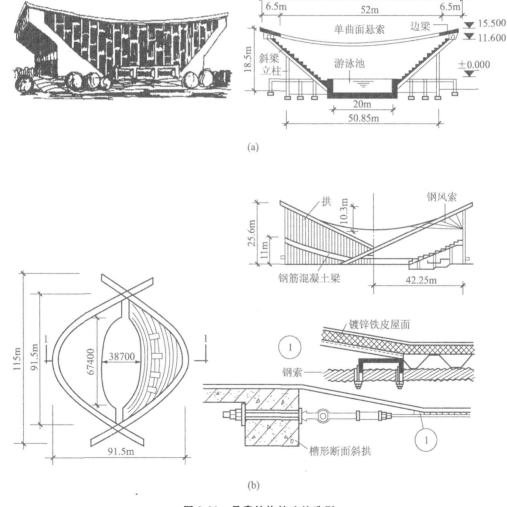

图 9-30 悬索结构的建筑造型

(a)德国乌柏行市游泳馆;(b)美国瑞利市牲畜展赛馆

众 5500 人,为枣核形平面。屋顶采用鞍形悬索结构,索网锚固在两个倾斜交叉拱上,沿展赛馆纵向布置向下弯曲的承重索,横向布置向上弯曲的稳定索。索网网格宽1.83 m。交叉拱为槽形断面,其基础用拉杆相连以平衡拱的推力。交叉拱四周用钢柱支承,柱距 2.4 m,兼作门窗竖框。外墙支柱只在不对称荷载下才受力。在对称荷载下,斜拱和悬索保持平衡,柱不受力。该馆结构受力明确合理,自重轻,造型简洁、新颖,是马鞍形悬索结构的著名实例之一。

9.1.8　帐篷薄膜结构及其建筑造型

1. 帐篷薄膜结构的受力特点、优缺点和适用范围

帐篷薄膜结构是利用骨架、网索将各种现代薄膜材料绷紧形成建筑空间的一种结构。它的历史仅有 30 年,是在悬索结构的基础上发展起来的。

柔软的薄膜不能承受荷载,只有将它绷紧后才能受力,所以这种结构只能承受拉力,而且在任何情况下都必须保持受拉状态,否则就会失去稳定。

帐篷薄膜结构的主要优点是:轻巧柔软、透明度高、采光好、省材料、构造简单、安装快速、便于拆迁、外形千姿百态。这种结构易出现的弊病是抗风能力差而且易失去稳定,设计时必须合理选择拉索的支点、曲率和预应力值。

这种结构适用于各种建筑平面,主要用于临时性或半永久性建筑,如供短期使用的博览会建筑、体育建筑、文艺演出建筑和进行其他活动的临时建筑。

2. 帐篷薄膜结构的设计要点

(1) 薄膜面料应选择轻质、高强、耐高温和低温、防火性好、具有一定透明度的材料,如各种合成纤维织物、玻璃纤维织物、金属纤维织物,并在这些织物的表面敷以各种涂层。

(2) 为了提高帐篷薄膜的抗风能力和保持其形状,拉索的布置应使薄膜表面呈方向相反的双曲面,而且对拉索施加适当的预应力,以保证在来自任何方向的风力作用下都不会出现松弛现象。

(3) 应布置足够的拉索,使薄膜表面形成连续的曲面而不是多棱曲面,并使表面有足够的坡度,避免积存雨雪。

(4) 尽可能地减少室内的撑杆或支架,以免妨碍内部空间的使用。

3. 帐篷薄膜结构的建筑造型

帐篷薄膜结构只有在受拉绷紧的状态下才能保持结构的稳定,因此建筑物的形体全部由双曲面构成,形体随撑杆的数目和位置、索网牵引和锚固的方向、部位等因素而变化。建筑造型灵活自由,完全可以按设计者的意图构图。

帐篷薄膜结构及其建筑造型如图 9-31 所示。图 9-31(a)为蒙特利尔博览会德国馆,其采用帐篷薄膜结构,它的 8 根撑杆全都设在建筑物内部。沿建筑物四周把悬挂

在这些撑杆上的索网与篷布紧绷于基地上,形成了自己灵活的空间。图 9-31(b)为慕尼黑奥运会游泳馆,于 1971 年建成,是该体育中心的一项单体建筑。为了把这一地区建成一座幽雅宜人的体育公园,使巨大的体育建筑变得更接近人的尺度,游泳馆和其他主要建筑物都设计成料玻璃薄膜和索网绷紧锚固在基地上,盖住游泳馆的比赛场地和看台,从而起到防雨遮阳的作用。游泳馆的外墙采用玻璃幕墙。

(a)　　　　　　　　　　　　　　　　(b)

图 9-31　帐篷薄膜结构建筑造型

(a)蒙特利尔博览会德国馆;(b)慕尼黑奥运会游泳馆

9.1.9　充气薄膜结构及其建筑造型

1. 充气薄膜结构的受力特点、优缺点和适用范围

充气薄膜结构利用薄膜材料制成气囊,充气后形成建筑空间,并承受外力,故称为充气薄膜结构。它在任何情况下都必须处于受拉状态才能保持结构的稳定,所以它总是以曲线和曲面来构成自己的独特外形。

充气薄膜结构兼有承重和围护双重功能,故大大简化了建筑构造。薄膜充气后均匀受拉,能充分发挥材料的力学性能,节省材料,加之薄膜本身很轻,因而可以覆盖巨大的空间。这种结构的造型美观,且能适用于各种形状的平面。薄膜材料的透明度高,即使跨度很大的建筑布设天窗,也能满足采光要求。

由于充气薄膜结构具有上述优点,一些国家在最近几十年已先后建成充气结构的体育馆、展览馆、餐厅、医院等多种类型的建筑,而且特别适合于建造防震救灾等临时性建筑和永久性建筑。

2. 充气薄膜结构的形式

充气薄膜结构分为气承式和气肋式两种。

(1)气承式充气薄膜结构。

气承式充气薄膜结构依靠鼓风机不断地向气囊内送气,只要略保持正压就可维持其体形。若遇大风时,可打开备用鼓风机补充送气量,升高气囊内气压使之与风力平衡。

(2)气肋式充气薄膜结构。

气肋式充气薄膜结构以密闭的充气薄膜做成肋,并达到足够的刚度以便承重,然后在各气肋的外面再敷设薄膜作围护,形成一定的建筑空间。

气肋式充气薄膜结构属于高压充气,气肋的竖直部分受压,而横向部分受弯,故气囊的受力不均匀,不能充分发挥薄膜材料的力学性能。而气承式充气薄膜结构则属于低压充气,薄膜基本上是均匀受力,可充分发挥材料的力学性能,故气承式充气薄膜结构应用较广。

除上述两种充气薄膜结构以外,还可将充气薄膜结构与网索结合起来运用,这样可增大结构的跨度,提高结构的稳定性和抗风能力。

3. 充气薄膜结构的建筑造型

充气薄膜结构与帐篷薄膜结构一样,都是在绷紧受拉的状态下才能使结构保持稳定。帐篷结构靠撑杆和网索将薄膜张拉成型,而充气结构则靠压缩空气注入气囊中将薄膜鼓胀成型,其建筑形体主要由向外凸出的双曲面构成,充气薄膜结构的建筑造型随建筑平面形状和固定薄膜的边缘构件形式等因素而变化。

目前,世界各国都在探讨应用充气薄膜结构。日本于1988年建成的东京圆顶运动场,采用气承式充气薄膜结构,如图9-32所示。其多功能大厅主要用作棒球场,也可进行其他体育比赛和各种演出活动,能容纳观众5万人。充气结构的屋顶为椭圆形,边长为180 m,对角线为201 m×201 m。采用双层聚四氟乙烯玻璃纤维布制成,外膜厚度0.8 mm,内膜厚度0.35 mm。薄膜用28根直径为80 mm的钢索双向正交布置,每个方向各14根,间距8.5 m。屋顶面积为2.8万平方米,屋顶总质量(重)1060 kN,平均每平方米仅125 N。室内容积124万立方米,使用时通过三台送风机向薄膜内充压缩空气,内压维持在4~12 kPa,最大送风力达360 m/h,保证屋顶在任何情况下都使薄膜圆顶不变形。薄膜为乳白色,透光性强,白天进行体育比赛时,室内可以不用照明。

9.1.10 悬挑结构及其建筑造型

1. 悬挑结构的受力特点、优缺点和适用范围

自从钢和钢筋混凝土结构问世后,便出现了悬挑结构。它将梁、板、桁架等构件从支座处向外作远距离延伸,构成一种无视线阻隔的空间,为建筑空间的灵活组合带来方便,使建筑造型轻盈活泼。用悬挑结构所覆盖的空间,可使其周边不出现承重墙、柱,视野辽阔开敞,故常用来作体育场的看台挑篷、火车站和航空港的月台雨篷、影剧院和体育倾覆措施等。

2. 悬挑结构的形式

悬挑结构有多种形式。当悬挑长度不大时,可采用梁板结构;当悬挑距离较远时,应选用自重较轻的结构形式,如桁架、折板、薄壳、网架等结构,如图9-33所示。

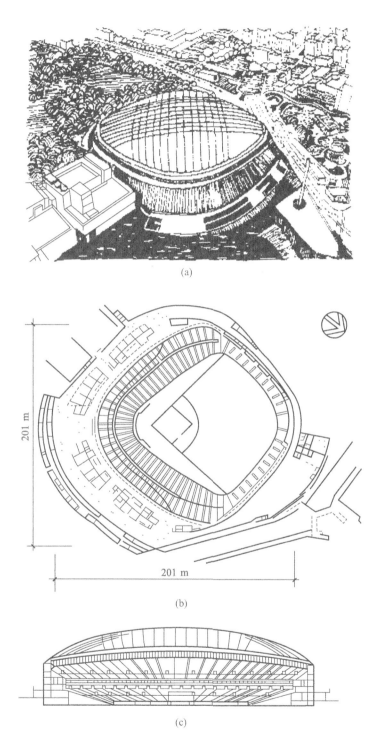

(a)

201 m

201 m

(b)

(c)

图 9-32 充气薄膜结构建筑造型

(a)体育场鸟瞰图；(b)体育场平面图；(c)体育场剖面图

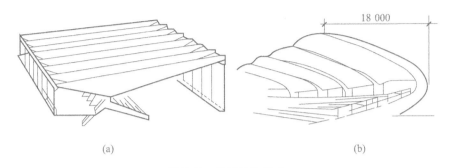

图 9-33 悬挑结构形式

(a)折板悬挑结构;(b)薄壳悬挑结构

3. 悬挑结构的建筑造型

(1) 单面悬挑。

单面悬挑时,建筑物的剖面呈┌形,倾覆力矩大,主要用于体育建筑和演出性建筑的挑台或雨篷。图 9-34(a)意大利弗拉米尼奥体育场,为单面悬挑结构的建筑造型。该体育场为椭圆形平面,可容纳观众 5 万人,看台由钢筋混凝土刚架支承。有8500 个坐席设在大雨篷下,雨篷由管悬臂的钢架和倾斜钢管支柱作支承。斜柱的位置正好选在雨篷的重心处,使其不增大钢架悬臂的内力。为了减轻雨篷悬臂部分的自重,悬挑在斜柱以外的部分用钢丝网水泥制作,在斜柱以内的部分用钢筋混凝土制作。

(2) 双面悬挑。

双面悬挑时,建筑物的剖面呈 T 形,是对称结构,受力均衡,不产生倾覆力矩,多用于火车站、航空港等交通建筑的月台雨篷,利用悬挑结构张开的双翼停靠飞机、火车、汽车。图 9-34(b)为双面悬挑结构的建筑造型。该站屋顶为钢筋混凝土悬挑结构,向两侧伸展开。每侧可同时停靠三架飞机,为减轻结构自重和增强结构刚度,悬挑屋顶采用钢筋混凝土折板。

(3) 伞状悬挑。

伞状悬挑是在一根承重柱的顶部从四周将悬臂向外伸展开,形状如伞。伞状悬挑结构可以单独使用构成一个单体量的建筑,也可以将若干个伞状悬挑结构联合起来成一大片。伞状悬挑结构的平面形状可为圆形、正方形、正六边形、正八边形等。图 9-34(c)为伞状悬挑结构的建筑造型。该休息廊采用曲尺形平面,由 8 个伞状悬挑结构组成,外形轻巧活泼。

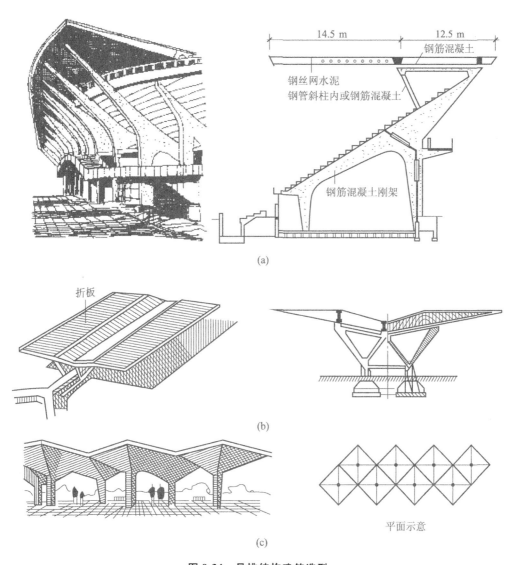

14.5 m 12.5 m
钢筋混凝土
钢丝网水泥
钢管斜柱内或钢筋混凝土
钢筋混凝土刚架

(a)

折板

(b)

平面示意

(c)

图 9-34 悬挑结构建筑造型

(a)单面悬挑;(b)双面悬挑;(c)伞状悬挑

9.2 大跨度建筑的屋顶构造

9.2.1 设计要求与构造组成

1. 设计要求

大跨度建筑的屋顶设计和其他屋顶一样都要求防水、保温、隔热,但大跨度建筑大多数为大型公共建筑,使用年限长,屋顶应具有更好的防水、保温、隔热性能,而且作为人群大量聚集场所,防火安全要求更高,屋顶应有足够的耐火极限,以保证在发生火灾时能安全疏散人群。同时,应减轻屋顶自重,选用轻质、高强和耐久的材料和构造做法。

在这类公共建筑中,屋顶的造型要求更高,所以应从屋顶形式、色彩、质感和细部处理等方面加以周密的考虑。另外,大跨度建筑的规模宏大,施工周期长,屋顶设计应为加快施工速度创造条件,贯彻标准化、定型化的设计原则。总之,大跨度建筑的屋顶设计应综合考虑建筑防水、建筑热工、材料选择、构造做法、建筑施工、建筑防火、建筑艺术等因素的影响,尽可能做到适用、安全、经济、美观。

2. 构造组成

大跨度建筑的屋顶由承重结构、屋面基层、保温隔热层、屋面面层等组成。承重结构的类型已在本章第一节中论述。屋面基层分为有檩方案和无檩方案,前者是在屋顶承重结构上先搁檩条,然后在檩条上再搁格栅和屋面板,如图 9-35(a)所示;后者则是在屋顶承重结构上直接搁屋面板而无檩条,如图 9-35(b)所示。屋顶保温隔热层根据具体工程设计进行处理,可设在屋面板上,或悬挂于格栅之下,或置于吊顶棚之上。屋面面层有卷材面层、涂料面层、金属瓦面层、彩色压型钢板面层等。

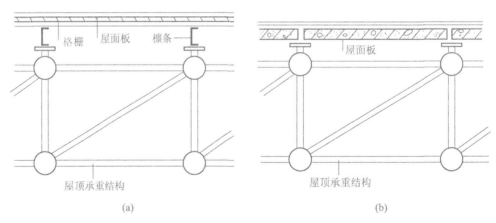

图 9-35 屋顶构造组成
(a)有檩屋顶;(b)无檩屋顶

当采用薄壳结构、折板结构作为屋顶承重结构时,不需要设屋面板。采用充气薄膜结构和帐篷薄膜结构作为屋顶时,不需要另设屋面基层和防水面层,因为这类结构具有承重、围护、防水等多重功能。

9.2.2 橡胶卷材防水屋面

1. 橡胶卷材防水屋面的优缺点和适用范围

卷材分为两大类,即油毡卷材和橡胶卷材。油毡卷材价格便宜,但质量较差,使用年限短,多用于大量性建筑。橡胶卷材是 20 世纪 70 至 80 年代才发展起来的新产品,使用年限长,但成本较高,多用于质量要求较高的建筑,如大型公共建筑、高层建筑等。这里着重介绍橡胶卷材防水屋面。

橡胶卷材品种较多,其中三元乙丙橡胶卷材质量较好,应用较广。这种屋面的主要优点是:耐气候性好,在 $-40\sim80$ ℃范围内不会像油毡屋面那样出现在低温状态下冷脆开裂和高温状态下沥青流淌等质量事故。其抗拉强度超过 7.5 MPa,延伸率在 450% 以上。因此,屋面基层即使出现微小变形,三元乙丙橡胶卷材屋面也不致被拉裂,而且这种屋面只需铺一层就能达到防水要求,并且是在常温状态下施工,比油毡屋面的施工简单。当然,这种屋面造价偏高,比油毡屋面高出 4～5 倍的费用,目前还不能在大量性建筑中推广应用。

但这种屋面的使用年限较长,一般在 30 年以上,而油毡屋面的平均使用年限为 5 年。因此,从综合效益上看,采用橡胶卷材屋面还是合算的。

2. 橡胶卷材防水屋面的构造

三元乙丙橡胶卷材防水屋面的构造做法比较简单,对屋面基层要求与油毡屋面相同。橡胶卷材宽 1 m,长 20 m,一般用 CX404 胶作胶黏剂,需在基层和卷材的背面同时涂胶。卷材拼接处搭接宽度至少 100 mm,并用硫化性丁基橡胶作胶黏剂。橡胶卷材防水屋面的保护层可采用银色着色剂,其反射阳光的性能好,可防止橡胶卷材过早老化。

图 9-36 为北京国际俱乐部的屋面构造详图。该俱乐部建于 20 世纪 70 年代,当时采用油毡卷材防水屋面,因质量差造成漏水,20 世纪 80 年代改成三元乙丙橡胶卷材防水屋面,屋顶承重结构为平板网架,基层为加气混凝土屋面板,卷材防水层表面涂银色着色剂保护层。

9.2.3　涂膜防水屋面

1. 涂膜防水屋面的优缺点和适用范围

涂膜防水屋面的基本原理是以防水涂料涂于屋面基层,在其表面形成一层不透水的薄膜,以达到屋面防水的目的。这种屋面的主要优点是常温状态下施工,操作简便;可以在任意的曲面和任何复杂形状的屋顶表面进行涂布;不会出现油毡屋面低温脆裂、高温流淌等弊病;使用寿命较长,在 10 年左右;屋面自重轻,每平方米仅 30 N 左右。

在大跨度建筑中,涂膜防水屋面可用于钢筋混凝土薄壳屋顶、拱屋顶,以及用钢筋混凝土屋面板做基层的其他结构形式的屋顶。

2. 涂膜防水屋面的材料

我国常用的屋面防水涂料有溶剂型和水乳型,如再生橡胶沥青涂料、石棉乳化沥

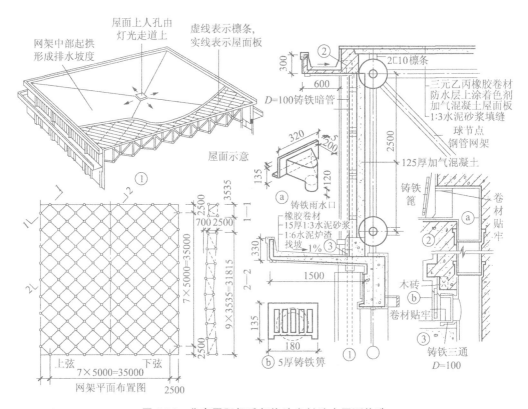

图 9-36 北京国际俱乐部橡胶卷材防水屋面构造

青涂料、氯丁胶乳沥青涂料、聚氨酯涂料、氯磺化聚乙烯涂料等。其中,再生橡胶沥青涂料、氯丁胶乳沥青涂料的产量较大,使用较广。这些涂料中大部分需用一层或数层玻璃丝布做增强材料,涂刷数次待涂料成膜后便形成屋面防水层。但也有些防水涂料加玻璃丝布后,反而降低了防水层的抗裂性能,如聚氨酯防水涂料。这种涂料的一个突出优点是在低温状态下的延伸率大大高于其他防水涂料,而玻璃丝布的低温抗裂性能却很差,若在防水层中夹入玻璃丝布,不但不能充分发挥聚氨酯防水涂料的这一优势,反而会降低涂膜的抗裂性,使屋面开裂漏水。

3. 铺有玻璃丝布的涂膜防水屋面的构造

对于抗拉强度和延伸率不太高的防水涂料,需要在涂膜中加铺玻璃丝布,以提高防水层的抗裂性。这类涂料有再生橡胶沥青涂料、氯丁胶乳沥青涂料、氯磺化聚乙烯涂料等。其构造要点如下。

(1)基层处理。

基层的质量好坏对防水层的耐久性影响很大,在强度低、凹凸不平的基层上涂刷防水涂料和铺贴玻璃丝布容易造成折皱、起鼓现象,还会多费材料,故必须对基层进行严格处理。当基层为现浇混凝土整体屋面板时,其表面很平整,可不必做找平层;

若有局部凹凸不平时,可用聚合物水泥砂浆局部补平后再做防水层。

当基层为预制混凝土屋面板时,必须用 1∶2.5(或 1∶3)水泥砂浆做找平层,厚度不小于 20 mm,且阴角部位应做光滑的圆弧或八字坡。凡屋面基层容易开裂的部位,如屋脊、预制屋面板端缝处,应在找平层中预留分格缝,用防水油膏嵌缝,并在其上表铺一条玻璃丝布做加强层。

(2) 防水层。

防水层的厚度和玻璃丝布层数应根据工程的重要性、防水涂料性能、防水层所处的具体部位等因素确定。一般来说,玻璃丝布层数越多,涂层越厚,抵抗基层裂缝的能力越强,但也同时增加了玻璃丝布的接头数目,容易出现布头张"嘴"、粘贴不牢的现象。

屋面防水层的做法通常有一布三涂、二布四涂、二布六涂等几种,容易漏水的特殊部位应增加玻璃丝布层数,如阴阳角、天沟、雨水口、泛水、贯穿屋面的设备管道的根部等部位都应附加 1~2 层玻璃丝布。

为了保证屋面排水顺畅,屋面坡度不应小于 3%,但也不宜大于 25%,以免玻璃丝布滑移起褶皱。

(3) 保护层。

不上人的屋面,保护层一般以同类的防水涂料为基料,加入适量的颜色或银粉作为着色保护涂料。也可以在铺好防水涂料趁未干之前均匀撒上细黄砂、石英砂或云母粉之类的材料做保护层。

上人屋面的保护层应按地面来设计。根据具体使用功能,保护层可铺地砖或混凝土板等。

4. 不铺玻璃丝布的涂膜防水屋面的构造

抗拉强度和延伸率大的防水涂料不宜用玻璃丝布做加强层,如聚氨酯防水涂膜屋面即属于这类屋面。

聚氨酯涂膜防水屋面比其他涂膜防水屋面的弹性好、抗裂性强,由于不加铺玻璃丝布,在形状复杂的屋面上施工非常方便,尤其是防水的收头处容易达到封闭严密,不会发生张嘴现象。这种屋面的造价比其他涂膜防水屋面偏高一些,但从综合效果看还是比较好的。

这种屋面对基层和保护层的构造要点与其他涂膜防水屋面相同,防水层的做法要求则不同。

聚氨酯防水涂料分为甲、乙两种涂料,施工时按 1∶1.5(甲质量∶乙质量)比例配合搅拌均匀,用塑料或橡皮刮板分作两层进行涂刮。第二层应在第一层涂膜固化 24 h 后进行。防水层厚度以 1.5 mm 左右为宜,每平方米的涂量为 1.5 kg。

不铺玻璃丝布的涂膜防水屋面要注意以下几个方面。

（1）泛水。

凡与屋面相贯的墙体、管道等均须将防水层延伸铺到墙上或管道四周的根部。泛水高度一般为 200～300 mm。为了使玻璃丝布贴得牢固，凡阴角处都要用水泥砂浆抹成圆弧形或八字坡。泛水的收头不必像油毡屋面那样加以固定，因涂膜防水层的黏结力强，收头处不容易张嘴脱落。

（2）水落口。

水落口周围的基层应呈杯形凹坑，使积水易排入雨水口中。玻璃丝布应剪成莲花瓣形，交错密实地贴进杯口下部的雨水套管中至少 80 cm。

（3）挑檐口。

挑檐口处应做好防水层的收头处理，因为在大风时檐口首当其冲，收头处的防水层容易被风掀开。

（4）变形缝。

横向变形缝处下部结构应设双墙或双柱，屋面板之间的间隙 20～30 mm，变形缝两侧的泛水涂于高度不低于 200 mm 的附加墙上。高低跨变形缝两侧也应设双墙或双柱，变形缝间隙大小按沉降缝或抗震缝的有关规定确定，低跨一侧的泛水涂于附加墙上。

9.2.4 金属瓦屋面

金属瓦屋面是用镀锌铁皮瓦或铝合金瓦做防水层的一种屋面。最早的金属瓦屋面是 18 世纪国外出现的瓦楞铁屋面，随后传入我国。瓦楞铁屋面的防腐蚀性能差，维修工作量大，故未能广泛应用。直到 20 世纪 30 年代发明了镀锌法后，金属瓦屋面的防腐蚀问题才得到解决。我国在 20 世纪 60 至 70 年代修建的一批大型公共建筑中采用了镀锌铁皮瓦屋面和铝合金瓦屋面。

1. 金属瓦屋面的优缺点和适用范围

金属瓦屋面的主要优点是：屋面自重轻，每平方米仅 100 N，有利于减轻大跨度建筑的屋顶荷载；屋面防水性能好，据有关资料统计表明，其使用年限可达 30 年以上。缺点是：瓦材拼缝多，费工费时，造价偏高。但用于大型公共建筑，特别是大跨度建筑，其综合效益会明显优于其他屋面。

2. 金属瓦屋面的构造

金属瓦的厚度很薄（厚度在 1 mm 以下），铺设这样薄的瓦材必须用钉子将其固定在望板上，望板则支承在檩条上。为了防止雨水渗漏，瓦材下面宜干铺一层油毡。瓦材表面须进行防腐蚀处理，先涂防锈漆，再涂罩面漆或涂料。

3. 金属瓦屋面的划分

为了便于施工，按图剪裁和安装金属瓦，在施工图设计阶段，应绘出金属瓦屋面划分图。图上应反映出瓦材的大小和形状、竖缝和横缝的位置、屋脊和天沟的位置等。在屋顶的同一坡面,瓦材的大小应适当。一般来说,尺寸越大,接缝越少,安装速度快;反之,接缝增多,施工慢。但太大的瓦材,运输和安装都不方便。通常瓦材的最大尺寸不宜超过 2 m。金属瓦屋面的划分如图 9-37 所示。

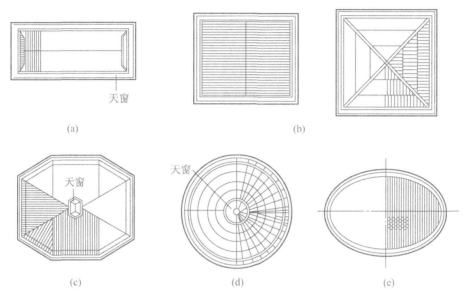

(a)　　　　　　　　　　　　　　　　　　　(b)

(c)　　　　　　　　(d)　　　　　　　　(e)

图 9-37　金属瓦屋面的划分

(a)矩形屋面;(b)方形屋面;(c)多边形屋面;(d)圆形屋面;(e)椭圆形屋面

4. 金属瓦的拼缝形式

金属瓦与金属瓦间的拼缝连接方式通常采取相互交搭卷折成咬口缝,以避免雨水从缝中渗漏。平行于屋面水流方向的竖缝宜做成立咬口缝,如图 9-38(a)、(b)、(c)所示。但上、下两排瓦的竖缝应彼此错开,垂直于屋面水流方向的横缝应采用平咬口缝,如图 9-38(e)、(f)所示。平咬口缝又分为单平咬口缝和双平咬口缝,后者的防水效果优于前者。当屋面坡度小于或等于 30％时,应采取双平咬口缝;大于 30％时,可采用单平咬口缝。为了使立咬口缝能竖直起来,应先在望板上钉铁支脚,然后将金属瓦的边折卷固定在铁支脚上,如图 9-38(d)所示。采用铝合金瓦时,支脚和螺钉均应改用铝制品,以免产生电化腐蚀。

所有的金属瓦必须相互连通导电,并与避雷针或避雷带连接。

5. 特殊部位的构造

金属瓦屋面的特殊部位,如泛水、天沟、斜沟、檐口、水落口等,应尽量做到不渗漏雨水,金属瓦转折处应尽量采用折叠成型,力求减少剪开。

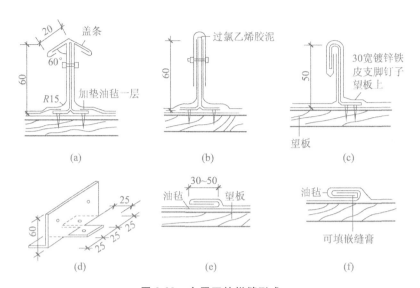

图 9-38 金属瓦的拼缝形式
(a)立咬口缝(一);(b)立咬口缝(二);(c)立咬口缝(三);
(d)支脚;(e)单平咬口缝;(f)双平咬口缝

(1) 泛水。

凡瓦材与突出屋面的墙体相接处,应将瓦材向上弯起,收头处用钉子钉在预埋木砖上。木砖位于立墙的槽口内,用嵌缝油膏将槽口封严。泛水高度 150~200 mm。

(2) 天沟与斜沟。

天沟与斜沟内的金属瓦材接缝、天沟(或斜沟)瓦材与坡面瓦材的接缝,均宜采用双平咬口缝,并用油灰或嵌缝油膏嵌封严密。

(3) 檐口。

无组织排水的屋面,檐口瓦材应挑出墙面约 200 mm,檐口瓦材折卷在 T 形铁上(T 形铁间距不大于 700 mm,可参考涂膜防水屋面檐口构造)。

(4) 水落口。

水落口处应将金属瓦向下弯折,铺入水落口的套管中。

6. 金属瓦屋面构造实例

金属瓦屋面构造实例如图 9-39 所示的浙江体育馆。该体育馆为椭圆形平面,长轴 80 m,短轴 60 m,可容纳观众 5000 人。屋顶采用鞍形悬索结构,屋面为镀锌铁皮瓦屋面。先在悬索上安放木格栅,然后在格栅上依次铺木望板、油毡、镀锌钢板瓦。木丝板吊顶悬于悬索下面,玻璃丝棉保温搁置在木丝板吊顶上。

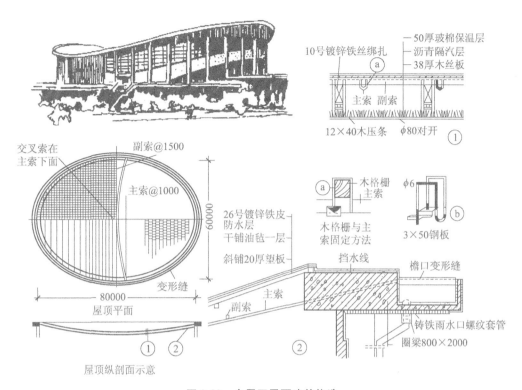

图 9-39 金属瓦屋面建筑构造

9.2.5 彩色压型钢板屋面

20 世纪 30 年代,随着连续镀锌法的发明,特别是美国成功地在金属板表面采用涂料层压法后,研制出一种防腐蚀性很高的金属板材——彩色压型钢板(简称彩板)。彩板问世后很快便传播到欧洲、日本等世界各地,广泛用于船舶、车辆、家电产品,而最多的则是用于建筑工业,用来制作墙板、屋面板、各种饰面板。现在我国已能生产多种规格的彩板,并大量使用。

1. 彩板屋面的优缺点和适用范围

彩板屋面具有下列突出优点。

(1) 轻质高强。单层彩板的自重仅 $50\sim100\ N/m^2$,保温夹芯彩板的自重也只有 $100\sim120\ N/m^2$,比起传统的钢筋混凝土屋面板轻得多,对减轻建筑物自重,尤其是减轻大跨度建筑屋顶的自重具有重要意义。

(2) 施工安装方便、速度快。彩板的连接主要采用螺栓连接,不受季节气候影响,在寒冷气候下施工有优越性。

(3) 彩板色彩绚丽,质感强,大大增强了建筑造型的艺术效果。

彩板用于建筑的时间还较短,产品的质量有待于进一步改进。彩板屋面的造价较高,这是影响它推广的原因之一。

彩板屋面特别适合于大跨度建筑和高层建筑,对于减轻建筑物和屋面自重具有明显效果。如果在钢结构建筑中采用彩板做屋面和墙面,不但会进一步减轻建筑物自重,而且可以加快建筑安装速度。在地震区和软土地基上采用彩板做围护结构特别有利。

彩板除用于平直坡面的屋顶外,还可根据建筑造型与结构形式的需要,在曲面屋顶上使用,如拱屋顶、悬索屋顶、薄壳屋顶、曲面网架屋顶等。当在这类屋顶上做彩板屋面时,曲面的最小曲率半径应与彩板的波高相适应(见表9-1)。

表 9-1　彩板波高与曲面屋顶最小曲率半径的关系

波高/mm	<100	100~150	150~175	>175
最小曲率半径/m	100	125	200	250

2. 彩板的品种与规格

彩板以 0.4~1.0 mm 的薄钢板为基料,表面经过镀锌、涂饰面层、辊压成各种凹凸断面的型材。镀锌能增强表面的防腐蚀性,涂饰面涂料则是进一步做防腐蚀处理和使板材获得各种色彩和质感。彩板的质量很大程度上取决于饰面涂料的质量。当采用醇酸类比较廉价的涂料时,彩板的耐久年限为 7~10 年(超过此年限需要进行复涂,可保持其防腐蚀性);当采用聚酯和硅聚酯类中等饰面涂料时,耐久年限可达 12 年以上;当采用聚氟乙烯高级饰面层时,耐久年限达到 20~30 年,若再加一层硅聚酯罩光层可提高至 30~40 年。

彩板根据功能不同分为单层彩板和保温夹芯彩板。根据断面形式,可分为波形板、梯形板和带肋形板。彩板断面形式与部分彩板规格如表 9-2 所示。只要吊装方便,板材可以做得很长(有的国家已做到 70 m 以上),屋面板长度方向没有接头,对防水有利。

表 9-2　彩板断面形式与部分彩板规格

板　型	断　面　形　式	备　注
波形板	〜〜〜〜	第一代产品
梯形板	⋏⋏⋏⋏	
纵向带肋梯形板	⌐⌐⌐	第二代产品
纵横向带肋梯形板	⊓	第三代产品

续表

板 型		断 面 形 式	备 注
单彩板	板型	断面与尺寸	
	波形	1060　　　　1008	
	梯形	570 800 870 1170　　　677 V25–150板　　　V115N板 750　　550　　300 V70–1875板　W550板　S60板 1000	
保温夹芯板材		1000	

3. 彩板屋面的连接与接缝构造

彩板屋面大多将屋面板(指彩色压型钢板,下同)直接支承于檩条上,一般为槽钢、工字钢或轻钢檩条,檩条间距视屋面板型号而定,一般为 1.5~3.0 m。

屋面板的坡度大小与降雨量、板型、接缝方式有关,一般不宜小于 3°。

屋面板与檩条的连接采用各种螺钉、螺栓等紧固件,把屋面板固定在檩条上。螺钉一般钉在屋面板的波峰上。为了不使连接松动,当屋面板波高超过 35 mm 时,屋面板应连接在铁架上,铁架与檩条相连接,如图 9-40(a)所示。连接螺钉必须用不锈钢制造,保证钉孔周围的屋面板不被腐蚀,钉帽均要用带橡胶垫的不锈钢垫圈,防止钉孔处渗水。

屋面板的纵长方向(即水流方向)最好不出现接缝,有时坡面太长,不得不把两块屋面板接起来时,其接头应安排在檩条处,上、下屋面板应彼此重叠搭接起来,并用密封胶条嵌缝。采用一道密封胶条时,其搭接长度不小于 100 mm;采用两道密封胶条时,搭接长度为 200~300 mm,两道胶条相隔一定距离,故搭接长度需加长。两道胶条的接缝防水效果比一道胶条的好。

由于受屋面板宽度的限制(500~1500 mm),压型钢板在宽度方向必然出现连接缝。接缝方法既要考虑防水密封性,又要照顾到安装方便和外表美观。通常有以下几种接缝方法。

(1) 搭接缝。

搭接缝即左右两块屋面板在接缝处重叠起来,搭接宽度为板材一个波的大小。为了防止在搭接缝处出现爬水现象,应用密封胶条堵塞缝隙,如图 9-40(b)所示。缝口应处于主导风向背风面,防止大风掀开缝口。

（2）卡扣缝。

卡扣缝即在左右两块面板之间用特制的不锈钢卡子卡住屋面板,卡子则通过螺钉固定在檩条上(或木基层上),板与板之间的缝隙用薄钢板制的盖条盖住,如图9-40(c)所示。卡扣缝的连接原理是利用薄钢板型材的弹性,使盖条卡紧屋面板,施工安装很方便,螺钉暗藏在屋面板下,没有外露的钉眼,不受雨水的侵蚀,外表整洁美观,不影响板材的热胀冷缩。

（3）卷边缝。

卷边缝是在屋面板横向接缝部位先安装固定屋面板用的卡子,然后将左右两块屋面板的边包卷在卡子上,并相互咬合,如图9-40(d)所示。屋面板的咬合工序可以利用小型拼缝机来完成。卷边缝在屋面板上不需要钻孔,也没有钉眼,防水密封性好,不影响板材的胀缩,外表美观。

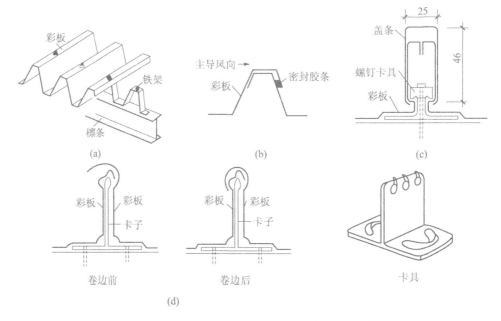

图 9-40　彩板屋面的连接与接缝构造
(a)彩板与檩条的连接;(b)搭接缝;(c)卡扣缝;(d)卷边缝

4. 彩板屋面的细部构造

保温夹芯板屋面的细部构造,包括檐口、屋脊、山墙、板缝连接等部位的标准做法。建筑的主体结构为钢柱、钢梁,外围护结构全部为保温彩板,屋面板和外墙板分别固定在轻钢檩条和轻钢墙龙骨上。所用的螺钉、密封条、密封膏、零配件等均应为配套产品。这种全钢结构的建筑具有轻型、安装方便快捷、保温、造型美观等优点,可用于民用和工农业建筑,如图9-41所示。

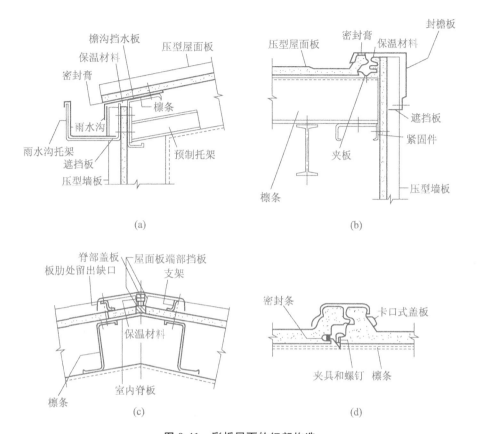

图 9-41　彩板屋面的细部构造

（a）檐口构造；（b）屋面与山墙交接处构造；（c）屋脊构造；（d）横向板缝构造

9.3　大跨度建筑的中庭天窗设计

中庭作为一个宏伟建筑的入口空间、中心庭院，并通常附有遮光顶盖。这种全天候的公共聚集空间，在技术的带动下能够提供现代建筑的环境气息。

9.3.1　中庭的基本形式及设计要求

1. 中庭的基本形式

根据中庭与建筑的相互位置关系，中庭可以采用单向中庭、双向中庭、三向中庭、四向中庭以及环绕建筑的中庭和贯穿建筑的条形中庭等基本形式（见图 9-42），也可以将一种或几种基本形式加以组合，构成多种中庭形态。中庭形式的选用一般根据建筑规模的大小、建筑空间的组合方式、建筑基地的气候条件以及光热环境要求等因素确定。

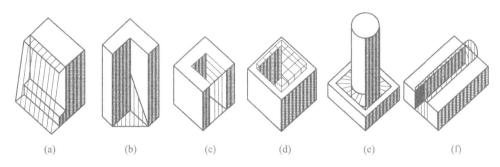

图 9-42 中庭的基本形式

（a）单向中庭，中庭一侧与建筑连接；（b）双向中庭，中庭两侧与建筑连接；
（c）三向中庭，中庭三侧与建筑连接；（d）四向中庭，中庭四面与建筑连接；
（e）环绕中庭，中庭环绕建筑连接；（f）条形中庭，中庭与建筑呈条状贯穿

2. 中庭的设计要求

中庭既是建筑内部有效的联系空间，同时又是室内外环境的缓冲空间，对建筑空间的整体节能、气候控制、自然采光、环境净化等各方面起作用，设计时应注意以下几点。

（1）节能要求。

作为半室内环境的中庭，是人工环境与室外环境之间有效的缓冲空间。在一般情况下，人工环境的舒适度主要依赖于现代建筑技术及新材料的使用。人工环境中应避免依靠消耗非再生能源达到舒适，应充分利用中庭所具有的气候缓冲作用，提倡在少费能源的前提下提高室内环境舒适度。

中庭以庭院的形式减少了夏日的降温负荷，并且可以收集、储存冬日热能。中庭可以用最小的外表面减少内部环境的温度变化要求，减少外墙体的热损耗。在日照时间允许的情况下，可以将中庭设置为有效的太阳能采集器，一方面利用中庭来收集太阳能使空气升温，一方面通过建筑设备进行热量交换。

有顶盖的内部庭院，中庭使建筑平面有一部分空间可以利用顶部采光，解决较大进深平面常有的内部自然采光问题，与相同面积、通过外侧墙采光的建筑相比，减少了外围护结构的面积和热量交换，从而节省了热能。如果全部内向的房间只利用有顶盖的庭院采光，并把庭院的尺度控制在最小范围内，则会降低取暖和照明的能源需要。中庭带来的大进深和开敞式平面，使建筑设计中可以综合运用储能技术，对节能作出新的考虑。

（2）采光要求。

尽量在室内利用自然光照明是节能的要求之一。中庭在大进深布局的建筑平面中起到采光口的作用，使大进深建筑的平面最远处有可能获得足够的自然光线。这一效果的实现依赖于采光方式和透光材料的选择以及适宜的构造技术措施三方面。

作为正常的工作、生活环境,光环境由环境光和工作光两部分混合而成。环境光也称为背景光,一般情况下低于工作光的水平(1/2～2/3 较为理想),但是两者对比也不能太大。在某些工作空间(如电子化的办公室里),由于工作处于半照明状态,背景光变成主导地位,通过中庭获得间接光可以提供较大的舒适度。采光设计可以将自然光与人工采光结合,以取得良好的照明效果。

在利用大窗采光的中庭建筑中,庭院本身的比例——长、宽、高之间的比例关系,决定了庭院光照水平的变化程度。宽敞而低矮的中庭,地面获得的直射光数量多;窄而高的中庭,直射光的数量少。所以,光照不足的地区,中庭应设计得矮些、宽些,以便使底层获得足够的光线。

侧面反射对于中庭内部采光也具有重要的作用,要妥善地安排中庭各个墙面的反光性质。高反光的墙面能使中庭底层地面获得较多的光线,反之只能有极少的光反射到地面。中庭如果全部用玻璃墙或透空的走廊围合时,反射到地面的光线几乎为零,同时挑廊上的绿色布置也会极大地降低光线反射。逻辑上理想的反射模式是中庭内部各层的开窗位置不同,自下而上开窗面逐渐减少,形成一个从全玻璃窗到实墙的反射过渡,不过这样会导致中庭内景观设计的局限性。

(3)气候控制要求。

在不同类型及不同地区的建筑中,中庭可以具备不同的气候调节特性,使建筑物基地气候的影响与中庭的使用相结合。根据不同的设计要求,有采暖中庭、降温中庭和可调温中庭三种不同的处理方式。

① 采暖中庭。适用于常年寒冷气候较长的地区。如北欧国家,冬季严寒,春秋季阴冷,夏季短暂且气候反复无常。在建筑设计中,利用中庭尽量减少照明、制冷所需的耗电量,同时通过良好的绝热或周边能源的收集来降低采暖的耗能,以较低的基本能耗获取建筑使用所需的热量。

采暖中庭应能无阻碍地接受阳光,以使室内外能保持一定的温差。中庭内墙和地面应具备贮热能力,尤其是内墙面宜采用浅色调,使昼光反射热能而不是吸收热量,减缓有阳光直射时中庭周围房间内热量的聚集,并且在短暂的多云天气里,中庭内与外的正温差可以使热量由中庭向周围房间散发,从而使建筑使用空间的温差波动减缓到最小。中庭的围护结构(即内墙与外壳)应具有较高的绝热性能,以减缓热量的传递。

② 降温中庭。使用于建筑内部要求保持不受高温、高湿以及强烈日晒影响的情况下。中庭对于建筑的室内使用空间起着空气的冷却和除湿的缓冲作用,通过中庭形成强制送、回风系统,为内部使用空间供应冷空气,同时通过夜间对内部空间及围护结构的冷却来减缓白天的热量积聚。

在降温的中庭中,一般应避免阳光对中庭的直射,避免东、西向开窗,在天空亮度充足的情况下,可以利用全遮阳、有色玻璃、篷布结构等处理方式避免无阻拦的直接昼光。降温中庭对于外围护结构的绝热性能要求不高,主要通过通风组织、遮阳和反射等方式进行防热处理。由于在炎热地区需避免昼光直射,顶部采光要求不高,中庭的较大屋顶面为利用太阳能装置提供了有利条件。

③ 可调温中庭。在冬季起着采暖中庭的作用,夏季又要防止中庭内阳光直射带来的热量积聚,在不同季节分别具有采暖与降温的特性。

可调温中庭在设计中可以针对气候控制的可变性,按照气候与日照特点设置符合气候变化的、固定的或可操控的遮阳装置,如遮阳板、遮阳帘、遮阳百叶等,以改变建筑围护结构的隔热性能。例如:在冬天太阳高度角较小,夏季则太阳高度角较大,可以在设计中有计划地遮挡高角度较大的阳光,同时不影响冬季的基本日照需求。在不同的控制要求下,还可以通过对通风系统的操纵改变冬、夏季的气候控制特点。

在计算机辅助建筑设计中,有一些计算程序已经可以对一般传统尺度空间建立起有效的计算模型,以取得设计中各种参考因素的计算数值。随着计算机技术的发展,将会有完整的有关中庭热效能计算的模型来辅助建筑设计。

9.3.2　中庭的消防安全设计

中庭在火灾发生的情况下具有自身的特点:一方面,由于面向中庭的房间大多数都具有开启面,通过中庭串联的房间组成了一个天然无阻挡的空间,从而增加了火灾扩散的危险性,中庭的烟囱效应会使火焰及烟雾更容易向高处蔓延,增加高处楼层扩散火灾的速度;另一方面,在安装了探测器和火控、烟控系统以后,中庭建筑能够有比较高的可见度和清晰的疏散通道,可以方便地发现和接近火源。美国国家消防协会认为,中庭空间具有巨大的空气体积,具有冷却火焰、稀释烟雾的非负面影响。所以,中庭的防灾性能具有两面性。因此,在中庭的设计中,必须对中庭进行严格的消防安全设计,设置合理的防火分区、疏散通道及防排烟设施。

1. 中庭的防火分区

中庭建筑的防火分区不能只按中庭空间的水平投影面积计算。在一些大型公共建筑物中,由于采光顶所形成的共享空间是贯穿全楼或多层楼层的,通常情况下,围绕中庭的建筑各层均有部分甚至全部面向中庭开敞,在无防火隔离措施的情况下,贯通的全部空间应作为一个区域对待。由此可能导致区域范围过大,超过规范允许面积值,即使符合分区要求,也有可能因此提高设备的使用要求而增加相应的造价,因此应合理地计划防火分区。

根据中庭周围使用空间与中庭空间的联系情况,中庭有开敞式、屏蔽式及混合式等不同类型。在中庭周围大量使用空间全开敞的情况下,可以沿中庭回廊与使用空间之间设置防火卷帘和防火门窗,将楼层受中庭火势影响的空间控制在较小范围。

我国《高层民用建筑设计防火规范(2005 年版)》(GB 50045—1995)对高层建筑中庭的防火分区作了如下的规定:中庭防火分区面积应按上、下层连通的面积叠加计算,当超过一个防火分区时,应采取以下防火措施。

（1）房间与中庭回廊相通的门窗应设自动关闭的乙级防火门窗。

（2）与中庭相通的过厅通道,应设乙级防火门或耐火极限大于 3 h 的防火卷帘门分隔。

（3）中庭每层回廊应设有自动灭火系统。

（4）中庭每层回廊应设火灾自动报警设备。

2. 中庭的防排烟

在火灾情况下喷淋设备的作用是有限的。一般情况下,喷头之间最大允许防火范围的直径为 3 m 左右,而喷淋使烟尘与清洁空气更快混合会加速空气的污染,因此必须使中庭空间能有效地排烟。中庭的排烟分为自然排烟和机械排烟两种方式。

（1）自然排烟。

不依靠设备,通过中庭上部开启窗口的自然通风方式排烟。

（2）机械排烟。

利用设备对建筑内部加压的方式使烟气排出室外。可以从中庭上部排烟或将烟通过中庭侧面的房间排出。

① 在紧急情况下,当中庭内部不加压时,对安全楼层和有火源的楼层同时加压,烟气可以从中庭的上部排除,这时应保证火情在可控制的范围内,并且没有沿中庭蔓延的危险性,如图 9-43(a)所示。

② 在紧急情况下,通过对安全楼层加压使烟气不能进入,这时当中庭可以封闭并且同时对中庭加压,使烟气从危险楼层直接向外部排出,如图 9-43(b)所示。

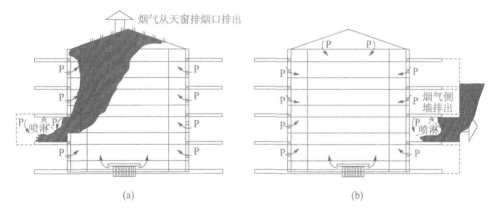

图 9-43　中庭排烟

(a)从中庭上部排烟;(b)从中庭侧面排烟

我国现行《高层民用建筑设计防火规范(2005 年版)》(GB 50045—1995)对高层建筑中庭的防排烟规定如下:

a. 净空高度小于 12 m 的室内中庭可采用自然排烟措施,其可开启的平开窗或高侧窗的面积不小于中庭面积的 5%;

b. 不具备自然排烟条件及净空高度超过 12 m 的室内中庭设置机械排烟设施。

③ 中庭建筑的防火疏散应考虑大量人流的使用特性。在紧急情况下,人们习惯于选择熟悉的通道,虽然自动扶梯和电梯在公共建筑中起着日常输送大量人流的作用,但在火灾情况下,它们的控制系统受热极易损坏,同时电梯井将会成为烟道,而自动扶梯的单向运行给大股人流的反向疏散带来危险,因此应将疏散楼梯与熟悉的日常使用通道毗邻并设置明显的标志引导人流。

中庭周围的人流疏散路线可以有不同形式的选择。一般情况下疏散路线均可以与中庭完全分开。当整个中庭是一个非燃烧结构,内部没有火源,并且可以对整个中庭内部加压时,可以将紧急情况下的疏散路线与中庭日常流通路线部分或全部混合。疏散通道需采用有效的保护措施,以避免烟和热辐射的影响,输送距离应符合建筑防火规范的相关规定。

9.3.3　中庭的天窗构造

中庭的围护方式与结构形式以及采光方式有关。根据造型要求,中庭的围护方式常采用以下几种。

(1) 在框架结构以及采用金属骨架的建筑中,中庭可以采用大面积垂直的玻璃墙面,也可以采用水平方向或带有一定坡度的采光屋顶。透光材料可以采用透明或半透明的玻璃、塑料以及其他复合材料。

(2) 中庭围护结构有时也可以采用织物篷幕结构、充气结构与张拉结构。在较强的天空亮度下,半透明性的织物可以使中庭产生少量的扩散光。织物具有良好的反射性能,例如:白色界面的织物白天可以反射掉约 70% 的日光热量,具有整体建筑节能的特点,同时夜间照明比较经济。在织物围护的中庭中,应避免弧面的声反射聚焦给室内使用带来的影响,在造型设计和构造处理中减少不良的声学效果。

在中庭采光处理中,最常用的是金属骨架玻璃采光天窗的方式,以下从材料、形式和构造三方面加以介绍。

1. 材料的选择

采光天窗主要由骨架、透光材料、连接件、胶结密封材料组成,其中,骨架与连接件通常采用型钢或铝合金型材,其材料性能与幕墙金属骨架性能相近,胶结密封材料与幕墙所用材料基本相同。这里主要介绍透光材料。

天窗透光材料的选择首先应满足安全要求,并且要具有较好的透光性和耐久性;为保证中庭空间具有较好的热稳定性,在室内外环境条件差异较大的地区,可以选择具有良好热工性能的天窗透光材料。在需要防眩光处理的天窗中,也可以选择具有漫反射功能的透光材料来避免眩光的产生。

天窗处于中庭上空,当重物撞击或冰雹袭击天窗时,为防止玻璃破碎后落下砸伤人,天窗玻璃要有足够的抗冲击性能。各个国家制定建筑规范时,对此都有严格的限制,要求选择不易碎裂或碎裂后不会脱落的玻璃,常用的有以下几种。

(1) 夹层安全玻璃。

夹层安全玻璃也称为夹胶玻璃。这种玻璃由两片或两片以上的平板玻璃,用聚乙烯塑料黏合在一起制成。其强度大大胜过老式的夹丝玻璃,而且被击碎后能借助于中间塑料层的黏合作用,仅产生辐射状的裂纹而不会脱落。这种玻璃有净白和茶色等多种颜色,透光系数为 28%~55%。

(2) 丙烯酸酯有机玻璃。

丙烯酸酯有机玻璃最初是用于军用飞机的座舱,可采用热压成型或压延工艺制成弯形、拱形或方锥形等标准单元的采光罩,然后再拼装成外观华丽、形式多样的大面积玻璃顶,其刚度非常好,具有较高的抗冲击性能,且透光率可高达 91% 以上,水密性和气密性均很好,安装维修方便。早期的丙烯酸酯有机玻璃是净白的,现在已能生产乳白色、灰色、茶色等多种有机玻璃,这对消除眩光十分有利。染色的和具有反射性能的有机玻璃有利于控制太阳热的传入,隔热性能较好。

(3) 聚碳酸酯有机玻璃。

这是一种坚韧的热塑性塑料,又称透明塑料片,具有很高的抗冲击强度(约为玻璃的 250 倍)和很高的软化点,同时具有与玻璃相似的透光性能,透光率通常在 82%~89%,保温性能优于玻璃,但是耐磨性较差,时间久了易老化变黄,从而影响性能。

(4) 其他玻璃。

① 镜面反射隔热玻璃。经热处理、真空沉积或化学方法,使玻璃的一面形成一层具有不同颜色的金属膜,有金、银、蓝、灰、茶等各种颜色,它能像镜子一样,具有将入射光反射出去的能力。普通玻璃透过太阳的可见光高达 78%,而同样厚度的镜面反射玻璃仅能透过 26%,所以这种玻璃的隔热性能很好。这种玻璃也能像普通玻璃一样透视,不会影响从室内向外眺望景色。

② 镜面中空隔热玻璃。镜面隔热玻璃虽有较好的隔热性能,但它的导热系数仍和普通玻璃一样。为了提高其保暖性,可将镜面玻璃与普通玻璃共同组成带空气层的中空隔热玻璃,透过的阳光可降到 10% 左右,这种镜面中空隔热玻璃的保温和隔热性能均比其他玻璃好。

③ 双层有机玻璃。由丙烯酸酯有机玻璃挤压成型,纵向有加劲肋,肋间形成孔洞。这种双层中空的有机玻璃的保温性能好,强度比单层有机玻璃高。

④ 双层玻璃钢复合板。将两层玻璃钢熔合在蜂窝状铝芯上构成中空的玻璃钢板材,具有保温性好、强度高、半透明的优良性能。

2. 中庭天窗形式

按进光的形式不同,天窗形式可以分为两大类:一类是光线从顶部来的天窗,通常称为玻璃顶;另一类是光线从侧面来的天窗。地处温带气候或常年阴天较多的地区最好选用玻璃顶,它的透光率高,比侧向进光的天窗透光率至少高出五倍以上,所以在阴天多和不太炎热的地区选用这类天窗,既可使中庭获得足够的自然光,又不致造成室内过热现象,光环境和热环境都容易满足要求。但是如果在炎热地区选用玻璃顶,大量直射阳光进入中庭内,容易造成过热现象,所以在炎热地区以选用侧向进光天窗为宜。

天窗的具体形式应根据中庭的规模大小、中庭的屋顶结构形式、建筑造型要求等因素确定。常见的有以下几种天窗形式。

（1）棱锥形天窗。

棱锥形天窗有方锥形、六角锥形、八角锥形等多种形式,如图 9-44 所示。尺寸不大(2 m 以内)的棱锥形天窗,可用有机玻璃热压成采光罩。这种采光罩为生产厂家生产的定型产品,也可按设计要求定制。它具有很好的刚度和强度,不需要金属骨架,外形光洁美观,透光率高,可以单个使用,也可以将若干个采光罩安装在井式梁上组成大片玻璃顶,构造简单,施工安装方便。

当中庭采用角锥体系平板网架做屋顶承重结构时,可利用网架的倾斜腹杆做支架,构成棱锥式玻璃顶。

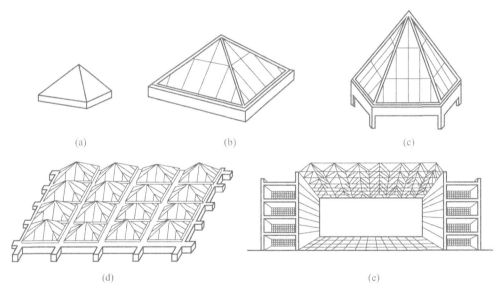

（a）　　　　　　　　（b）　　　　　　　　（c）

（d）　　　　　　　　　　　　　（e）

图 9-44　中庭棱锥形天窗
（a）方锥形采光罩；（b）方锥形玻璃顶；（c）多角锥形玻璃顶；
（d）成片锥形玻璃顶；（e）角锥体平板网架构成的玻璃顶

（2）斜坡式天窗。

斜坡式天窗分为单坡、双坡、多坡等形式。玻璃面的坡度一般为 $15°\sim30°$,每一坡面的长度不宜过大,一般控制在 15 m 以内,用钢或铝合金作天窗骨架,如图 9-45所示。

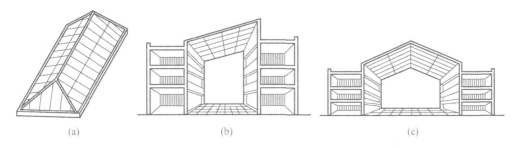

图 9-45 中庭斜坡式天窗

(a)斜坡式玻璃顶;(b)单坡式玻璃顶;(c)双坡式玻璃顶

（3）拱形天窗。

拱形天窗的外轮廓一般为半圆形,用金属型材做拱骨架,根据中庭空间的尺度大小和屋顶结构形式,可布置成单拱,或几个拱并列布置成连续拱。透光部分一般采用有机玻璃或玻璃钢,也可以用拱形有机玻璃采光罩组成大片玻璃顶,如图 9-46 所示。

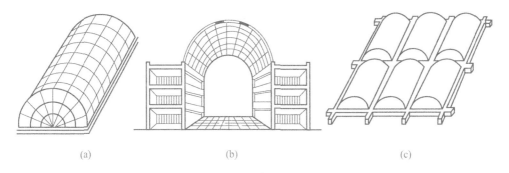

图 9-46 中庭拱形天窗

(a)拱形玻璃顶;(b)单拱形玻璃顶;(c)成片拱形采光罩

（4）圆穹形天窗。

圆穹形天窗具有独特的艺术效果。天窗直径根据中庭的使用功能和空间大小确定,天窗曲面可为球形面或抛物形曲面,天窗矢高视空间造型效果和结构要求而定。直径较大的穹形天窗应用金属做成穹形骨架,在骨架上镶嵌玻璃。必要时可在天窗顶部留一圆孔作为通气口。

如果中庭平面为方形或矩形等较规整的形状,可以采用穹形采光罩构成成片的玻璃顶。采光罩用有机玻璃热压成形。穹形采光罩也可以单个使用,有方底穹形采光罩和圆底穹形采光罩。穹形天窗的各种形式如图 9-47(a)所示。

（5）锯齿形天窗。

炎热地区的中庭可以采用锯齿形天窗,每一锯齿形由一倾斜的不透光的屋面和一竖直的或倾斜的玻璃组成,如图 9-47(b)所示。当屋面朝阳布置玻璃背阳布置时,可以避免阳光射进中庭。由于屋面是倾斜的,射向屋面的阳光将穿过玻璃反射到室内斜天棚表面,再由天棚反射到中庭底部。可见采用锯齿形天窗既可避免阳光直射,又能提高中庭的照度。倾斜玻璃比竖直玻璃面的采光效率高,所以在高纬度地区宜采用斜玻璃;而在低纬度地区有可能从斜玻璃面射进阳光时,宜改成竖直的玻璃面。

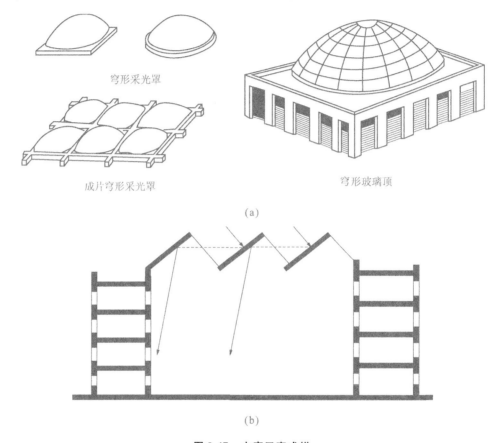

穹形采光罩

成片穹形采光罩

穹形玻璃顶

(a)

(b)

图 9-47　中庭天窗式样

(a)中庭圆穹形天窗;(b)中庭锯齿形天窗

(6)其他形式的天窗。

以上五种天窗是中庭天窗的基本形式。在工程设计中,还可结合具体的平面空间和不同的结构形式,在基本形式的基础上演变和创造,如图 9-48 所示。

3. 中庭天窗的构造

(1)天窗应具有良好的安全性能。

各构件应有足够的强度,并保证连接牢固可靠,能抵抗风荷载、雨雪荷载、地震荷载以及自重等。

(2)防止天窗冷凝水对室内的影响。

当室内外存在较大的温差时,玻璃表面遇冷会产生凝结水,即所谓结露现象。要妥善设置排水的沟槽,防止冷凝水滴落到中庭地面,造成不良影响。解决这一问题,

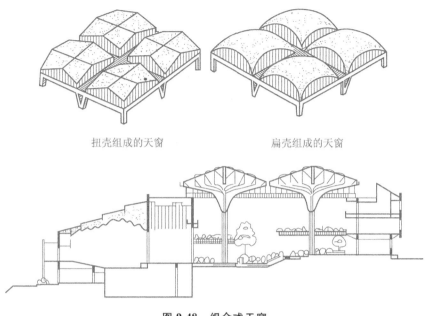

扭壳组成的天窗　　　　　　　扁壳组成的天窗

图 9-48　组合式天窗

可以选择中空隔热玻璃等热工性能好的透光材料,条件许可时,可以在采光顶的周围加暖水管或吹热风提高采光顶的内侧表面温度,使玻璃的表面温度保持在结露点之上。

构造处理:专门设置排水槽排冷凝水,排水槽要保证必要的排水坡度。采用这种方法,应注意在纵横两个方向均设排水槽,但是排水路径不能过长,以免冷凝水聚集过多而滴落。

(3) 良好的防水性能。

中庭天窗常常是成片布置,玻璃顶要有足够的排水坡度,排水路线要短捷、畅通。

(4) 防眩光。

天窗作为顶部采光方式,容易因阳光直射入内而形成眩光,给使用带来极大的不便。为防治眩光,一方面可以采用具有漫反射性能的透光材料,如磨砂玻璃等;另一方面可以在透光材料下加设由塑料或有机玻璃制作的管状或片状材料构成的折光板,也可以设置金属折光片。

(5) 满足安全防护要求。

当高层建筑的中庭采用玻璃屋顶、承重构件采用金属构件时,应设自动灭火设备保护或喷涂防火材料,中庭顶棚应设有烟感探测器,并应符合中庭排烟设计的要求。中庭天窗还应满足防雷要求。天窗的骨架及连接件大都用金属制成,并有严格的防雷处理。一般情况下不便在天窗的顶部设防雷装置,因此天窗必须设在建筑物防雷装置的 45°线之内。

4. 玻璃顶细部构造

（1）玻璃顶的承重结构。

玻璃顶的承重结构都是暴露在大厅上空的，结构断面应尽可能设计得小些，以免遮挡天窗光线。玻璃顶的承重结构一般选用金属结构，用铝合金型材或钢型材制成，常用的结构形式有梁结构、拱结构、桁架结构、网架结构等。承重结构有的可以兼作天窗骨架，如跨度小的玻璃顶可将玻璃面的骨架与承重结构合并起来，即玻璃装在承重结构上，结构杆件就是骨架。大多数的玻璃顶，其安装玻璃的骨架与屋顶承重结构是分开来设计的，即玻璃装在骨架上构成天窗标准单元，再将各单元装在承重结构之上。当承重结构与天窗骨架相互独立时，两者之间应有金属连接件做可靠的连接。骨架之间及骨架与主体结构间的连接，一般要采用专用连接件。无专用连接件时，应根据连接所处位置进行专门的设计，一般均采用型钢与钢板加工制作而成，并且要求镀锌。连接螺栓、螺丝应采用不锈钢材料。骨架的布置，一般需根据玻璃顶的造型、平面及剖面尺寸、透光材料的尺寸等因素来共同确定。图 9-49 为几种常见玻璃顶造型的骨架布置图。

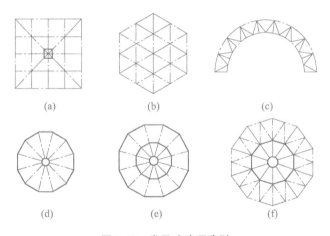

图 9-49　常见玻璃顶造型

(a)四角锥玻璃顶；(b)六角锥玻璃顶；(c)拱形玻璃顶；
(d)小型圆锥玻璃顶；(e)中型圆锥玻璃顶；(f)大型圆锥玻璃顶

（2）玻璃的安装。

用采光罩作玻璃采光面时，采光罩本身具有足够的强度和刚度，不需要用骨架加强，只要直接将采光罩安装在玻璃屋顶的承重结构上即可。而其他形式的玻璃顶则是由若干玻璃拼接而成，所以必须设置骨架。骨架一般采用铝合金或型钢制作。骨架的断面形式应适合玻璃的安装固定，要便于进行密封防水处理，要考虑积存和排除玻璃表面的凝结水,断面要细小不挡光。可以用专门轧制的型钢来做骨架,但钢骨架易锈蚀,不便于维修,现在多采用铝合金骨架,它可以挤压成任意断面形状,轻巧美观、挡光少、安装方便、防水密封性好、不易被腐蚀。图 9-50 为各种金属骨架断面形式及其与玻璃连接的构造详图。

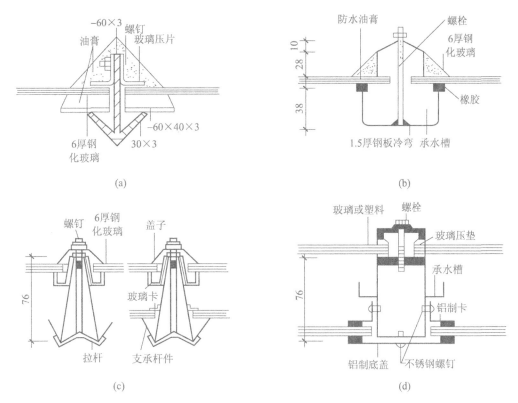

图 9-50　各种金属骨架断面形式及其与玻璃连接构造
(a)有承水槽,构造简单,防水可靠;(b)有承水槽,防水可靠;
(c)铝制金属横挡,防水可靠;(d)铝制金属横档,防水可靠

（3）天窗的排水处理。

当天窗面积较小时,天窗顶部的雨水可以顺坡排至旁边的屋面,由屋面排水系统统一排走。当天窗面积较大或者由于其他原因不便将水排至旁边屋面时,可以设置天沟将雨水汇往屋面或用单独的水落口和水落管排出。冷凝水由带排水槽的金属骨架排向天沟,再由天沟排走。天沟可以是单独的构件,也可与井字梁等结构构件相结合设置。图 9-51 为利用井字梁设置天沟的构造做法示例。

（4）其他。

根据不同的使用要求和条件,天窗部位有不同的构造处理措施。有的天窗在使用中为强调玻璃的安全性,可以在玻璃的上下两侧或一侧附设防护网,如图 9-52 所

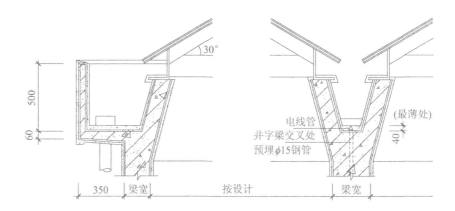

图 9-51 利用井字梁设置天沟的构造做法

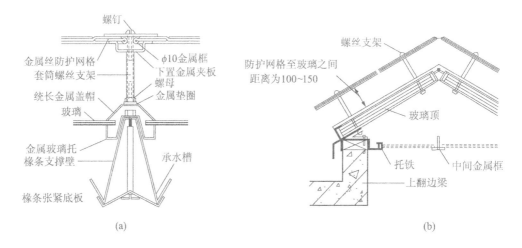

图 9-52 天窗玻璃防护网安装

(a)平天窗上部设防护网;(b)上下均设防护网的天窗构造

示。有的天窗为了改善通风条件,将下沿的承重结构抬高,在侧壁形成百叶窗来通风,也可以将减少冷凝水的产生。

重庆师范大学学生活动中心的屋顶天窗构造如图 9-53 所示。玻璃顶由八个方形锥体以对角线错位相接布置,每个锥体的平面尺寸为 2120 mm×2120 mm,承重结构采用正交斜放钢筋混凝土井字梁。天窗之间的屋面略高于其他屋面并做找坡处理,用泄水管将雨水排至较低屋面。由于地处炎热气候地区,天窗构造上不做排冷凝水的考虑,而是将天窗侧壁升高后设铝合金百叶窗以加强通风。

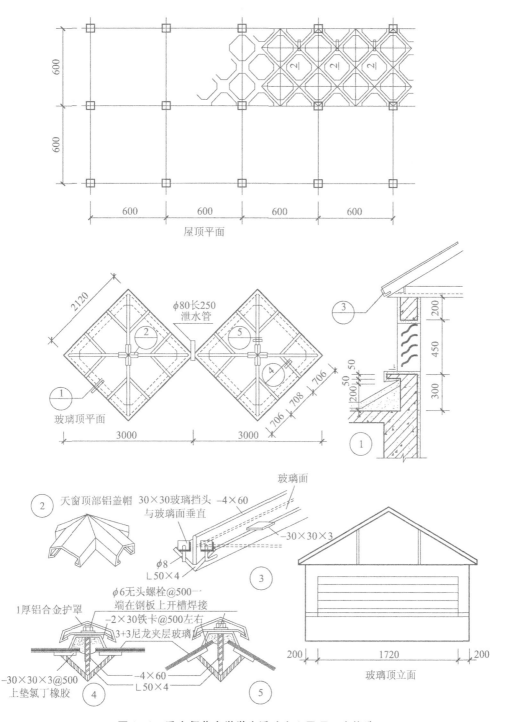

图 9-53　重庆师范大学学生活动中心屋顶天窗构造

本 章 小 结

本章从拱、刚架、桁架、网架、折板、薄壳、悬索、帐篷薄膜、充气薄膜、悬挑结构及其造型讲起,进而讲解大跨度屋面构造、中庭天窗设计。

【思考与练习】

一、填空题

1. 大跨度建筑通常是指跨度在( )m 以上的建筑。
2. 拱的内力主要是( ),结构材料应选用抗压性能好的材料。
3. 由于大多数刚架的横梁是向上倾斜的,不但受力合理,且结构下部的空间增大,对( )的建筑特别有利。
4. 薄壳结构形式很多,常用的有( )、( )、( )、( )等四种。
5. 悬索结构由( )、( )、( )三部分组成。
6. 充气薄膜结构分为( )和( )两种。
7. 涂膜防水屋面的基本原理是以( )涂于屋面基层,在其表面形成一层不透水的薄膜,以达到屋面防水的目的。
8. 所有的金属瓦必须相互连通导电,并与( )或( )连接。
9. 根据中庭与建筑的相互位置关系,中庭可以采用单向中庭、双向中庭、三向中庭、四向中庭以及( )和( )中庭等基本形式。
10. 中庭的排烟分为( )和( )两种方式。

二、名词解释

1. 刚架
2. 桁架
3. 网架
4. 帐篷薄膜结构
5. 中庭

三、简答题

1. 简述桁架结构受力特点和适用范围。
2. 简述折板结构的形式。
3. 简述大跨度建筑的屋顶组成。
4. 简述有玻璃丝布的涂膜防水屋面构造做法。
5. 简述彩板屋面的优缺点和适用范围。
6. 中庭防火分区面积超标时,应采取哪些防火措施?

第10章　民用建筑抗震构造

【知识点及学习要求】

知　识　点	学　习　要　求
1. 地震基本知识	了解地震的震级、烈度
2. 建筑抗震设防	深刻理解三水准设防目标和两阶段设计方法，理解建筑抗震概念设计的思想和主要内容
3. 民用建筑抗震构造措施	掌握多层砌体房屋的抗震构造措施，掌握框架结构的抗震构造措施

地震造成人员伤亡和经济损失的主要原因是建筑物的倒塌和场地破坏。在当前地震预报还不过关的情况下，为减少人员伤亡和减轻经济损失，搞好建筑物的抗震设防是十分必要的，也是必须要做的。

10.1　地震概述

地震灾害主要表现为在地震力作用下发生的建筑物、工程设施的破坏、倒塌，并由此造成人员伤亡和财产损失。有统计表明，地震时 90%～95% 的人员伤亡是由于各种建筑物倒塌造成的，而直接死伤于地震的人是少之又少的。所以，建筑物的抗震设防就是为了有效地保护人们生命财产安全，是为了把地震灾害的影响降到最低。

抗震设防是地震灾害预防的一项工程性预防措施，主要是指各类建设工程必须按抗震设防要求和抗震设计、施工规范进行抗震设计、施工；新建工程抗震设防工作应在场地、设计、施工三个方面严格把关，即由地震部门审定场地的抗震设防标准，设计部门按照抗震设防标准进行结构抗震设计，施工单位严格按设计要求施工，建设部门检查验收；对已建成且未采取抗震设防措施的建筑物、构筑物，应采取必要的加固措施。减轻地震灾害的关键就是保证各种工程建筑和工程设施具备抗震设防能力。

地震是人类社会面临的一种严重的自然灾害。据统计，地球每年平均发生 500 万次左右的地震，其中 5 级以上的破坏性地震约占 1000 次。地震通常给人类带来巨大的经济和财产损失，其产生的影响是长久的。目前，科学技术还不能准确预测并控制地震的发生。长期的工程实践证明，地震并不可怕，完全可以运用现代科学技术手段来减轻和防止地震灾害,对建筑结构进行抗震设计即是减轻地震灾害的一种积极有效的方法。

我国为地震多发区,全国大部分大中城市处于地震区,由于城市人口及设施集中,地震灾害会带来严重的生命财产损失。根据统计,全国 450 个城市中有 3/4 处于地震区,而其中大中城市的 4/5 以上均在地震区。因此,为了抵御和减轻地震灾害,有必要进行建筑结构的抗震分析与设计。我国《建筑抗震设计规范》(GB 50011—2008)中明确规定:抗震设防烈度为 6 度及以上地区的建筑,必须进行抗震设计。

10.1.1 地震基本知识

地震,就是平常人们所说的地动。它像刮风、下雨一样,是一种经常发生的自然现象。地震有大小之分,小地震根本感觉不到;大地震,或叫破坏性地震,却是破坏力很大的自然灾害。

地震按其成因主要分为构造地震、火山地震、陷落地震和诱发地震四种类型。

构造地震是由于地壳运动推挤地壳岩层,使其薄弱部位发生断裂错动而引起的地震。火山地震是指由于火山爆发,岩浆猛烈冲出地面而引起的地震。陷落地震是由于地表或地下岩层,如石灰岩地区较大的地下溶洞或古旧矿坑等,突然发生大规模的陷落和崩塌时所引起的小范围内的地面震动。诱发地震是由于水库蓄水或深井注水等引起的地面震动。

在上述四种类型的地震中,构造地震分布最广,危害最大,发生次数最多(约占发生地震的 90%)。其他三类地震发生的概率很小,且危害影响面也较小。因此,地震工程学主要的研究对象是构造地震。在建筑抗震设防中所指的地震就是构造地震,通常简称为地震。

构造地震不仅发生在板边,也会出现在板内。板内地震主要是由于软流层在流动过程中,与其上非常不平坦的岩石层界面接触而产生不均匀变形。当这些变形产生的应力超过地壳岩石或破碎带的极限强度时,就会突然产生脆性破坏而发生地震。与板边地震相比,板内地震地点分散,发生的频率较低。但由于板内多为人类密集处,因此往往会造成严重震害。据统计,全球 85% 的地震发生在板块边缘及其附近,15% 的地震发生在板块内部。

破坏性地震往往发生于瞬间,它以巨大的力量撼动大地,在几十秒、十几秒时间内破坏城市和村庄,给人类生命财产造成巨大损失。地震可以形成多种灾害,严重的破坏性地震造成的伤亡往往非常惨重,有的甚至是毁灭性的。据统计,我国因自然灾害死亡的人口中,有一半是死于地震。当今人类还难以抵御地震的巨大破坏力,因此人们把地震灾害看成群灾之首。

全球每年平均要发生 500 万次地震,每 2 秒就有 1 次地震发生。这些地震绝大多数都很小,只能用灵敏的仪器才能观测到。能够形成灾害的地震,全球每年只有1000 次左右,其中能造成重大灾害的大地震,平均每年只有十几次。

地球内部发生地震的地方,叫震源。地面上与震源相对的地方,叫震中。地面上任一地点到震中的距离,叫震中距。震中附近地区,叫震中区。对破坏性地震来说,震中区又叫极震区,是地震破坏最严重的地区。从震中到震源的距离,或者说震源到地面的距离,叫震源深度。等震线是地面上地震影响相同的点的连线。地震时震源的能量以波的形式向周围传播,造成地面的颠簸和晃动,这种波称为地震波。地震波分为纵波和横波,纵波的传播速度比横波快。

10.1.2 地震震级与地震烈度

1. 地震震级

地震震级是表示地震本身强度或大小的一种度量指标,用符号 M 表示。目前国际上比较通用的是里氏震级,由美国学者里克特于 1935 年提出。根据震级 M 的大小,可将地震分为:

(1) 有感地震: $M=2\sim4$ 级;

(2) 破坏地震: $M\geqslant5$ 级;

(3) 强烈地震: $M\geqslant7$ 级;

(4) 特大地震: $M\geqslant8$ 级。

不同震级的地震所释放出来能量大致如表 10-1 所示。

表 10-1　地震震级与能量关系　　　　　　　（单位: 10^7 J）

震　级	能　量	震　级	能　量
0	6.3×1011	5	2×1019
1	2×1013	6	6.3×1020
2	6.3×1014	7	2×1022
2.5	3.55×1015	8	6.3×1023
3	2×1016	8.5	3.55×1024
4	6.3×1017	8.9	1.4×1025

中国地震主要分布在台湾地区、西南地区、西北地区、华北地区、东南沿海地区等5 个地震区和 23 条地震带上。

华北地震区包括河北、河南、山东、内蒙古、山西、陕西、宁夏、江苏、安徽等省的全部或部分地区。在 5 个地震区中,它的地震强度和频度仅次于青藏高原地震区,位居全国第二。

青藏高原地震区包括兴都库什山、西昆仑山、阿尔金山、祁连山、贺兰山—六盘山、龙门山、喜马拉雅山及横断山脉东翼诸山系所围成的广大高原地域。涉及青海、西藏、新疆、甘肃、宁夏、四川、云南全部或部分地区,以及俄罗斯、阿富汗、巴基斯坦、印度、孟加拉、缅甸、老挝等国的部分地区。本地震区是我国最大的一个地震区,也是地震活动最强烈、大地震频繁发生的地区。

此外,新疆地震区、台湾地震区也是我国两个曾发生过 8 级地震的地震区。我国地震带分布详见图 10-1。

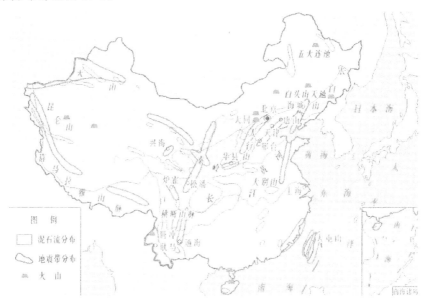

图 10-1 中国地震带分布

2. 地震烈度

地震烈度是指某一地区的地面和各类建筑物遭受一次地震影响的强弱程度,是衡量地震引起的后果的一种度量。一次地震只有一个震级,但相应这次地震的不同地区则有不同的地震烈度。一般来说,震中区地震影响最大,烈度最高;距震中越远,地震影响越小,烈度越低。

我国采用联合国教科文组织推荐的烈度表,将地震烈度分为 12 度,详见表 10-2。

表 10-2 中国地震烈度

1 度	无感,仅仪器能记录到
2 度	个别敏感的人在完全静止中有感
3 度	室内少数人在静止中有感,悬挂物轻微摆动
4 度	室内大多数人、室外少数人有感,悬挂物摆动,不稳器皿作响
5 度	室外大多数人有感,家畜不回家,门窗作响,墙壁表面出现裂纹
6 度	人站立不稳,家畜外逃,器皿翻落,简陋棚舍损坏,陡坎滑坡
7 度	房屋轻微损坏,牌坊、烟囱损坏,地表出现裂缝及喷砂冒水

续表

8 度	房屋多有损坏,少数路基塌方,地下管道破裂
9 度	房屋大多数破坏,少数倾倒,牌坊、烟囱等崩塌,铁轨弯曲
10 度	房屋倾倒,道路毁坏,山石大量崩塌,水面大浪扑岸
11 度	房屋大量倒塌,路基堤岸大段崩毁,地表产生很大变化
12 度	一切建筑物普遍毁坏,地形剧烈变化,动植物遭毁灭

地震震级与地震烈度关系详见表 10-3。

表 10-3　震级与烈度统计的对应关系

震中烈度	1	2	3	4	5	6	7	8	9	10	11	12
震级	1.9	2.5	3.1	3.7	4.3	4.9	5.5	6.1	6.7	7.3	7.9	8.5

10.1.3　地震对民用建筑的破坏

地震时作用在房屋上的惯性力就是地震力。地震时,首先到达的是纵波,表现为房屋的上下颠簸,房屋受到垂直地震力作用;随之而来的是横波和面波,表现为房屋的左右摇晃,房屋受到水平地震力作用。在震中区附近,垂直地震力影响很明显,房屋先受颠簸,使结构联结松散,房屋的整体性受损伤,接着水平力使房屋摇晃就容易造成严重破坏。而离震中较远的地区,垂直地震力的影响往往可以忽略,损坏房屋的主要因素是水平地震力。

1. 房屋在水平地震力作用下破坏形态

(1) 墙体交叉裂缝。

与地震力平行的墙体往往由于主拉应力而发生剪切破坏,表现为斜裂缝。因为地震力一般是反复作用的,因此更多地表现为交叉裂缝。在有门窗的墙上,交叉裂缝常由门窗角向外扩展,这是因为门窗角有应力集中现象。

(2) 纵横墙交接处的竖向裂缝。

这种裂缝是由于水平地震力使墙体发生横向水平位移而引起的。如纵横墙分别施工、留"马牙槎"、交接不良,则竖缝常表现为锯齿形;当砖的抗拉强度很低,或施工中留直槎时,则竖缝常表现为直线。

(3) 沿墙长度方向的水平裂缝。

这种裂缝是由于墙体与楼盖的刚度不同,在水平地震力作用下不能共同工作,彼此发生错动而产生的。此外,空旷房间的外纵墙和山墙,也可能因墙体发生局部弯折而产生水平裂缝。

(4) 墙角破坏。

墙角破坏常发生在房屋上层两端山墙处,表现为墙体断裂或三角形成块崩落。

墙角刚度越大,承担的地震力也就越大,但墙角开窗后一方面砌体削弱,同时又发生明显的应力集中,所以一般常出现墙角破坏。

(5)碰撞破坏。

当房屋变形缝处未按防震要求设置足够的缝宽时,在水平地震作用下,缝两侧墙体常因振动频率和振幅不同而互相碰撞。严重者会使两侧部分房间倒塌。

(6)钢筋混凝土柱端弯剪破坏。

这类破坏多发生在内框架结构顶层柱的上、下端。在水平地震力作用下,内框架结构四周刚度较大的墙体先遭到破坏,这样,相当一部分地震力改由框架柱承担,从而引起弯剪破坏,轻时柱端钢筋压屈,混凝土剪压破坏,重时混凝土压碎,钢筋呈灯笼形。

垂直地震力产生的破坏一般在震中附近或在高烈度区才会发生,所以规范规定设计烈度为7度时不考虑它的影响,只有当设计烈度为8度及9度时,悬臂结构、长跨结构及烟囱等才考虑垂直地震力的作用。

2. 房屋在垂直地震力作用下的破坏形态

(1)墙的薄弱部位被压酥,或有密集的竖向裂缝。

(2)外墙或山墙被压曲外鼓,严重时将内外墙咬槎处附近的砌体拉裂。

(3)门窗过梁上的墙体产生水平裂缝,这是由于过梁及其上的墙体在垂直地震力作用下颠簸而引起的。

(4)钢筋混凝土预制楼板被颠裂;钢筋混凝土梁被颠折或剪裂;梁支承处砖砌体被压酥;现浇钢筋混凝土柱头的纵向钢筋被压曲外鼓,混凝土发生竖向裂缝等。

3. 房屋震害的特点

房屋震害的原因和表现形态是复杂的,但从大量的现象中可以归纳出如下一些特点。

(1)房屋体型复杂、平面交错、有突出部位的震害较重,体型简单、平面规整的震害较轻。

(2)横墙承重的震害较轻,纵墙承重房屋震害较重。

(3)房屋两端比中部震害重,转角处和伸出端比其余部分震害重。

(4)房屋横向刚度弱时,上层震害重;横向刚度强、各层结构一致时,下层震害重;横向刚度强、各层结构不一致时,哪层弱哪层震害重。

(5)屋盖重时房屋震害重,屋盖轻时房屋震害轻。

(6)楼盖为预制板时震害较重,楼盖为现浇板时震害较轻。

(7)设置圈梁,且布置得当时,震害较轻;不设置圈梁,或虽设置而布置不当时,震害较重。

(8)钢筋混凝土内框架结构墙体比内柱震害重,单列柱比多列柱震害重,预制内框架结构比现浇内框架结构震害重。

（9）在软弱不均的土层上、饱和砂土层上、古河道或河滩旁、非岩质陡坡和山包上建房，都可能加重震害。

10.2　建筑抗震设防

10.2.1　三水准设防目标

"抗震设防烈度"这一概念在《建筑抗震设计规范》（GB 50011—2008）中有着明确的定义："按国家规定的权限批准作为一个地区抗震设防依据的地震烈度。"抗震设防总的目的从宏观上讲，应使建筑经抗震设防后，减轻建筑的地震破坏，避免人员伤亡，减少经济损失。作为抗震设防的具体目标，规范作了如下规定："当遭受低于本地区抗震设防烈度的多遇地震影响时，一般不受损坏或不需修理可继续使用，当遭受相当于本地区抗震设防烈度的地震影响时，可能损坏，经一般修理或不需修理仍可继续使用，当遭受高于本地区抗震设防烈度预估的罕遇地震影响时，不致倒塌或发生危及生命的严重破坏。"

工程抗震设防的目的是在一定的经济条件下，最大限度地限制和减轻建筑物的地震破坏，保障人民生命财产的安全。为了实现这一目的，《建筑抗震设计规范》（GB 50011—2008）明确提出了三个水准的抗震设防要求。

第一水准：当遭受低于本地区设防烈度的多遇地震影响时，建筑物一般不受损坏或不需修理仍可继续使用。

第二水准：当遭受相当于本地区设防烈度的地震影响时，建筑物可能损坏，但经一般修理或不需修理仍可继续使用。

第三水准：当遭受高于本地区设防烈度预估的罕遇地震影响时，建筑物不致倒塌或发生危及生命的严重破坏。

上述三水准设防目标可简单概述为"小震不坏，中震可修，大震不倒"。"小震不坏"对应于第一水准，要求建筑结构满足多遇地震作用下的承载力极限状态验算要求及建筑的弹性变形不超过规定的弹性变形限值。"中震可修"对应于第二水准，要求建筑结构具有相当的延性能力（变形能力），不发生不可修复的脆性破坏。"大震不倒"对应于第三较水准，要求建筑具有足够的变形能力，其弹塑性变形不超过规定的弹塑性变形限值。

10.2.2　两阶段设计方法

建筑结构的抗震设计应满足上述三水准的抗震设防要求。为实现此目标，我国建筑抗震设计规范采用了简化的两阶段设计方法。其主要设计思路是：通过控制第一和第三水准的抗震设防目标，使第二水准得以满足，不需另行计算。

第一阶段设计：按第一水准多遇地震烈度对应的地震作用效应和其他荷载效应的组合验算结构构件的承载能力和结构的弹性变形。在多遇地震作用下，结构应能处于正常使用状态。设计内容包括截面抗震承载力验算、结构弹性变形验算以及抗震构造措施等。通常将此阶段设计称为承载力验算。

第二阶段设计:按第三水准罕遇地震烈度对应的地震作用效应验算结构的弹塑性变形。在罕遇地震作用下,结构进入弹塑性状态,产生较大的非弹性变形。为满足"大震不倒"的要求,应将结构的弹塑性变形控制在允许的范围内。此阶段设计通常称为弹塑性变形验算。

通过第一阶段设计,将保证第一水准下的"小震不坏"要求。通过第二阶段设计,使结构满足第三水准下的"大震不倒"要求。在设计中,通过良好的抗震构造措施使第二水准的要求得以实现,从而满足"中震可修"的要求。

必须指出,在实际抗震设计中,并非所有结构都需进行第二阶段设计。对大多数结构,一般可只进行第一阶段设计,而通过概念设计和抗震构造措施来满足第三水准的设计要求。只有对特殊要求的建筑、地震时易倒塌的结构以及有明显薄弱层的不规则结构,除进行第一阶段设计外,还要进行结构薄弱部位的弹塑性层间变形验算并采取相应的抗震构造措施,实现第三水准的设防要求。

10.2.3　建筑抗震设防分类和设防标准

对于不同使用性质的建筑物,地震破坏造成的后果严重性是不一样的。因此,建筑物的抗震设防应根据其重要性和破坏后果而采用不同的设防标准。我国规范根据建筑使用功能的重要性,将建筑抗震设防分为甲、乙、丙、丁四个类别。

甲类建筑:重大建筑工程和地震时可能发生严重次生灾害的建筑,如可能产生大爆炸、核泄漏、放射性污染、剧毒气体扩散的建筑。

甲类建筑地震作用应高于本地区抗震设防烈度的要求,其值应按批准的地震安全性评价结果确定。抗震措施:当抗震设防烈度为6~8度时,应符合本地区抗震设防烈度提高一度的要求;当为9度时,应符合比9度抗震设防更高的要求。

乙类建筑:地震时使用功能不能中断或需尽快恢复的建筑,如城市生命线工程(供水、供电、交通、消防、医疗、通讯等系统)的核心建筑。

乙类建筑地震作用应符合本地区抗震设防烈度的要求。抗震措施:一般情况下当抗震设防烈度为6~8度时,应符合本地区抗震设防烈度提高一度的要求;当为9度时,应符合比9度抗震设防更高的要求;地基基础的抗震措施应符合有关规定;对较小的乙类建筑,当其结构改用抗震性能较好的结构类型时,应允许仍按本地区抗震设防烈度的要求采取抗震措施。

丙类建筑:除甲、乙、丁类以外的一般建筑,如一般的工业与民用建筑、公共建筑等。

丙类建筑地震作用和抗震措施均应符合本地区抗震设防烈度的要求。

丁类建筑:抗震次要建筑,如一般的仓库、人员较少的辅助建筑物等。

丁类建筑一般情况下应符合本地区抗震设防烈度的要求。抗震措施:应允许比本地区抗震设防烈度的要求适当降低,但抗震设防烈度为6度时不应降低。

10.3　民用建筑抗震构造措施

10.3.1　房屋抗震构造应注意的问题

一般民用建筑抗震构造应注意以下几个问题。

1.　平面布置

多层砖石房屋墙体的布置应当均匀,上下层墙体对齐,墙上门窗洞口大小尽量一致,窗间墙应等宽均匀分布。在房屋的一个独立单元内宜采用相同的结构和墙体材料。

平面上尽量避免凹进凸出的墙体,若为 L 形或 Ⅱ 形平面时,应使转角或交叉部分的墙体拉通,如侧翼伸出较长(超过房屋宽度),则应以防震缝分割成独立的单元。

2.　立面布置

立面体型复杂、屋顶局部凸出物比不规则平面对地震更敏感,所以应不做或少做地震时易倒、易脱落的门脸、装饰物、女儿墙、挑檐等。如必须设置时,应采取措施在变截面处加强连接;建筑物的立面体型应力求简单,注意减轻建筑物自重,降低重心位置。

3.　建筑场地的选择

一般来说,建筑场地的选择应避免以下几种情况。

(1) 活动断裂地带中容易发生地震的部位及附近地区。

(2) 地下水位较浅的地方和松软的土地。

(3) 地下有溶洞的地方,在石灰岩地区,如有较大的溶洞,地震时可能造成局部塌陷,因此,在其上部不应建筑高大或沉重建筑物。

(4) 地势较陡的山坡、斜坡及河坎旁边,建在这些地方的建筑物不但容易倒塌,而且还会由于山崩、滑坡而被淹没,或者由于重力关系而下滑。

当建筑的各项条件相同时,建筑在比较牢固的地基上和建筑在松软地基上的建筑物,一个可能完整无损,一个可能破坏倒塌。

因此,建筑施工时,必须注意地基的地质条件和地形地貌。

4.　精心施工,注意质量

唐山地震使整个唐山市几乎全部毁灭,其主要原因之一是震前的唐山是一座没有设防的城市。

历史的经验教训证明:地震对人类最大的破坏大多是建筑物的倒塌造成的。可以说建筑物质量的好坏直接关系到人类的生命及财产的安全,为了把地震灾害损失减少到最低程度,国务院于 1994 年确定了防震减灾十年目标,即:"在各级政府和全社会的共同努力下,争取用 10 年左右的时间使我国大中城市和人口稠密、经济发达地区具有抗御 6 级左右的地震的能力。"1998 年国务院颁布了《中华人民共和国防震减灾法》,2001 年 11 月国务院又颁布了《地震安全性评价管理条例》,这些法规都明确规定:重大建筑工程必须进行地震安全性评价;新建、扩建、改建建设工程,必须达到抗震设防要求,做到小震不坏,中震可修,大震不倒。

震区群众在实践中对房屋抗震经验进行了总结:

(1) 地基要严格处理,夯实打牢;

(2) 房屋布局和结构要合理;

(3) 房屋要矮,各部位高低最好一致;

(4) 尽量减少屋顶重量;

(5) 砌墙砂灰饱满,增加墙体的抗拉强度和整体性;

(6) 多层建筑物应尽量使用框架结构,至少应使用地梁、圈梁,增加房屋的整体性。

为加强房屋的抗震能力,对于砌体建筑一般采取加构造柱、圈梁、拉筋、防震缝等基本措施。对不同结构的建筑物的不同部位,加强抗震能力采用的措施也各有不同。

10.3.2 多层砌体房屋的抗震构造措施

多层砖砌体房屋对地震的敏感程度除与平面布置、防震缝、立面体形、结构的整体性和施工质量有关外,还与房屋的总高度有直接的联系。多层砖砌体房屋高度限值应符合《建筑抗震设计规范》(GB 50011—2008)的要求。

结构的整体性连接包括圈梁、构造柱、墙体、楼(屋盖)结构及其相互间的连接。

1. 多层砌体房屋的总高度和层数限值及构造柱

多层砌体房屋的总高度和层数应不超过表 10-4 的规定,对于医院、教学楼等横墙较少的房屋,总高度应比表 10-4 的规定相应降低 3 cm,层数应相应减少一层;各层横墙很少的房屋,应根据具体情况再适当降低总高度和减少层数。

表 10-4 砌体房屋总高度(m)和层数限值

砌体类别	最小墙厚/m	设防烈度							
		6		7		8		9	
		高度	层数	高度	层数	高度	层数	高度	层数
黏土砖	0.24	24	8	21	7	18	6	12	4
混凝土小砌块	0.19	21	7	18	6	15	5	不宜采用	
混凝土中砌块	0.20	18	6	15	5	9	3		
粉煤灰中砌块	0.24	18	6	15	5	9	3		

注:本书一般省去"设防烈度"字样,如"设防烈度为 6 度、7 度、8 度、9 度"简称为"6 度、7 度、8 度、9 度"。

砖砌体房屋层高不宜超过 4 m,砌块砌体房屋层高不宜超过 3.6 m。

砖砌体房屋各层数和烈度在外墙四角、错层部位横墙与外墙交接处、较大洞口两

侧、大房间内外墙交接处均应设置构造柱。构造柱最小截面可采用 240 mm ×
180 mm，纵向钢筋宜采用 4ϕ12，箍筋间距不宜大于 250 mm 且在柱上下端宜适当加
密；7 度时超过 6 层、8 度时超过 5 层和 9 度时，构造柱纵向钢筋宜采用 4ϕ14，箍筋间
距不应大于 200 mm；房屋四角的构造柱可适当加大截面及配筋。

构造柱与墙连接处宜砌成马牙槎，并应沿墙高每隔 500 mm 设 2ϕ6 拉结筋，每边
伸入墙内不宜小于 1 m。

构造柱应与圈梁连接；隔层设置圈梁的房屋，应在无圈梁的楼层增设配筋砖带，
仅在外墙四角设置构造柱时，在外墙上应伸过一个开间，其他情况应在外墙和相应横
墙上拉通，其截面高度不应小于四皮砖，砂浆等级不低于 M5。

构造柱可不单独设置基础，但应伸入室外地面下 500 mm，或锚入浅于 500 mm
的基础圈梁内。

2. 设置圈梁

圈梁是增强房屋整体性、加强各部分墙体连接的有效措施。多层黏土砖房的现
浇钢筋混凝土圈梁构造，应符合下列要求。

（1）圈梁应闭合，遇有洞口应上下搭接，圈梁宜与预制板设在同一标高处或紧靠
板底。

（2）规范规定增设的基础圈梁，截面高度不应小于 180 mm，配筋不应少于
4ϕ12，砖拱楼、屋盖房屋的圈梁应按计算确定，但配筋不应少于 4ϕ10。

3. 构造柱

设置构造柱可以明显改善多层砖混房屋的抗震性能。多层砌体房屋应在外墙四
角、错层部位横墙与外纵墙交接处、大房间内外墙交接处、较大洞口两侧设置构造柱。

纵向钢筋和箍筋间距应符合抗震规范要求，箍筋间距在柱上、下端宜适当加密；
构造柱与墙连接处宜砌成马牙槎，并应沿墙高每隔 500 mm 设 2ϕ6 拉结钢筋，每边伸
入墙内不宜小于 1 m；构造柱应与圈梁连接，以增加构造柱的中间支点，构造柱的纵
筋应穿过圈梁的主筋，保证构造柱纵筋上下贯通。

4. 墙体间的连接

纵横墙体的交接处应同时咬槎砌筑。设防烈度为 7 度时层高超过 3.6 m 或墙长
度大于 7.2 m 的大房间，及设防烈度为 8 度和 9 度时，外墙转角及内外墙交接处当未
设构造柱时，应沿墙高每隔 500 mm 配置 2ϕ6 拉结钢筋，并且每边伸入墙内不宜小于
1 m。

后砌的非承重墙砌体应沿墙高每隔 500 mm 配置 2ϕ6 钢筋与承重墙柱拉结，并
每边伸入墙内不应小于 500 mm；当设防烈度为 8 度和 9 度时，长度大于 5.1 m 的后
砌非承重砌体隔墙的墙顶，应与楼板或梁拉结。

5. 楼、屋盖结构

楼、屋盖结构及其与圈梁、梁、墙的连接非常重要,在地震中,钢筋混凝土预制构件承受不了地震力的强烈震动,主要是由于预制构件和墙体不是整体受力,在预制构件的端部形成集中应力,造成截面的断裂和破坏。地震惯性力相对集中在楼板处,并通过楼板与墙体的连接传给下层墙体,因此,楼板与墙体的连接部位是力传递的必由途径。《建筑抗震设计规范》(GB 50011—2008)要求:

(1)现浇钢筋混凝土楼板或屋面板伸进纵、横墙内的长度,均不应小于120 mm;

(2)装配式钢筋混凝土楼板或屋面板,当圈梁未设在板的同一标高时,板端伸进外墙的长度不应小于120 mm,伸进内墙的长度不应小于100 mm,在梁上不应小于80 mm;

(3)当板的跨度大于4.8 m并与外墙平行时,靠外墙的预制板侧应与墙或圈梁拉结;

(4)房屋端部大房间的楼盖,8度时房屋的屋盖和9度时房屋的楼、屋盖,当圈梁设在板底时,钢筋混凝土预制板应相互拉结,并应与梁、墙或圈梁拉结;

(5)楼、屋盖的钢筋混凝土梁或屋架,应与墙、柱(包括构造柱)或圈梁可靠连接,梁与砖柱的连接不应削弱柱截面,各层独立砖柱顶部应在两个方向均有可靠连接。

6. 楼梯间的抗震措施

楼梯间的墙体由于每层没有楼板嵌固,因此比较高而空旷,常常破坏严重。在突然发生的大地震中,人们往往来不及从楼内跑出,如将某一部位的结构经过局部加强,使它能经受住比设计烈度更高的地震,形成安全区,以便人们暂时在其中躲避,这个安全区称为房屋抗震的"安全岛"。在一栋房子中,楼梯间是人员易于到达和便于疏散的部位,因此,把楼梯间作为"安全岛"既可以解决防震安全问题,也加强了楼梯间这个薄弱的环节。

楼梯间的抗震措施应符合以下要求:

(1)8度和9度时,顶层楼梯间横墙和外墙宜沿墙高每隔500 mm设2φ6通长钢筋,9度时其他各层楼梯间可在休息平台或楼层半高处设置60 mm厚的配筋砂浆带,砂浆强度等级不宜低于M5,钢筋不宜少于2φ10;

(2)8度和9度时,楼梯间及门厅内墙阳角处的大梁支承长度不应小于500 mm,并应与圈梁连接;

(3)装配式楼梯段应与平台板的梁可靠连接,不应采用墙中悬挑式踏步或踏步竖肋插入墙体的楼梯,不应采用无筋砖砌栏板;

(4)凸出屋顶的楼、电梯间,构造柱应伸到顶部,并与顶部圈梁连接,内外墙交接处应沿墙高每隔500 mm设2φ6拉结钢筋且每边伸入墙内不应小于1 m。

10.3.3　钢筋混凝土房屋的抗震构造措施

1. 钢筋混凝土房屋适用的最大高度及高宽比限值

现浇钢筋混凝土房屋适用的最大高度,甲类建筑应进行专门研究;乙类、丙类建筑可按表 10-4 采用,但平面和竖向均不规则的结构或建造于Ⅳ类场地的结构,适用的最大高度一般应降低 20％左右。超过表 10-4 内高度的房屋,应进行专门研究和论证,采取有效的加强措施。

结构高宽比系指房屋高度与结构平面最小投影宽度的比值。高层建筑的高宽比不宜超过表 10-5 的限值,当超过时,结构设计应有可靠依据,并采取有效措施。

表 10-5　现浇钢筋混凝土房屋高宽比限值

结 构 类 型	设 防 烈 度			
	6 度	7 度	8 度	9 度
框架结构	4	4	3	2
框架-抗震墙结构	5	5	4	3

2. 现浇钢筋混凝土房屋的抗震等级

同样烈度下不同结构体系、不同高度的建筑有不同的抗震要求,因此,钢筋混凝土结构的抗震措施,不仅要按建筑抗震设防类别区别对待,而且要根据抗震等级不同而异。

钢筋混凝土房屋的抗震等级根据烈度、结构类型和房屋高度确定。按建筑类别和场地调整后用于确定抗震等级的烈度如表 10-6 所示。

表 10-6　用于确定抗震等级的烈度

建 筑 类 别	场 地	设 防 烈 度			
		6	7	8	9
甲、乙类	Ⅰ	6	7	8	9
	Ⅱ、Ⅲ、Ⅳ	7	8	9	9＋
丙类	Ⅰ	6	6	7	8
	Ⅱ、Ⅲ、Ⅳ	6	7	8	9
丁类	Ⅰ	6	6	7	8
	Ⅱ、Ⅲ、Ⅳ	6	7－	8－	9－

注:"7－"、"8－"、"9－"表示该抗震等级的抗震构造措施可适当降低,"9＋"表示比 9 度一级更有效的抗震措施。

3. 防震缝与抗震墙

框架-抗震墙结构房屋的防震缝宽度可采用框架结构规定数值的 70%，且不宜小于 70 mm。

防震缝宽度不够，相邻结构可能局部发生碰撞而损坏，而防震缝过宽会给建筑处理造成困难，故高层建筑宜选用合理的建筑结构方案，不设防震缝。

对 8、9 度框架结构房屋，当防震缝两侧结构高度、刚度或层高相差较大时，可在防震缝两侧房屋的尽端沿全高设置垂直于防震缝的抗震墙，每一侧抗震墙的数量不应少于 2 道，宜分别对称布置，墙肢长度可不大于一个柱距，防震缝两侧抗震墙的端柱和框架的边柱，箍筋应沿房屋全高加密。详见表 10-7。

表 10-7   现浇钢筋混凝土房屋的抗震等级

结 构 类 型		烈　　度						
		6		7		8		9
框架结构	高度/m	≤30	>30	≤30	>30	≤30	>30	≤25
	框架	四	三	三	二	二	一	一
	剧场、体育馆等大跨度公共建筑	三		二		一		一
框架-抗震墙结构	高度/m	≤60	>60	≤60	>60	≤60	>60	≤50
	框架	四	三	三	二	二	一	一
	抗震墙	三		二		一		一

注：1. 接近或等于高度分界时，应允许结合房屋不规则程度及场地、地基条件确定抗震等级；
　　2. 表中"框架结构"和"框架"具有不同的含义。前者指纯框架结构，后者泛指框架结构和框架-抗震墙等结构体系中的框架部分。

4. 楼、屋盖

房屋高度超过 50 m 时，框架-抗震墙结构应采用现浇楼、屋盖结构，框架结构宜采用现浇楼、屋盖结构。房屋高度不超过 50 m 时，楼、屋盖结构应符合下列要求。

（1）8、9 度框架-抗震墙结构宜采用现浇楼、屋盖结构。

（2）6、7 度框架-抗震墙结构可采用装配整体式楼、屋盖结构，但应每层设置钢筋混凝土现浇层。现浇层厚度不应小于 50 mm，混凝土强度等级不应低于 C20，但也不宜高于 C40，并应双向配置直径 6～8 mm，间距 150～200 mm 的钢筋网，钢筋应锚固在剪力墙内。楼、屋盖的预制板缝宽度不宜大于 40 mm，板缝大于 40 mm 时应在板缝内配置钢筋。

（3）框架结构可采用装配式楼、屋盖，但应采取措施保证楼、屋盖的整体性及其与框架梁的可靠连接。

框架-抗震墙结构中,抗震墙之间无大洞口的楼、屋盖的长宽比,不宜超过表 10-8 的规定,否则,应考虑楼、屋盖平面内变形的影响。

表 10-8　抗震墙之间楼、屋盖长宽比

楼、屋盖类别	设 防 烈 度		
	6、7 度	8 度	9 度
现浇或叠合梁板	4.0	3.0	2.0
装配式楼盖	3.0	2.5	不宜采用

5. 结构布置

(1) 框架结构和框架-抗震墙结构中,框架和抗震墙均应双向设置,柱中线与抗震墙中线、梁中线与柱中线之间偏心距不宜大于柱宽的 1/4。

(2) 框架-抗震墙结构中的抗震墙设置,宜符合下列要求:

① 抗震墙宜贯通房屋全高,且横向与纵向的抗震墙宜相连;

② 抗震墙宜设置在墙面不需要开大洞口的位置;

③ 房屋较长时,刚度较大的纵向抗震墙不宜设置在房屋的端开间;

④ 抗震墙洞口宜上、下对齐,洞边距端柱不宜小于 300 mm;

⑤ 一、二级抗震墙的洞口连梁,跨高比不宜大于 5,且梁截面高度不宜小于 400 mm。

(3) 框架单独柱基有下列情况之一时,宜沿两个主轴方向设置基础连系梁:

① 一级框架和Ⅳ类场地的二级框架;

② 各柱基承受的重力荷载代表值差别较大;

③ 基础埋置较深,或各基础埋置深度差别较大;

④ 地基主要受力层范围内存在软弱黏性土层、液化土层和严重不均匀土层;

⑤ 桩基承台之间。

(4) 地下室顶板作为上部结构的嵌固部位时,应避免在地下室顶板开设大洞口,并应采用现浇梁板结构,楼板厚度不宜小于 180 mm,混凝土强度等级不宜小于 C30,应采用双层双向配筋,且每层每个方向的配筋率不宜小于 0.25%;地下室结构的楼层侧向刚度不宜小于相邻上部楼层侧向刚度的 2 倍,地下室柱截面每侧的纵向钢筋面积,不应少于地上一层对应柱每侧纵筋面积的 1.1 倍。

(5) 框架的砌体填充墙应具有自身稳定性,并应符合下列要求。

① 填充墙在平面和竖向的布置宜均匀对称,宜避免形成薄弱层和短柱。

② 砌体的砂浆强度等级不应低于 M5,墙顶应与框架梁密切结合。

③ 填充墙应沿框架柱全高每隔 500 mm 设 2φ6 拉筋,其伸入墙内的长度,6、7 度时不应小于墙长的 1/5,且不小于 700 mm,8、9 度时宜沿墙全长贯通。

④ 墙长大于 5 m 时,墙顶与梁(板)宜有钢筋拉结;墙长超过层高的 2 倍时,宜设置钢筋混凝土构造柱;墙高超过 4 m 时,墙体半高处(或门洞上皮)宜设置与柱连接

且沿墙全长贯通的钢筋混凝土水平连系梁。

6. 结构材料

抗震结构宜采用较高强度的混凝土,以减小梁、柱剪压比和柱、剪力墙肢轴压比。规范规定,一级框架梁、柱、节点,混凝土强度等级不应低于 C30,其他各类结构构件的混凝土强度等级不应低于 C20。但混凝土强度等级也不宜过高,设防烈度为 9 度时不宜超过 C60,设防烈度为 8 度时不宜超过 C70。

为保证结构的延性,结构构件中的钢筋应选用有屈服点的钢筋。普通纵向受力钢筋宜选用 HRB400、HRB335 级钢筋,箍筋宜选用 HRB335、HRB400、HPB235 级钢筋。

7. 钢筋的锚固和接头

箍筋末端应做 135° 的弯钩,弯钩平直部分的长度不应小于 $10d$(d 为箍筋直径),高层建筑中尚不应小于 75 mm。在纵向受力钢筋搭接长度范围内的箍筋直径不应小于搭接钢筋较大直径的 0.25 倍,间距不应大于搭接钢筋较小直径的 5 倍,且不应大于 100 mm。

10.3.4　框架结构抗震构造措施

1. 现浇框架梁

(1)框架梁的截面。

普通框架梁的截面尺寸要求同钢筋混凝土。采用扁梁时,楼板应现浇,梁中线宜与柱中线重合,扁梁应双向布置。一级框架结构不宜采用扁梁。

(2)梁纵向钢筋配置构造。

① 梁端纵向受拉钢筋的配筋率不应大于 2.5%。

② 梁端截面的底面和顶面纵向钢筋配筋量的比值,一级不应小于 0.5,二、三级不应小于 0.3。

③ 沿梁全长顶面和底面的配筋,一、二级不应少于 2ϕ14,且分别不应少于梁两端顶面和底面纵向配筋中较大截面面积的 1/4,三、四级不应少于 2ϕ12。

④ 一、二级框架梁内贯通中柱的每根纵向钢筋直径,对矩形截面柱,不宜大于柱在该方向截面尺寸的 1/20;对圆形截面柱,不宜大于纵向钢筋所在位置柱截面弦长的 1/20。

(3)梁端箍筋构造。

① 梁端箍筋加密区的长度、箍筋最大间距和最小直径应按表 10-9 采用,当梁端纵向受拉钢筋配筋率大于 2% 时,表中箍筋最小直径数值应增大 2 mm。

表 10-9　梁端箍筋加密区的长度、箍筋的最大间距和最小直径　（单位:mm）

抗震等级	加密区长度 （取较大值）	箍筋最大间距 （取最小值）	箍筋最小直径
一	$2h_b$,500	$h_b/4$,6d,100	10
二	1.5h_b,500	$h_b/4$,8d,100	8
三	1.5h_b,500	$h_b/4$,8d,150	8
四	1.5h_b,500	$h_b/4$,8d,150	6

注:d 为纵向钢筋直径,h_b 为梁截面高度。

② 加密区的箍筋肢距,一级不宜大于 200 mm,也不宜大于 $20d$;二、三级不宜大于 250 mm,也不宜大于 $20d$;四级不宜大于 300 mm。其中 d 为箍筋直径。

2. 现浇框架柱

(1)框架柱的截面。

框架柱的截面宽度和高度均不宜小于 300 mm,圆形柱直径不宜小于 350 mm,剪跨比 λ 宜大于 2,截面长边与短边的边长之比不宜大于 3。其中 $\lambda = H_n/(2h_0)$,H_n 为柱净高,h_0 为柱截面有效高度。

(2)柱轴压比。

轴压比 μN 是指柱的组合轴压力设计值 N 与柱的全截面面积 A 和混凝土轴心抗压强度设计值 f_c 乘积之比值,$\mu N = N/(f_c A)$。它是影响柱的破坏形态(大偏心受压破坏或小偏心受压破坏)和变形能力的重要因素。为了保证框架柱有一定延性,其轴压比不宜超过表 10-10 的规定,并不应大于 1.05。建造于 Ⅳ 类场地且较高的高层建筑,柱轴压比限值应适当减少。

表 10-10　柱轴压比限值

结构类型	抗震等级		
	一	二	三
框架结构	0.7	0.8	0.9
框架-抗震墙	0.75	0.85	0.95

注:1. 表内限值适用于剪跨比大于 2,混凝土强度等级不高于 C60 的柱;剪跨比不大于 2 的柱,轴压比限值应降低 0.05;剪跨比小于 1.5 的柱,轴压比限值应专门研究并采取特殊构造要求。

2. 沿柱全高采用井字复合箍且箍筋肢距不大于 200 mm、间距不大于 100 mm、直径不小于 12 mm,或沿柱全高采用复合螺旋箍、螺旋间距不大于 100 mm、箍筋肢距不大于 200 mm、直径不小于 12 mm,或沿柱全高采用连续复合矩形螺旋箍、螺旋净距不大于 80 mm、箍筋肢距不大于 200 mm、直径不小于 10 mm,轴压比限值均可增加 0.10;上述三种箍筋的配箍特征值均应按增大的轴压比由表确定。

3. 在柱的截面中部附加芯柱,其中另加的纵向钢筋的总面积不少于柱截面面积的 0.8%,轴压比限值可增加 0.05;此项措施与注 2 的措施共同采用时,轴压比限制可增加 0.15,但箍筋的配箍特征值仍可按轴压比增加 0.10 的要求确定。

（3）柱纵向钢筋配置构造。

柱纵向钢筋宜对称配置。截面尺寸大于 400 mm 的柱,纵向钢筋间距不宜大于 200 mm。柱总配筋率不应大于 5%。一级且剪跨比不大于 2 的柱,每侧纵向钢筋配筋率不宜大于 1.2%。边柱、角柱及抗震墙端柱在地震作用组合产生小偏心受拉时,柱内纵筋总截面面积应比计算值增加 25%。柱截面纵向钢筋的最小总配筋率应按表10-11采用,同时每一侧配筋率不应小于 0.2%。

表 10-11　柱截面纵向钢筋的最小总配筋率　　　（单位:%）

类　　别	抗　震　等　级			
	一	二	三	四
中柱和边柱	1.0	0.8	0.7	0.6
角柱、框支柱	1.2	1.0	0.9	0.8

注:1. 采用 HRB400 级热轧钢筋时,柱截面纵向钢筋的最小总配筋率允许较表中值减少 0.1,混凝土强度等级高于 C60 时应增加 0.1;

　　2. 对建造于Ⅳ类场地且较高的高层建筑,表中数值应增加 0.1。

（4）柱箍筋配置。

① 柱箍筋加密范围。柱端取截面高度（圆柱直径）、柱净高的 1/6 和 500 mm 三者的最大值。底层柱根不小于柱净高的 1/3;当有刚性地面时,除柱端外尚应取刚性地面上下各 500 mm。剪跨比不大于 2 的柱和柱净高与柱截面高度之比不大于 4 的柱、框支柱、一级及二级框架的角柱,取全高。

② 加密区箍筋间距和直径。一般情况下,箍筋的最大间距和最小直径应按表 10-12 采用。

二级框架柱的箍筋直径不小于 10 mm 且箍筋肢距不大于 200 mm 时,除柱根外最大间距允许采用 150 mm;三级框架柱的截面尺寸不大于 400 mm 时,箍筋最小直径允许采用 6 mm;四级框架柱剪跨比不大于 2 时,箍筋直径不应小于 8 mm。

框支柱和剪跨比不大于 2 的柱,箍筋间距不应大于 100 mm,详见表 10-12。

表 10-12　柱箍筋加密区的箍筋最大间距和最小直径　　　（单位:mm）

抗震等级	箍筋最大间距（采用较小值）	箍筋最小直径
一	$6d$,100	10
二	$8d$,100	8
三	$8d$,150(柱根 100)	8
四	$8d$,150(柱根 100)	6(柱根 8)

注:d 为柱纵筋最小直径。

③ 加密区箍筋肢距。柱箍筋加密区箍筋肢距,一级不宜大于 200 mm,二、三级不宜大于 250 mm 和 20 倍箍筋直径的较大值,四级不宜大于 300 mm。至少每隔一根

纵向钢筋宜在两个方向有箍筋或柱筋约束;采用拉筋复合箍时,拉筋宜紧靠纵向钢筋并钩住箍筋。

④ 柱箍筋非加密区的体积配筋率及箍筋间距。柱箍筋非加密区的体积配筋率不宜小于加密区的 50%;一、二级框架柱箍筋间距不应大于 10 倍纵向钢筋直径,三、四级框架柱不应大于 15 倍纵向钢筋直径。

⑤ 框架节点核心区箍筋的最大间距和最小直径。框架节点核心区箍筋的最大间距和最小直径宜按柱箍筋加密区要求采用。一、二、三级框架节点核心区配箍特征值分别不宜小于 0.12、0.10 和 0.08,且体积配箍率分别不宜小于 0.6%、0.5% 和 0.4%。柱剪跨比不大于 2 的框架节点核心区配箍特征值不宜小于核心区上、下柱端的较大配箍特征值。

3. 框架梁、柱纵向钢筋在节点核心区的锚固和搭接

(1)框架在框架中间层中间节点的上部纵向钢筋应贯穿中间节点。

梁内贯穿中柱的每根纵向钢筋直径,对于一、二级抗震等级,不宜大于柱在该方向截面尺寸的 1/20。对于圆柱截面,梁最外侧贯穿节点的钢筋直径,不宜大于纵向钢筋所在位置柱截面弦长的 1/20。

(2)框支柱宜采用复合螺旋箍或井字复合箍,其最小配箍特征值应比表内数值增加 0.02,且体积配箍率不应小于 1.5%。

(3)剪跨比不大于 2 的柱宜采用复合螺旋箍或井字复合箍,其体积配箍率不应小于 1.2%,9 度时不应小于 1.5%。

10.3.5　底部框架-抗震墙房屋抗震构造措施

1. 底部框架-抗震墙部分

(1)底部的钢筋混凝土托墙梁。

底部框架-抗震墙房屋的钢筋混凝土托墙梁,其截面和构造应符合下列要求。

① 梁的截面宽度不应小于 300 mm,梁的截面高度不应小于跨度的 1/10。

② 箍筋的直径不应小于 8 mm,间距不应大于 200 mm;梁端在 1.5 倍梁高且不小于 1/5 梁净跨范围内,以及上部墙体的洞口处和洞口两侧各 500 mm 且不小于梁高的范围内,箍筋间距不应大于 100 mm。

③ 沿梁高应设腰筋,数量不应少于 2φ14,间距不应大于 200 mm。

④ 梁的主筋和腰筋,应按受拉钢筋的要求锚固在柱内,且支座上部的纵向钢筋在柱内的锚固长度应符合钢筋混凝土框支梁的有关要求。

(2)底部的钢筋混凝土抗震墙。

底部的钢筋混凝土抗震墙,其截面和构造应符合下列要求。

① 抗震墙周边应设置梁(或暗梁)和边框柱(或框架柱)组成的边框;边框梁的截面宽度不宜小于墙板厚度的 1.5 倍,截面高度不宜小于墙板厚度的 2.5 倍;边框柱截

面高度不宜小于墙板厚度的 2 倍。

② 抗震墙墙板厚度不宜小于 160 mm,且不应小于墙板净高的 1/20;抗震墙宜开设洞口形成若干墙段,各墙段的高宽比不宜小于 2。

③ 抗震墙的竖向和横向分布钢筋配筋率均不应小于 0.25%,并应采用双排布置,双排分布钢筋间拉筋的间距不应大于 600 mm,直径不应小于 6 mm。

④ 抗震墙的边缘构件可按钢筋混凝土抗震墙关于一般部位的规定设置。

(3)底部的普通砖抗震墙。

底层框架-抗震墙房屋的底层采用普通砖抗震墙时,其构造应符合下列要求。

① 墙厚不应小于 240 mm,砌筑砂浆等级不应低于 M10,应先砌墙后浇框架。

② 沿框架柱每隔 500 mm 配置 $2\phi6$ 拉结钢筋,并沿砖墙全长设置;在墙体半高处尚应设置与框架柱相连的钢筋混凝土水平系梁。

③ 墙长大于 5 m 时,应在墙内增设钢筋混凝土构造柱。

2. 底部框架-抗震墙房屋的楼盖

底部框架-抗震墙房屋的楼盖应符合下列要求。

① 过渡层的底板应采用现浇钢筋混凝土板,板厚不应小于 120 mm;并应少开洞、开小洞,当洞口尺寸大于 800 mm 时,洞口周边应设置边梁。

② 其他楼层,采用装配式钢筋混凝土楼板时均应设现浇圈梁,采用现浇钢筋混凝土楼板时应允许不另设圈梁,但楼板沿墙体周边应加强配筋并应与相应的构造柱可靠连接。

3. 上部砖房部分

(1)构造柱。

底部框架-抗震墙房屋的上部应设置钢筋混凝土构造柱,并应符合下列要求。

① 钢筋混凝土构造柱的设置部位,应根据房屋的总层数按多层黏土砖房的规定设置。过渡层尚应在底部框架柱对应位置处设置构造柱。

② 构造柱的截面不宜小于 240 mm×240 mm。

③ 构造柱的纵向钢筋不宜少于 $4\phi14$,箍筋间距不宜大于 200 mm。

④ 过渡层构造柱的纵向钢筋,7 度时不宜少于 $4\phi16$,8 度时不宜少于 $6\phi16$。一般情况下,纵向钢筋应锚入下部的框架柱内;当纵向钢筋锚固在框架梁内时,框架梁的相应位置应加强。

构造柱应与每层圈梁连接,或与现浇楼板可靠拉结。

(2)抗震墙。

上部抗震墙的中心线宜同底部的框架梁、抗震墙的轴线相重合;构造柱宜与框架柱上下贯通。

(3)其他抗震构造措施。

底部框架-抗震墙房屋的其他抗震构造措施,应符合多层砖房的有关要求。

4. 材料的强度等级

底部框架-抗震墙房屋的材料强度等级应符合下列要求:
(1) 框架柱、抗震墙和托墙梁的混凝土强度等级,不应低于 C30;
(2) 过渡层墙体的砌筑砂浆强度等级不应低于 M7.5。

本 章 小 结

本章主要讲授了地震的基本知识,地震对建筑物的破坏,建筑物抗震设防的基本意义以及多层砌体房屋的抗震构造措施、钢筋混凝土房屋抗震构造措施、框架结构抗震构造措施、底部框架-抗震墙房屋抗震构造措施。

实践证明,地震是造成建筑物倒塌的主要原因,从而造成很大的人员伤亡和巨大的经济损失,所以建筑抗震设防是当前需要解决的实际问题,也是今后建筑物设计时必须考虑的问题。

【思考与练习】

一、判断题

1. 地震震级越高,对建筑物的破坏越大。
2. 对于一次地震来说,震级只有一个,但相应这次地震的不同地区则有不同的地震烈度。

第11章 民用建筑工业化

【知识点及学习要求】

知　识　点	学　习　要　求
1. 民用建筑工业化的意义与实现途径	了解民用建筑工业化的意义和实现途径,了解民用建筑工业化的类型
2. 砌块建筑	了解砌块建筑的类型和适用范围,熟悉砌块建筑的构造
3. 装配式大板建筑	了解装配式大板建筑的适用范围和结构类型,熟悉大板建筑的结构体系,掌握大板建筑的连接构造
4. 框架轻板建筑	了解框架轻板建筑的类型和适用范围,熟悉框架轻板建筑的构造
5. 盒子建筑	了解盒子建筑的类型和适用范围
6. 升板建筑	了解升板建筑

11.1　民用建筑工业化的意义和实现途径

11.1.1　民用建筑工业化的意义

民用建筑工业化是利用现代化的生产方式和管理手段代替传统的、分散的手工业生产方式来建造房屋。实现民用建筑工业化的目的是降低劳动强度,减少工人消耗,加快速度,提高施工质量,改变建筑业的生产方式。

实现民用建筑工业化,必须针对大量性建造的房屋及其产品实现建筑部件系列化、集约化和商品化,使之成为定型的工业产品或生产方式,提高建筑的建设速度和质量。

民用建筑工业化的基本特征表现在以下几个方面。

(1) 设计标准化。

设计标准化是民用建筑工业化的前提条件,它是将某一类型的建筑物、构配件和建筑制品采取标准化设计,以便建筑产品能进行成批生产。

（2）施工机械化。

施工机械化是民用建筑工业化的核心，它将标准化设计和定型化建筑构配件运用现代的机械化生产方式组织生产，减轻工人劳动强度，提高施工速度和工程质量。

（3）生产工厂化。

生产工厂化是民用建筑工业化的手段，它将建筑的构配件生产由现场转入工厂制造，可以保证产品质量和提高建筑物的施工速度。

（4）组织管理科学化。

组织管理科学化是实现民用建筑工业化的保证，它将各个环节相互间的矛盾通过统一、科学的组织管理来加以协调，保证工程质量，缩短工期，提高投资效益。

工业化建筑体系有两种：一种是专用体系，另一种是通用体系。前者是以定型建筑物为基础，进行构配件配套的一种体系，有一定的设计专用性和技术先进性，缺少与其他体系配合的互换性和通用性。后者是以通用构配件为基础，进行多样化房屋组合的一种体系，它的构配件可以互相通用，并可进行专业化成批生产。

11.1.2　实现民用建筑工业化的途径

目前，实现民用建筑工业化的途径有以下两种。

（1）预制装配式建筑。

预制装配式建筑的构配件制品，采用工业化方法生产，然后运到现场安装。目前，装配式建筑主要有砌块建筑、板材建筑、框架轻板建筑、盒子建筑等。它的主要优点是生产效率高，构件质量好，施工速度快，现场湿作业少，受季节性影响小。缺点是生产基地一次性投资大，当生产量不稳定时，工厂的生产能力得不到充分发挥。

（2）全现浇和现浇与预制相结合的建筑。

此类建筑的主要承重构件，如墙体和楼板，全部现浇或其中部分现浇、部分预制装配。这类建筑主要有大模板建筑、滑板建筑及升板建筑等。它的主要优点是结构整体性好，适应性强，运输费用低，可组织大面积的流水施工，经济效果好，生产基地的一次投资比全装配少。缺点是现场湿作业多，工期长。

11.1.3　工业化建筑的类型

工业化建筑是按结构类型和生产施工工艺进行分类的。建筑结构类型主要是指各种不同材料的剪力墙结构和以混凝土为主的框架结构，生产施工工艺主要是按混凝土工程划分，有预制装配、工具式模板机械化现浇及预制与现浇相结合。按建筑结构类型与生产施工工艺的特征，可将工业化建筑划分为砌块建筑、装配式大板建筑、框架轻板建筑、盒子建筑及升板建筑等。

11.2　砌块建筑

砌块建筑是用尺寸大于普通黏土砖的预制块材作为墙体材料的一种建筑。制作砌块的材料很多,如混凝土、加气混凝土、各种工业废料、粉煤灰、煤矸石及石渣等。砌块可以是空心的,也可以是实心的。由于砌块的尺寸大于普通砖的尺寸,墙体砌筑速度快,建筑物的其他承重构件,如楼板、屋面板等,均与砖混结构类似,施工方法也基本一致。砌块建筑示意图如图11-1所示。

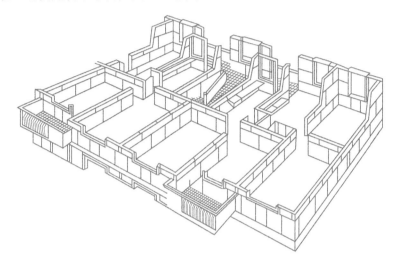

图 11-1　砌块建筑示意

11.2.1　砌块建筑的特点及适用范围

砌块建筑具有设备简单、施工速度快、节省人工、便于就地取材、能大量利用工业废料及造价低廉等优点。但砌块建筑是工业化建筑的一种简单形式,工业化程度不高,现场湿作业多,并且砌块强度较低。

砌块建筑一般适用于六层以下的住宅、办公楼及单层厂房等建筑。

11.2.2　砌块的类型及规格

砌块的类型很多,按砌块的质量和尺寸分有小型砌块(质量一般在 20 kg 以内)、中型砌块(质量一般在 350 kg 以内)和大型砌块(质量一般在 350 kg 以上)。按砌块构造分有空心砌块和实心砌块。从使用情况看,以中、小型砌块和空心砌块居多。

部分地区常用的砌块规格见表11-1。

在考虑砌块规格时,第一必须符合《建筑模数协调标准》(GB/T 50002—2013)的规定;其次是砌块的尺度应考虑到生产工艺条件,如施工运输、吊装能力以及砌筑时错缝、搭接的可能性;第三是砌块的型号越少越好,且其主要砌块在排列组合中使用次数越多越好;最后要考虑砌块的强度和稳定性。

表 11-1 部分地区砌块常用规格

分类	小型砌块	中型砌块		大型砌块
用料及配合比	C15 细石混凝土,配合比经计算与实验确定	C20 细石混凝土,配合比经计算与实验确定	粉煤灰 530~580 kg/m³ 石灰 150~160 kg/m³ 磷石膏 35 kg/m³ 煤渣 960 kg/m³	粉煤灰 68%~75% 石灰 21%~23% 石膏 4% 泡沫剂 1%~2%
强度等级	MU3.5~MU5	MU5~MU7.5	MU7.5~MU10	MU15
规格 厚× 高× 长/mm	90×190×190 190×190×190 190×190×390	180×845×630 180×845×830 180×845×1030 180×845×1280 180×845×1480 180×845×1680 180×845×1880 180×845×2130	190×380×280 190×380×430 190×380×580 190×380×880	厚:200 高:600、700、800、900 长:2700、3000、3300、3600
最大块质量/kg	13	295	102	大型:650
使用情况	广州、陕西等地区,用于住宅建筑和单层厂房等	浙江:用于6层以下的住宅和单层厂	上海:用于6层以下的宿舍和住宅	天津:用于4层宿舍、3层学校、单层厂房

11.2.3 砌块排列的原则

由于砌块的尺寸较大,在砌筑时不如普通砖铺设灵活。砌筑前应设计其排列顺序,并绘制砌块排列组合图。砌块排列要遵循以下原则。

(1)砌块排列要整齐划一,有规律性。

(2)正确选择砌块的规格尺寸,减少砌块的规格类型,尽可能采用大规格砌块作主要砌块,提高主要砌块的使用率,使主要砌块占砌块总数的70%以上。

(3)纵横牢固搭砌,避免通缝;还要考虑内、外墙的交接和咬砌,保证砌块墙的整体性和稳定性。

（4）可采用普通砖作镶砖，用以调整砌块的排列顺序。但要尽可能减少镶砖数量，镶砖应分散、对称布置，保证砌块墙体受力均匀。

砌块排列示意如图 11-2 所示。

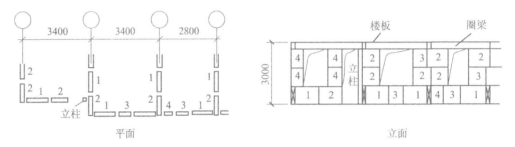

图 11-2　砌块排列示意

11.2.4　砌块建筑构造

1. 砌块墙的接缝处理

砌块墙体的接缝不仅对砌体的保温、防渗和隔声有影响，而更重要的是保证砌体的整体性和稳定性。砌块的接缝形式如图 11-3 所示。砌块灰缝应做到灰缝平直、砂浆饱满。小型砌块缝宽为 10～15 mm，中型砌块缝宽为 15～20 mm，加气混凝土块缝宽为 10～15 mm。砌筑砂浆强度由计算确定，一般采用 M5 以上强度等级。考虑到砌块制造误差等因素，必要时可调整灰缝宽度，垂直灰缝宽度若大于 40 mm，须用C20 细石混凝土灌缝。

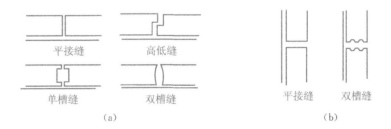

图 11-3　砌块的接缝形式

(a)垂直缝；(b)水平缝

2. 砌块墙的搭接

砌块砌体必须错缝搭接，如图 11-4(a)所示。上、下皮搭缝长度：中型砌块不小于150 mm，小型砌块不小于 90 mm。当搭缝长度不足时，应在水平灰缝内增设钢筋网片，如图 11-4(b)所示。

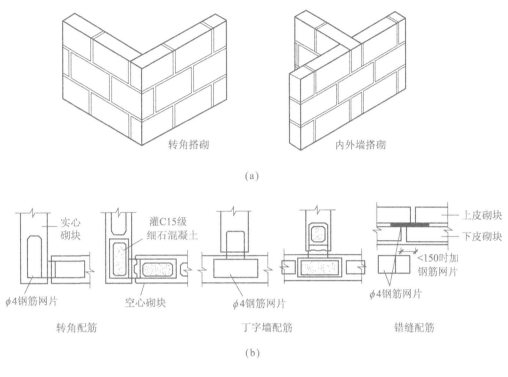

图 11-4 砌块墙构造

(a)砌块搭接；(b)通缝处理

3. 圈梁

在砌块建筑适当的位置设置圈梁,可提高砌块建筑的整体性。当圈梁与过梁位置接近时,可将圈梁与过梁合并在一起,以圈梁兼作过梁。外墙及内纵墙应在屋顶处设置圈梁,楼层的楼板处可隔层设置;内横墙的圈梁设置与外墙、内纵墙相同,其水平间距不宜大于 10 m。当承重墙厚为不超过 200 mm 的砌块建筑,宜每层设置圈梁一道。

砌块建筑的圈梁设置也可将设计抗震烈度提高 1 度后,按普通砖建筑圈梁的设置要求考虑。

4. 构造柱

为提高砌块建筑的整体性,应在外墙转角处和部分内、外墙交接处设置构造柱。混凝土空心型砌块墙体,可利用上、下砌块贯通的孔洞,在孔洞内设置不少于 1φ12 的竖向钢筋,用 C20 细石混凝土灌实形成构造柱,如图 11-5 所示。构造柱与圈梁、基础须有较好的连接。

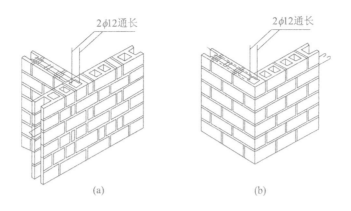

图 11-5　砌块墙构造柱

(a)内外墙交接处构造柱;(b)外墙转角处构造柱

11.3　装配式大板建筑

　　装配式建筑可分为中型板材建筑和大型板材建筑两大类,如图 11-6 所示。中型板材尺寸小,制作、运输和安装较方便,但接缝多,板材间不易平整。

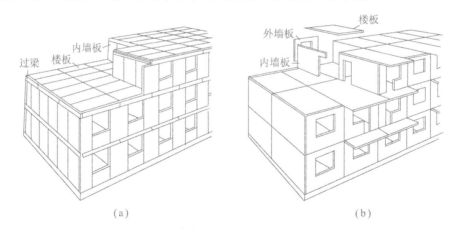

图 11-6　板材装配式建筑的组合形式

(a)中型板材;(b)大型板材

　　大型板材装配式建筑也称为大板建筑,是一种全装配式的工业化建筑,是由工厂预制的大型墙板、大楼板、大屋面板等构件在现场装配而成的一种建筑。

11.3.1　大板建筑的特点及适用范围

　　大板建筑的特点是机械化程度高、劳动条件好、工期短、生产效率高、自重较轻,能有效增加使用面积。但是,大板建筑一次性投资大,需要大型的运输和吊装设备,钢材和水泥用量大,造价较高。大型板材适用于中、高层建筑,最高可达 20 余层。

11.3.2 大板建筑的结构体系

大板建筑的结构体系主要有横向墙板承重、纵向墙板承重、双向墙板承重和部分梁柱承重等几种形式,如图 11-7 所示。

(1)横向墙板承重体系。

横向墙板承重体系是将楼板搁置在横向墙板上,如图 11-7(a)所示。这种结构体系的结构刚度大、整体性好,但承重墙较密,对建筑平面限制大。横向墙板承重体系主要适用于住宅、宿舍等小开间建筑。必要时可采用大跨度楼板,形成图 11-7(b)所示的大开间横向墙板承重体系,内部用轻质隔墙分隔。

(2)纵向墙板承重体系。

纵向墙板承重体系是将楼板搁置在纵向墙板上,如图 11-7(c)、(d)所示。这种结构体系的结构刚度和整体性较横向墙板承重体系差,需间隔一定距离设横向剪力墙拉结。纵向墙板承重体系对建筑平面限制较小,内部分隔灵活。

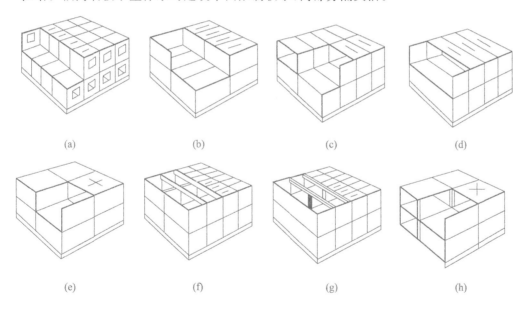

(a)   (b)   (c)   (d)

(e)   (f)   (g)   (h)

图 11-7 大板建筑的结构类型

(a)横向承重(小跨度);(b)横向承重(大跨度);(c)纵向承重(小跨度);(d)纵向承重(大跨度);
(e)双向承重;(f)内墙板搁大梁承重;(g)内骨架承重;(h)楼板四点搁置,内柱承重

(3)双向墙板承重体系。

双向墙板承重体系是将楼板的四边搁置在纵、横两个方向的墙板上,如图 11-7(e)所示。这种结构体系使承重墙板形成井字格,房间的平面尺寸受到限制,房间布置不灵活。

(4) 部分梁柱承重体系。

部分梁柱承重体系是将楼板搁置在横梁上,如图 11-7 (f) 所示。可将内墙改为内柱,使柱和梁结合;也可以取消横梁,采用四点搁置的板和内柱结合,形成内骨架结构形式,如图 11-7 (g)、(h) 所示。

部分梁柱承重体系有利于较大尺寸房间的设计、隔断灵活。但这种体系的结构刚度和整体性较差,需设置横向剪力墙,增加横向刚度,提高整体性。

11.3.3 板材的类型与构造

大板建筑的主要构件有内墙板、外墙板、楼板与屋面板,辅助构件有楼梯、阳台板、挑檐板和女儿墙板等。

(1) 内墙板。

内墙板有实腹平板、空心墙板和复合材料墙板,如图 11-8 所示。由于内墙板通常不需要保温和隔热,所以多为单一材料墙板。

实腹平板一般是采用混凝土做的平板式墙板,有普通混凝土墙板,还有粉煤灰矿渣混凝土和陶粒混凝土等轻质实腹平板,如图 11-8(a) 所示。混凝土平板式墙板的厚度为 120～140 mm,墙板内可不配筋,只在边角、洞口等位置配置构造钢筋。高层大板建筑宜采用钢筋混凝土墙板,板的厚度可达 160 mm。

空心墙板多为钢筋混凝土抽孔式墙板,孔洞可做成圆形、椭圆形、去角长方形等,如图 11-8(b) 所示。空心墙板的厚度一般为 140～180 mm。

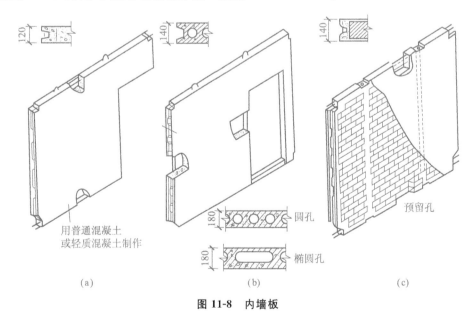

图 11-8　内墙板

(a)实腹平板;(b)空心墙板;(c)振动砖墙板

吊装时在预留孔内穿预应力工具钢筋可起加固作用并兼作吊环。

复合材料内墙板常用的是振动砖墙板,它应用振动的方式将小块多孔砖或空心砖预制成大块墙板,如图 11-8(c)所示。其一般为半砖厚,两边有 10～15 mm 厚的水泥砂浆,板内配置构造钢筋,墙板厚 140 mm。

(2)外墙板。

外墙板是房屋的外围护构件,具有保温、隔热、抗风雨、隔声和美观等功能要求。外墙板有承重外墙板和非承重外墙板。外墙板可划分成一间一块板,也可制成高度为二、三个层高,宽度为二、三个开间一块大小的多种规格。

外墙板按所用材料分,有单一材料外墙板和复合材料外墙板。

单一材料外墙板有实心、空心、带肋等多种形式,如图 11-9 所示。

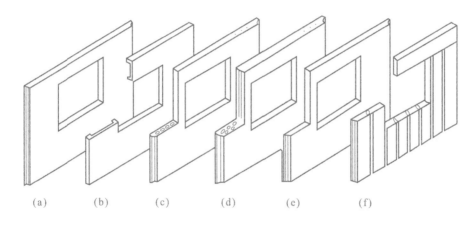

(a)　　　(b)　　　(c)　　　(d)　　　(e)　　　(f)

图 11-9　单一材料外墙板

(a)实心外墙板;(b)框肋外墙板;(c)空心外墙板;(d)双排孔外墙板;
(e)轻骨料混凝土外墙板;(f)加气混凝土组合外墙板

复合材料外墙板是用两种或两种以上材料组合构成的墙板,主要有结构层、保温层、饰面层、防水层等,如图 11-10 所示。复合材料外墙板内的保温材料可以是散料、预制块料、现浇轻质料和纤维板等。

外墙板可以一次成型,做成凸窗、凹窗、凸阳台等立体变化的异型墙板,用于丰富大板建筑的立面。

(3)楼板与屋面板。

大板建筑中的楼板与屋面板一般为钢筋混凝土板,板的形式有实心平板、空心平板、肋形板等,如图 11-11 所示。

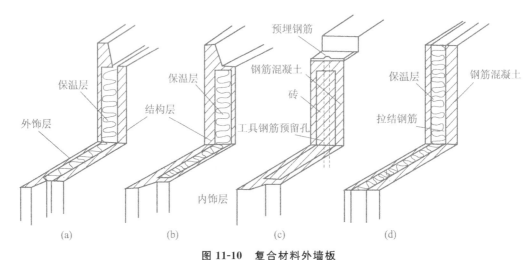

图 11-10 复合材料外墙板

(a)结构层在内侧;(b)结构层在外侧;(c)振动砖外墙板;(d)夹层外墙板

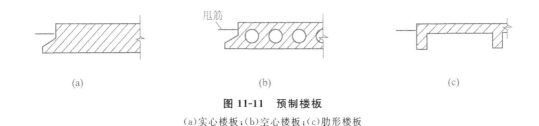

图 11-11 预制楼板

(a)实心楼板;(b)空心楼板;(c)肋形楼板

11.3.4 大板的连接构造

大板的连接构造不仅是保证结构整体性和稳定性的关键,而且还是使墙体具有密闭和隔声性能的重要环节。

1. 墙板与墙板之间的连接

墙板与墙板之间的连接常用两种方法:一种是用钢筋或钢板,将墙板中的预埋铁件焊接在一起并浇灌细石混凝土而连接,如图 11-12(a)所示;另一种连接方法是将墙板上、下端伸出的连接钢筋搭接或加短筋连接,再用混凝土浇灌成整体,如图 11-12(b)所示。

2. 楼板与墙板之间的连接

楼板在墙板上的搁置长度应不小于 60 mm,可采用平缝砂浆灌缝的连接方式。但为了增强结构的整体性和稳定性,楼板与墙板的连接多用连接墙板中的预留钢筋并现浇混凝土的方法,如图 11-13 所示。

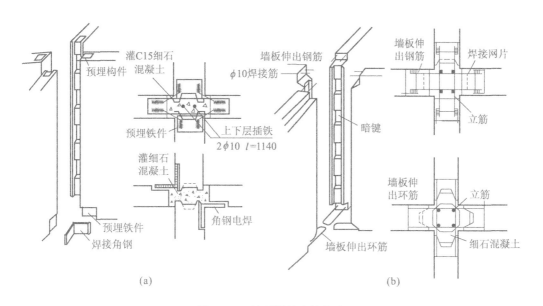

图 11-12　墙板间的连接构造

(a)预埋钢板电焊连接；(b)伸出钢筋电焊连接

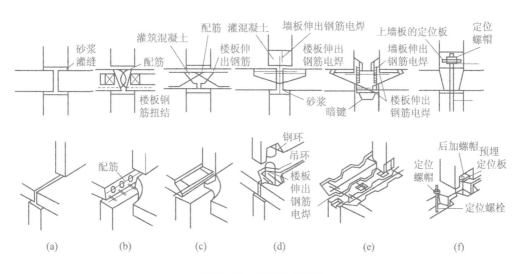

图 11-13　楼板间的连接

(a)平缝砂浆灌缝；(b)楼板伸出钢筋并加筋灌混凝土连接；(c)楼板伸出钢筋连接；
(d)楼板伸出钢筋电焊；(e)卡口楼板伸出钢筋电焊；(f)墙板伸出螺栓上下定位并连接

3. 外墙板接缝处的防水构造

外墙板接缝主要有水平缝和垂直缝。外墙板接缝处的防水构造须考虑墙板的胀缩、结构变形等因素对房屋防水、保温以及强度的影响。目前常用的方法有材料防水、构造防水和弹性物盖缝防水。

(1) 材料防水。

材料防水采用填嵌缝隙的方法,嵌缝材料应具有弹性好、附着性强、高温不流淌、低温不脆裂,并有很好的黏结性和抗老化性。常用的防水材料有砂浆、细石混凝土、胶泥、防水油膏、嵌缝带、沥青麻丝等。材料防水构造如图 11-14 所示。

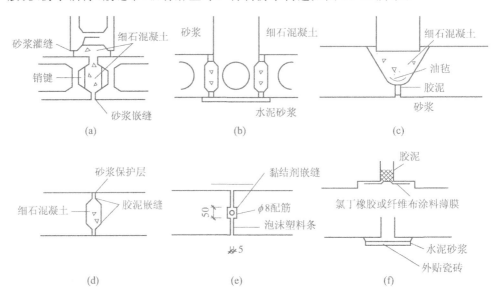

图 11-14 材料填缝防水构造
(a)、(b)灌细石混凝土后砂浆嵌缝;(c)、(d)灌细石混凝土后胶泥嵌缝砂浆保护;
(e)胶黏剂灌缝;(f)薄膜贴缝

(2) 构造防水。

构造防水是将外墙板边缘做一些改进,形成滴水槽、内部压力平衡风腔等构造,起到"导水"的作用。构造防水可做成敞开式的,缝内不镶嵌防水材料,但不利于保温;也可做成封闭式的,用水泥砂浆或油膏嵌缝形成压力平衡风腔。外墙板水平缝构造防水如图 11-15 所示,外墙板垂直缝构造防水如图 11-16 所示。

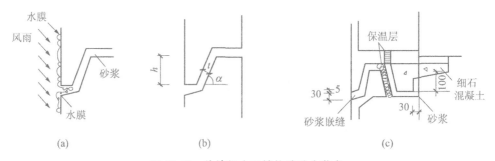

图 11-15 外墙板水平缝构造防水节点
(a)挡水台防水情况;(b)挡水台外形尺寸;(c)挡水台外嵌砂浆
(d)挡水台敞开式;(e)墙板拔水;(f)外加拔水条

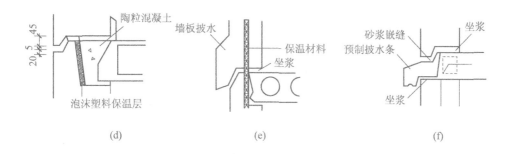

续图 11-15

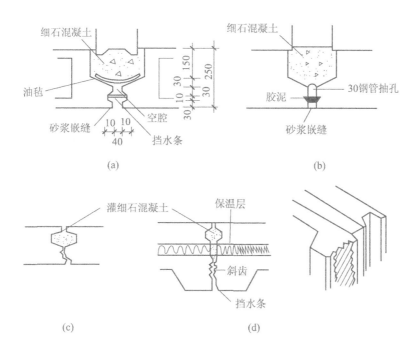

图 11-16　外墙板垂直缝构造防水节点
(a)挡水条封闭式空腔；(b)胶泥封闭式空腔；(c)S 形咬口缝；(d)斜齿形泄水槽

（3）弹性物盖缝防水。

弹性物盖缝防水是将具有弹性的盖缝条嵌入板缝内，达到防止雨水渗入室内的目的。

弹性盖缝条可以是金属（不锈钢）类的，也可以为塑料或橡胶类的，弹性物盖缝防水示例如图 11-17 所示。

对防水要求较高时，可采用多种防水方式相结合的处理方法，以达到最佳的防水效果。

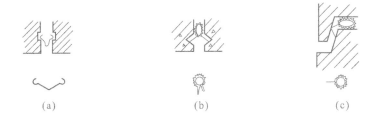

图 11-17　弹性盖缝条
(a)用于垂直缝的金属弹性盖封条；(b)用于垂直缝的橡塑弹性盖缝条；
(c)用于水平缝的橡塑弹性盖缝条

11.4　框架轻板建筑

　　框架轻板建筑是以柱、梁、楼板所组成的框架为承重构件，以轻型墙板为围护与分隔构件的建筑物，如图 11-18 所示。装配式钢筋混凝土框架轻板建筑在我国是框架轻板建筑体系中具有代表性的一种。

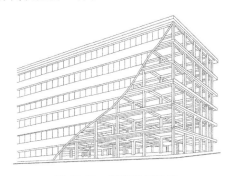

图 11-18　框架轻板建筑

11.4.1　框架轻板建筑的特点及适用范围

　　框架轻板建筑具有开间、进深大，空间分隔灵活，墙体薄，面积利用率高等优点。但这类建筑的钢材和水泥用量大，构件吊装次数多，梁与柱接头复杂，造价较高。

　　框架轻板建筑适用于要求有较大空间的多层和高层建筑，如住宅、办公楼和公共建筑等。

11.4.2　框架结构的类型

　　按框架结构所用的材料，可分为钢筋混凝土框架和钢框架。前者造价较低、防火性能好，多用于 20 层以下的建筑物；后者框架自重轻，施工速度快，多用于高层和超高层建筑物。

　　钢筋混凝土框架按施工方法，有现浇整体式、装配整体式和全装配式等形式。现浇整体式框架需湿作业,不利于雨期和寒冷地区冬期施工。

钢筋混凝土框架按主要构件,有梁板柱框架体系、板柱框架体系和剪力墙框架体系。

1. 梁板柱框架体系

梁板柱框架体系由梁、柱组成横向或纵向框架,用楼板或连续梁将框架进行连接。这是目前广泛应用的一种框架形式,如图 11-19(a)所示。

2. 板柱框架体系

板柱框架体系是由楼板和柱组成的框架,柱直接支承楼板的四角。楼板可以是梁板合一的肋形楼板,也可为实心楼板。这种结构体系能满足楼层内大空间布置的需要,如图 11-19(b)所示。

3. 剪力墙框架体系

剪力墙框架体系是在上述两种框架结构体系中增设一些剪力墙而构成的一种结构形式,简称为框剪结构,如图 11-19(c)所示。加设剪力墙后,结构刚度明显提高,可承担较大的水平荷载。这种结构体系在高层建筑中普遍采用。

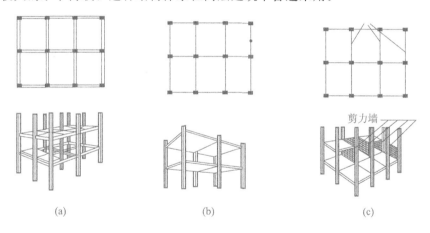

(a)　　　　　　　　　　(b)　　　　　　　　　　(c)

图 11-19　框架结构类型

(a)梁板柱框架体系;(b)板柱框架体系;(c)剪力墙框架体系

11.4.3　框架轻板建筑的外墙

框架轻板建筑的外墙一般只承受自重和风荷载,可设计成轻型墙板。常用的轻型墙板有混凝土类外墙轻板和幕墙类外墙轻板。

1. 混凝土类外墙轻板

混凝土类外墙轻板有加气混凝土、陶粒混凝土等轻板。它的安装可以采用下承式,即板的下端支承在下面的楼板或梁上,上端与上面楼板或左右框架柱连接固定的一种方法,如图 11-20 所示;也可以将混凝土轻板悬挂在上面的楼板边缘上,下部仅做一般拉结,这是上承式的安装方法。上承式安装的混凝土轻外墙板也称为混凝土悬挂墙板。

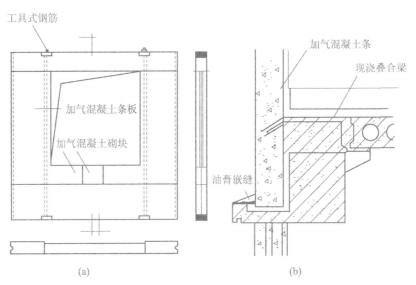

图 11-20 加气混凝土外墙板及其与框架梁的连接

(a)由加气混凝土条板组成的外墙板形式;(b)加气混凝土外墙板与框架梁的连接构造

2. 幕墙类外墙轻板

幕墙类外墙轻板有金属幕墙、玻璃幕墙等。

(1)金属幕墙。

金属幕墙墙板一般由外表层、保温层和内表层三个层次组成。外表层材料有不锈钢板、彩色钢板、铝合金板等板型材料,保温层材料有岩棉、聚氨酯、聚苯乙烯、加气混凝土等,内表层材料有石膏板、金属板、纤维板等。

金属幕墙可以采用现场组装方式安装,即先将金属幕墙板的外层安装在骨架上,再依次安装保温层和内表层;也可以在幕墙厂按金属幕墙墙板层次组装成型,现场按单元板材安装。

(2)玻璃幕墙。

玻璃幕墙是被广泛应用的一种轻型围护板材,常用的玻璃有吸热玻璃、热反射镀膜玻璃、低反射率镀膜玻璃、夹层玻璃、中空玻璃等。不同的玻璃品种有着不同的功能,可满足不同的建筑要求。

玻璃幕墙一般采用铝合金杆件组成格子状骨架,骨架用螺栓连接固定在框架上,按安装方式有明框玻璃幕墙和隐框玻璃幕墙。明框玻璃幕墙是将玻璃镶嵌在铝合金骨架的凹槽内,用橡胶条密封,铝合金骨架暴露在玻璃外侧,分格特征明显。隐框玻璃幕墙是利用在双层中空玻璃四周内镶小铝合金框或采用结构胶粘贴等方法,将玻璃安装在铝合金骨架外侧,隐蔽铝合金骨架,有大面积的整片玻璃感。

11.5　盒子建筑

盒子建筑是以工厂化生产的一个房间或几个房间组成的空间盒子构件,在施工现场吊装组合而成的建筑。完善的盒子构件不仅有结构部分和围护部分,而且内部装饰、设备、管线、家具和外部装修等均可在工厂生产完成。

11.5.1　盒子建筑的特点及适用范围

盒子建筑工厂化生产程度高,现场工作量小。一般盒子建筑工厂内的工程量大约可占到 80%,现场工程量仅 20% 左右。盒子建筑有较好的刚度,自重较小,但由于盒子构件尺寸大,对生产设备、运输设备、现场吊装设备以及生产施工技术要求较高。比较而言,盒子建筑生产投资大、造价较高。

盒子建筑主要应用于住宅、旅馆等低层和多层建筑。

11.5.2　盒子构件的类型

盒子构件可分为有骨架盒子构件和无骨架盒子构件。有骨架的盒子构件常用钢、铝、木材、钢筋混凝土等做骨架,以轻型板材围合成盒子,如图 11-21 所示。

无骨架的盒子构件一般用钢筋混凝土制作,每个盒子由六块平板拼接而成,如图 11-22 所示。

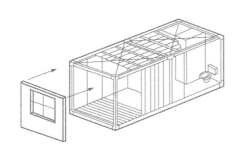

图 11-21　有骨架的盒子构件

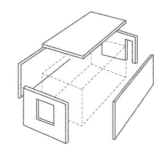

图 11-22　无骨架的盒子构件

11.5.3　盒子建筑的组装方式

用盒子构件组装的建筑大体分重叠组装、交错组装、盒子板材组装、盒子框架组装和盒子简体组装等方式,如图 11-23 所示。

(1)重叠组装。

重叠组装是指将上下盒子重叠组装,其构造简单,应用较广。

(2)交错组装。

交错组装是指将上下盒子交错组装,可避免盒子相邻两侧面的重复,比较经济。

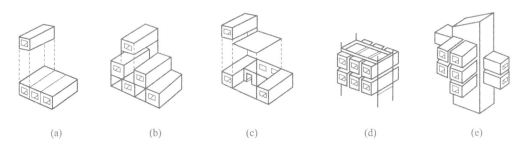

图 11-23 盒子建筑组装方式

(a)重叠组装;(b)交错组装;(c)盒子板材组装;(d)盒子框架组装;(e)盒子简体组装

(3)盒子板材组装。

盒子板材组装是指将小开间的房间(厨房、卫生间等)做成承重盒子,在盒子间架大楼板,可以节约材料,内部房间分隔较灵活。

(4)盒子框架组装。

盒子框架组装是指盒子支承和悬挂在刚性框架上,盒子构件不承重,组装较灵活。

(5)盒子简体组装。

盒子简体组装是指将盒子悬挑在建筑物的核心筒体外壁上。

11.6 升板建筑

升板建筑是利用房屋自身网状排列的承重柱作为导杆,将就地叠层浇筑的大面积楼板逐层提升就位固定的方法建造的建筑物,如图 11-24 所示。

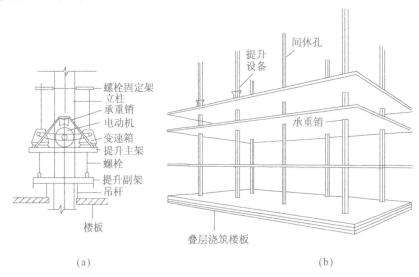

(a)   (b)

图 11-24 升板建筑示意图

(a)升板提升装置;(b)提升建筑的楼板提升

升板建筑的主要施工设备是提升机,每根柱子上安装上台,以使楼板在提升过程中均匀受力,同步上升。

11.6.1　升板建筑的特点及适用范围

升板建筑空间大、分隔灵活、施工设备简单、机械化程度高、高空作业少、施工速度快、占地少、节省模板。

升板建筑多用于需较大室内空间、楼面荷载大的多层建筑。

11.6.2　升板建筑的构造及施工

升板建筑的楼板可以是钢筋混凝土平板、双向密肋板或预应力钢筋混凝土板。其外墙可为砖墙、砌块墙或预制墙板等,最好选用轻质材料墙体。

升板建筑的施工顺序:首先做好基础,并在基础上立柱子;其次是打地坪、叠层浇筑楼板,板与板间用隔离剂分开,楼板与柱交界处留缝;最后是逐层提升就位,如图11-25所示。

升板建筑还可以进一步发展成升层建筑,它是在每两层楼板间安装好预制墙板或其他墙体,与墙体一起提升,减少墙体的高空作业,如图11-26所示。

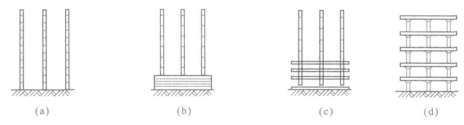

(a)　　　　　　(b)　　　　　　(c)　　　　　　(d)

图 11-25　升板建筑的施工顺序

(a)做基础、立柱子;(b)打地坪、叠层浇筑楼板;(c)逐级提升、就位;(d)全部就位

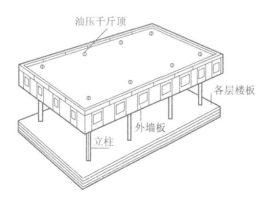

油压千斤顶

各层楼板

外墙板

立柱

图 11-26　升层建筑

本 章 小 结

1.民用建筑工业化是用现代工业生产方式和科学管理手段来建造房屋,其特征是设计标准化、生产工厂化、施工机械化、组织管理科学化。

2.砌块建筑工业化程度较低,但对设备条件要求不高,造价低,应用广泛。

3.大板建筑是一种全装配式体系,机械化程度高,工期短。大板建筑的墙板有多种类型,其连接与板缝防水构造较复杂。

4.框架轻板建筑的空间分隔灵活,自重轻,构件吊装次数多,构件接头量大。框架轻板建筑的外墙有混凝土类外墙轻板和幕墙类外墙轻板。

5.盒子建筑的工厂化生产程度高,劳动强度低,但对工厂的生产设备、盒子运输设备和现场吊装设备要求高。

6.升板建筑利用自身柱子为导杆,将在现场预制的楼板提升就位,所需施工场地较小。

【思考与练习】

一、填空题

1.民用建筑工业化的基本特征是(　　　)、(　　　)、(　　　)、(　　　)。

2.大板建筑的结构体系主要有(　　　)、(　　　)、(　　　)和(　　　)等几种形式。

二、判断题

1.砌块建筑的砌块型号越少越好,且主要砌块在排列组合中使用的次数越多越好。

第12章　民用建筑构造设计实录

【知识点及学习要求】

知　识　点	学　习　要　求
1. 基础设计	掌握刚性基础的构造设计,特别是砖基础、混凝土基础
2. 墙身构造设计	掌握过梁、圈梁、构造柱构造,了解窗台、防潮层、散水、勒脚构造
3. 楼板布置设计	掌握楼板的布置
4. 平屋顶构造设计	掌握平屋顶构造设计
5. 楼梯构造设计	了解楼梯构造设计

12.1　基础设计实录

由于建筑物的结构类型、荷载大小、高度、体量以及地质水文、建筑材料等原因,建筑物的基础有多种形式。

12.1.1　砖基础

砖砌台阶形基础是广泛应用的一种刚性基础,俗称大放脚。大放脚一般是二皮一收(每砌筑一层砖称为一皮)的形式,也称等高式;或者二一间隔收的形式,也称不等高式,如图 12-1 所示。二皮一收式为每两皮砖的高度,收进 1/4 砖的宽度;二一间隔收式为两皮砖的高度与一皮砖的高度相间隔,交替收进,每次均收进 1/4 砖的宽度。这两种砌筑方法都可以满足砖基础的刚性角要求。

砖基础的垫层一般为 3∶7 灰土或 2∶8 灰土,其厚度是按照层数确定的:一般灰土填筑时,虚铺 220 mm,实打 150 mm,称其为"一步",三层及三层以下做两步(即300 mm),四层及四层以上建筑做三步(即 450 mm)。

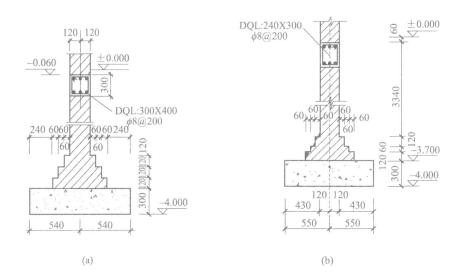

图 12-1 砖砌条形基础的大放脚

(a)等高式;(b)不等高式

12.1.2 混凝土基础

混凝土的刚性角等于 1,即放脚宽度与台阶高度相等。其基础一般有矩形、台阶形和锥形的截面形式,如图 12-2 所示。当基础的高度小于 350 mm 时,多做成矩形;若基础高度大于 350 mm,可做成台阶形,每个台阶高度为 350~400 mm;如果台阶多于三级,可做成锥形基础。

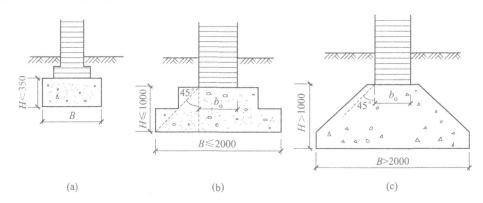

图 12-2 混凝土基础的截面形式

(a)矩形;(b)台阶形;(c)锥形

12.1.3　钢筋混凝土基础

钢筋混凝土基础一般称为柔性基础。这种基础的做法需在基础底板下均匀浇筑一层素混凝土垫层,以保证基础中的钢筋和地基之间有足够的距离。垫层一般采用 C7.5 或 C10 素混凝土,厚度 100 mm。垫层两边应伸出基础底板各 50 mm,如图 12-3 所示。

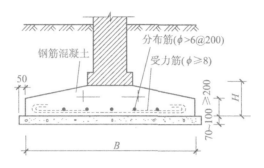

图 12-3　钢筋混凝土基础

钢筋混凝土基础相当于一个受均匀分布荷载的悬臂梁,可以采用变截面的形式,但最薄处不能小于 200 mm。基础中受力钢筋的数量应通过计算确定,钢筋直径不宜小于 8 mm,混凝土强度等级不低于 C15。基础截面一般有锥形和台阶形两种,台阶形式每步高度一般为 300～500 mm。

12.2　墙身构造设计实录

砖墙的细部构造包括钢筋混凝土过梁、窗台、门垛、圈梁、构造柱、防潮层、勒脚、散水与明沟等部分,如图 12-4 所示。

12.2.1　钢筋混凝土过梁

钢筋混凝土过梁是一种普遍应用的过梁,梁宽一般同墙厚,两端支承在墙上的长度不小于 240 mm,过梁的高度由计算确定。常用的梁高有 60 mm、120 mm、180 mm 和 240 mm。

过梁的断面形式要结合立面处理方式进行选择,有窗套或窗楣时的过梁,如图 12-5 所示。

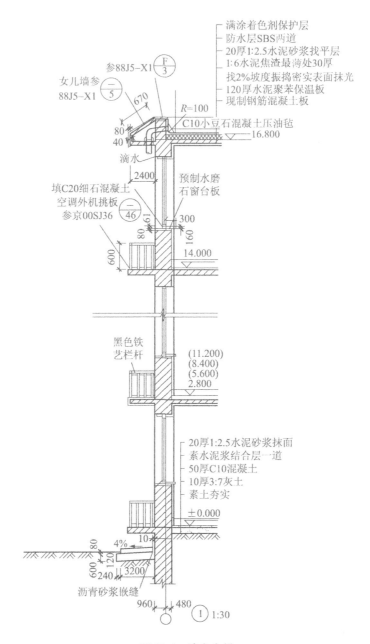

图 12-4　墙身大样

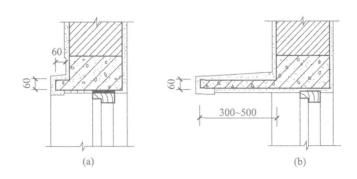

图 12-5　钢筋混凝土过梁

(a)带窗套过梁；(b)带窗楣过梁

12.2.2　窗台

窗台按位置分为内窗台和外窗台两部分,按形式又分为悬挑窗台和非悬挑窗台,有砖砌窗台、钢筋混凝土窗台等,如图 12-6 所示。外窗台应设置排水构造,防止雨水积聚在窗下并侵入墙身或向室内渗透。

外窗台表面应做一定的排水坡,悬挑窗台应做滴水槽或抹成斜面,有利于排水。内窗台一般为水平放置,可结合室内装饰做成水泥砂浆、木板或贴面砖形式。

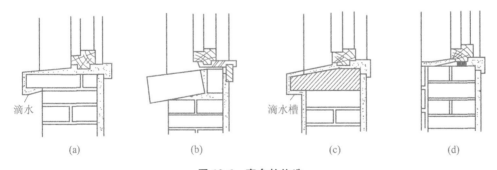

图 12-6　窗台的构造

(a)平砌挑砖窗台；(b)侧砌挑砖窗台；(c)钢筋混凝土窗台；(d)不悬挑窗台

12.2.3　门垛

门垛的宽度同墙厚,长度一般为 120 mm 或 240 mm,长度过大会影响房间的使用。

12.2.4　圈梁

钢筋混凝土圈梁截面的高度不小于 120 mm,一般为 180 mm 或 240 mm,宽同墙厚。钢筋混凝土圈梁宜设在楼板标高处,内墙圈梁一般在板下,外墙圈梁一般与楼板相平。

12.2.5 构造柱

构造柱应做成"五进五出"马牙槎,最小截面应为 240 mm×180 mm,常用截面为 240 mm×240 mm、240 mm×300 mm、240 mm×360 mm,主筋一般采用 4φ12(角柱一般采用 6φ12),箍筋间距不大于 250 mm,并注意端部加密。为加强墙与构造柱的连接,沿墙高每 500 mm 设 2φ6 拉结筋,每边伸入墙内不小于 1 m。

12.2.6 防潮层

砖墙应设置连续的水平防潮层,位置一般处于室内地面以下一皮砖处,即 −0.060 m 处,也就是在地面的混凝土垫层处;当室内相邻地面有高差或室内地面低于室外地面时,应在高差处墙身的侧面做竖向防潮层,如图 12-7 所示。

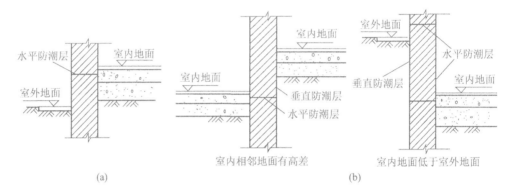

图 12-7 防潮层的位置
(a)水平防潮层;(b)垂直防潮层

12.2.7 勒脚

勒脚一般是指室内地面与室外地面之间的这段墙体。勒脚的高度一般为室内地面和室外地面的高差,也可将勒脚提高到首层窗台,或根据建筑立面要求确定。勒脚的几种做法如图 12-8 所示。

12.2.8 散水

散水的坡度为 3%～5%;散水最小宽度为 600 mm,常用宽度为 800 mm,一般应比自由落水屋面檐口多出 150～200 mm 左右,最大散水宽度为 3000 mm;散水外缘应高出室外地坪 20 mm,以利于散水;在北方地区,散水下应铺 250 mm 厚的干砂或炉渣,以防止冻胀;散水沿长度每 6～12 m 应分段,缝内灌沥青油膏或用沥青浸板。

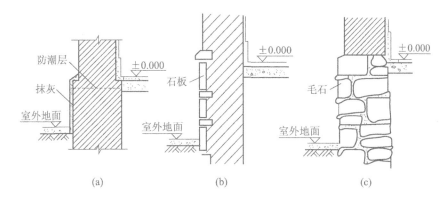

图 12-8　勒脚的做法示例
(a)表面抹灰；(b)石板贴面；(c)石砌勒脚

12.2.9　明沟

明沟是设置在外墙四周的排水沟，其作用是有组织地将地表水或屋面落水导向地下排水集井，沟底设坡度为 0.5％～1％的纵向坡。

12.3　楼板布置设计实录

楼板主要由楼面面层、楼板和顶棚等部分组成；楼板按照施工方法有现浇钢筋混凝土楼板、预制装配式钢筋混凝土楼板和装配整体式钢筋混凝土楼板。

在进行预制钢筋混凝土楼板结构布置时，应根据房间的开间和进深尺寸确定构件的支承方式，选择板规格，合理安排板的布置。楼板的结构布置应注意以下几个原则。

(1)尽量减少板的规格、类型。过多的规格与类型，会给施工带来麻烦。

(2)为减少板缝的现浇混凝土量，应优先选用宽板，窄板可作为调剂使用。

(3)板缝设为 40 mm，当板缝达到 50 mm 时需配筋。

(4)遇有上下水管线、烟道、通风道穿过楼板时，为防止空心板开洞过多，应尽量做成现浇钢筋混凝土板或局部现浇。

(5)在板的布置时，空心板应避免三边简支，即板的长边不得搁置在墙体或梁上，否则会引起板的开裂，如图 12-9 所示。

板缝处理：当板缝小于 60 mm 时，应调整板缝，但缝达到或超过 50 mm 时，应在缝内配筋；当板缝在 60～120 mm 时，应做挑砖处理；当板缝超过 120 mm，但小于 200 mm 时，应做局部现浇处理；当板缝等于或超过 300 mm 时，调整板型。

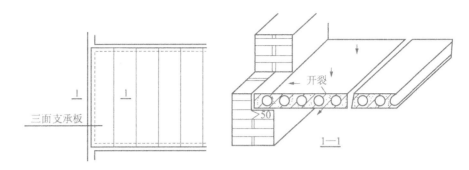

图 12-9　三面支承的板(反例)

12.4　平屋顶构造设计实录

平屋顶一般由面层、结构层、保温隔热层和顶棚等主要部分组成,还包括保护层、结合层、找平层、隔汽层等。由于地区和屋顶功能不同,屋面组成略有区别,如我国南方地区一般不设保温层,北方地区一般很少设隔热层;对上人屋顶则应设置有较好强度和整体性的屋面面层。柔性防水屋面和刚性防水屋面构造组成如图 12-10 所示。

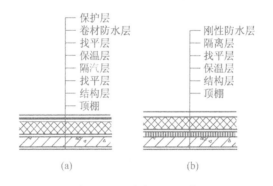

图 12-10　防水屋面组成

(a)柔性防水屋面;(b)刚性防水屋面

12.4.1　柔性防水屋面

柔性防水屋面是将柔性的防水卷材相互搭接用胶结材料粘贴在屋面基层上形成防水能力的屋面。柔性防水屋面又称卷材防水屋面,具有一定的延展性,能适应屋面和结构的温度变形。

过去我国一直将沥青油毡作为屋面的主要防水材料,这种材料造价低、防水性能较好,但是具有低温脆裂、高温流淌、须热施工、污染环境等缺点,使用寿命较短,一般只有 6～8 年。目前比较常用的屋面防水卷材有聚氯乙烯、氯丁橡胶、SBS 改性沥青卷材、APP 改性沥青卷材、三元乙丙橡胶卷材等。它们的特点是冷施工、弹性好、寿命长。

　　柔性防水屋面面层有基层、防水层、结合层和保护层等组成。

　　高分子卷材防水屋面也是一种常用的防水屋面,其构造原理和要求如图 12-11 所示。

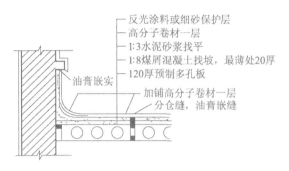

　　　　　　　　　　图 12-11　高分子卷材防水屋面构造

12.4.2　刚性防水屋面

　　刚性防水屋面是以密实性混凝土或防水砂浆等刚性材料为屋面防水层的屋面。刚性防水构造简单、施工方便、造价较低、维修方便,但是对施工技术要求较高,对结构变形敏感,易产生裂缝。

　　刚性防水屋面一般由结构层、找平层、隔离层和防水层组成,如图 12-12 所示。

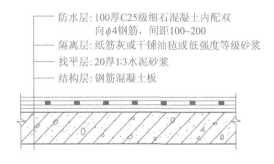

　　　　　　　　　　图 12-12　刚性防水屋面构造

12.5　楼梯构造设计实录

　　依据下列条件和要求,设计某住宅的钢筋混凝土双跑楼梯。

12.5.1　设计条件

　　该住宅为 6 层砖混结构,层高 2.8 m,楼梯间平面如图 12-13 所示。墙体均为 240 mm 砖墙,轴线居中,底层设有住宅出入口,室内外高差 450 mm。

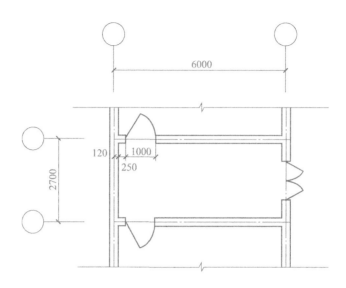

图 12-13 楼梯间平面

12.5.2　设计内容及深度要求

用一张 A2 图纸完成以下内容。

1）楼梯间底层、标准层和顶层三个平面图，比例 1：50。

（1）绘出楼梯间墙、门窗、踏步、平台及栏杆扶手等。底层平面图还应绘出室外台阶或坡道、部分散水的投影等。

（2）标注两道尺寸线。

① 开间方向。

第一道：细部尺寸，包括梯段宽、梯井宽和墙内缘至轴线尺寸。

第二道：轴线尺寸。

② 进深方向。

第一道：细部尺寸，包括梯段长度、平台深度和墙内缘至轴线尺寸。

第二道：轴线尺寸。

（3）内部标注楼层和中间平台标高、室内外地面标高，标注楼梯上、下行指示线，并注明该层楼梯的踏步数和踏步尺寸。

（4）注写图名、比例，底层平面图还应标注剖切符号。

2）楼梯间剖面图，比例 1：30。

（1）绘出梯段、平台、栏杆扶手，室内外地面、室外台阶或坡道、雨篷以及剖切到投影所见的门窗、楼梯间墙等，剖切到部分用材料图例表示。

（2）标注两道尺寸线

① 水平方向。

第一道：细部尺寸，包括梯段长度、平台宽度和墙内缘至轴线尺寸。

第二道:轴线尺寸。

② 垂直方向。

第一道:各梯段的级数及高度。

第二道:层高尺寸。

（3）标注各楼层和中间平台标高、室内外地面标高、底层平台梁底标高、栏杆扶手高度等。注写图名和比例。

3）楼梯构造节点详图(2~5 个),比例 1：10。

要求表示清楚各细部构造、标高有关尺寸和做法说明。

本 章 小 结

民用建筑构造实录包括基础、墙身、楼板、屋顶、楼梯等构造。

1. 基础是建筑物的重要组成部分,刚性基础是设计的重点。

2. 墙体是建筑中占有重要地位的建筑构件,墙体细部构造是重点。

3. 楼板是建筑物中重要的竖向分隔和水平承重构件,重点是预制板的排板。

4. 屋顶构造实录重点是剖析屋顶的防水、保温等构造。

5. 楼梯构造实录是重点解决楼梯设计问题。

【思考与练习】

一、填空题

　　1. 刚性基础包括(　　　)、(　　　)。

　　2. 刚性基础必须满足(　　　)要求。

二、绘图题

　　1. 请绘出等高式砖基础的构造图。

　　2. 请绘制你学校的墙身大样图。

　　3. 请绘制清水墙过梁构造。

三、简答题

　　1. 简述钢筋混凝土构造柱构造要点。

　　2. 板的布置原则与板缝处理方法各是什么?

附　　录

【思考与练习参考答案】

第1章　民用建筑构造概述

一、填空题

1. 基础　墙或柱　楼地层　屋顶　外墙　屋顶　内墙　楼地层

二、名词解释

1. 耐火极限是指对任一建筑构件按时间温度标准曲线进行耐火试验,从受到火的作用时起,到失去支持能力(木结构)或完全发生穿透性裂缝(钢筋混凝土结构)或背火面温度达到 220 ℃(钢结构)时止的这段时间,以小时表示。

2. 地基是指基础底面以下,受到荷载作用的那部分土体。

三、选择题

1. A

四、判断题

1. √ ;2. √ ;3. ×

第2章　基础与地下室

一、填空题

1. 压实法、换土法；

2. 端承、摩擦

二、选择题

1. B;2. C

三、名词解释

1. 地基是指支承在基础底面以下的承载的那部分土体。

2. 地耐力是指地基土单位面积所能承受的最大压力(单位为 kPa),也叫地耐力。

3. 基础埋深是指从室外设计地面到基础底面的垂直距离。

四、简答题

1. 地下室防潮方案:一是做好"两横一竖"防潮层;二是在墙外 500 mm 范围内做好 2∶8 灰土回填;三是做好散水,防止雨水渗透。

第3章　墙体构造

一、填空题

1. 承重　非承重

2. 块材　板材　板筑

3. 横平竖直　砂浆饱满　内外搭接　上下错缝

二、选择题

1. A；2. C

三、名词解释

1. 填充墙是指框架结构中，填充在柱子之间的墙体。

四、简答题

1. 勒脚指外墙与室外地坪接近的一段。常用做法有：(1)抹 20～30 mm 厚 1：2（或 1：2.5)水泥砂浆；(2)局部砖墙加厚；(3)贴面；(4)天然石材砌筑。

2. 墙身防潮层的作用就是阻断土壤中毛细水向墙体上部渗透，使墙身保持干燥。

位置在室内地坪以下一皮砖处，即 -0.060 m 处。

常用做法：(1)1：2.5 水泥砂浆；(2)防水砂浆砌三皮砖；(3)60 mm 厚细石混凝土防潮带；(4)油毡防潮层。

3. 构造柱应先绑扎钢筋，再砌墙，后浇筑。构造要点有：(1)五进五出马牙槎；(2)钢筋主筋不少于 $4\phi12$，箍筋 $\phi6@250$，端部加密；(3)沿墙高每 500 mm 设 $2\phi6$ 墙拉筋，伸入墙内的长度不小于 1000 mm。

4. 墙体装修的作用有：(1)保护墙体，提高墙体的坚固耐久性；(2)改善墙体的使用功能；(3)美化环境，提高建筑的艺术效果。

第4章　楼板层与地面

一、填空题

1. 木楼板　砖楼板　钢筋混凝土楼板

2. 现浇式　预制式

3. 短向　主梁

4. 两端设端肋

5. 墙承式梁承式

6. 三边

7. 空铺式　实铺式

8. 直接式　悬吊式

9. 凹阳台　凸阳台　半凸半凹

10. 吊筋　骨架　面层

二、选择题

1. A；2. C；3. B；4. B；5. B；6. A；7. C；8. A

三、名词解释

1. 无梁楼板是指等厚的平板直接支承在墙上或柱上。

2. 顶棚是指楼板层的最下面部分,起装饰室内空间、改善室内采光和卫生条件等作用。

3. 雨篷是指设置在建筑出入口处,起遮挡雨雪、保护外门、丰富建筑立面等作用的构件。

4. 阳台是指多层及高层建筑中人们接触室外的平台。

四、简答题

1. 特点:可节省楼板、改善劳动条件、提高生产效率、加快施工速度并利于推广建筑工业化,但楼板的整体性差。

常用板型:实心板、空心板、槽形板等。

2. 具有整体性好、刚度大、利于抗震、梁板布置灵活等特点,但其模板耗材大、施工速度慢、施工受季节限制。适用于地震区及平面形状不规则或防水要求较高的房间。

3. 一般情况下,主梁的经济跨度为 5～8 m,梁高为跨度的 1/12～1/8;梁宽为梁高的 1/3～1/2。次梁的经济跨度为主梁的间距,即 4～6 m,次梁高为其跨度的 1/18～1/12,宽度为高度的 1/3～1/2。板的跨度为次梁的间距,一般为 1.7～3 m,厚度为其跨度的 1/45～1/40,且一般不小于 60 mm。

4. 构造要点:(1)先在基层上刷冷底子油一道,热沥青二道;(2)在基层上钉小搁栅,常为 50 mm×60 mm,间距 400～500 mm;(3)在小搁栅上钉木地板,此时将钉从板侧边钉入木搁栅,板面不留钉孔,木板的端缝应互相错开。

5. 吊顶由吊筋、骨架和面板三部分组成。吊筋是连接屋面板或楼板与骨架间的承重构件;骨架是固定面板的承重骨架;面板为顶棚的装饰层。

第 5 章　屋顶构造

一、填空题

1. 平屋顶　坡屋顶　其他形式的屋顶

2. 四

3. 斜率法　百分比法　角度法

4. 材料找坡　结构找坡

5. 有组织　无组织

6. 小于 3%　大于 15%　在 3%～15% 之间

7. 200 24

8. 散料类　整体类　板块类

9. 正铺法　倒铺法

10. 250

11. 山墙承重 屋架承重 梁架承重

12. 挑檐 包檐

13. 通风隔热 实体材料隔热 反射降温 蒸发散热降温

二、选择题

1. B；2. B；3. A；4. B；5. B；6. B

三、名词解释

1. 材料找坡是指屋面板呈水平搁置，利用轻质材料垫置而构成的一种做法。

2. 结构找坡是指将屋面板倾斜搁置在下部的墙体或屋面梁及屋架上的一种做法。

3. 无组织排水是指屋面雨水直接从檐口落至室外地面的一种排水方式。

4. 有组织排水是指屋面雨水通过排水系统，有组织地排至室外地面或地下管沟的一种排水方式。

5. 刚性防水屋面是指以刚性材料作为防水层的屋面，如防水砂浆、细石混凝土、配筋细石混凝土防水屋面等。

6. 泛水是指屋面防水层与垂直于屋面的凸出物交接处的防水处理。

7. 卷材防水屋面是指以防水卷材和胶结材料分层粘贴而构成防水层的屋面。

8. 涂膜防水屋面是指用可塑性和黏结力较强的高分子防水涂料，直接涂刷在屋面基层上形成一层不透水的薄膜层以达到防水目的的一种屋面做法。

四、简答题

1. 可分为外排水和内排水两种基本形式，常用的外排水方式有女儿墙外排水、檐沟外排水、女儿墙檐沟外排水三种。

2. 一般有结构层：应采用现浇或预制装配的钢筋混凝土屋面板；找平层：在结构层上用 20 mm 厚 1∶3 水泥砂浆找平。若采用现浇钢筋混凝土屋面板或设有纸筋灰等材料时，也可不设找平层；隔离层：可用纸筋灰或低强度等级砂浆或干铺油毡；防水层：40 mm 厚 C20 细石混凝土，内配 $\phi4\sim\phi6$，间距为 $100\sim200$ mm 的双向钢筋网片。

3. 刚性防水屋面设置分格缝的目的在于防止温度变形引起防水层开裂，防止结构变形将防水层拉坏。屋面分格缝的位置应设置在温度变形允许的范围以内和结构变形敏感的部位（装配式屋面板的支承端、屋面转折处、现浇屋面板与预制屋面板的交接处、泛水与立墙交接处等部位）。

4. 可采用通风隔热屋面、实体材料隔热屋面、反射降温屋面和蒸发散热降温屋面。

5. 为了减少结构层变形及温度变化对防水层的不利影响。

6. 是防止室内水蒸气渗入保温层，使保温层受潮，降低保温效果。一般做法：是在找平层上刷冷底子油二道作为结合层，结合层上做一毡二油或两道热沥青。

7. 结构层：预制或现浇的钢筋混凝土屋面板；找坡层：1∶6 水泥炉渣或水泥膨胀蛭石；找平层：25 mm 厚 1∶2.5 水泥砂浆；结合层：稀释涂料二道；防水层：塑料油膏

或胶乳沥青粘贴玻璃丝布;保护层:蛭石粉或细砂撒面。

8. 平屋顶的保温层有正铺法和倒铺法两种。正铺法是将保温层设在结构层之上、防水层之下而形成封闭式保温层的一种屋面做法;倒铺法是将保温层设置在防水层之上,形成敞露式保温层的一种屋面做法。

9. 山墙承重:适用于开间尺寸较小的房间,如住宅、宿舍、旅馆等建筑;屋架承重:多用于要求有较大空间的建筑,如食堂、教学楼等;梁架承重:这种结构目前很少使用。

第6章　楼梯与电梯

一、填空题

1. 楼梯梯段　楼梯平台　栏杆和扶手

2. 25　45

3. 双跑式楼梯

4. 150 mm　175 mm　300 mm　250 mm　20～30 mm

5. $2h+b=600\sim620$ mm 或 $h+b=450$ mm

6. 板式楼梯　梁式楼梯　板式

7. 斜梁　梯段斜梁

8. 耐磨　便于清洁

二、判断题

1. ×;2. √

三、选择题

1. D;2. A;3. C;4. A;5. C;6. C;7. D;8. C;9. C;10. C

四、简答题

1. 钢筋混凝土楼梯按施工方式不同,分为整体式和预制装配式两类。

2. 当楼梯首层平台下做通道,可以采取以下办法来满足净空高度要求:

（1）将底层第一梯段长度增加,形成不等长梯段;

（2）楼梯段采用等长梯段,降低梯间底层的室内地面标高;

（3）利用部分室内外高差,又做成不等长梯段;

（4）底层用直跑式楼梯。

第7章　门窗构造

一、填空题

1. 平开门　弹簧门　推拉门　折叠门　转门

二、判断题

1. ×;2. ×;3. √;4. √

三、选择题

1. D

第8章　变形缝

一、填空题

1. 伸缩缝　沉降缝　防震缝

二、名词解释

1. 伸缩缝是指为适应温度变化而沿建筑物长度方向每隔一定距离或结构变化较大处设置的变形缝。

2. 沉降缝是指为了预防建筑物各部分由于不均匀沉降引起的破坏而设置的变形缝。

3. 防震缝是指在地震烈度为7～9度的地区,当建筑物体型比较复杂或建筑物各部分的结构刚度、高度以及重量相差较悬殊时,应在变形敏感部位设缝,将建筑物分割成若干规整的结构单元。

第9章　大跨度建筑抗震构造

一、填空题

1. 30

2. 轴向压力

3. 高大空间

4. 筒壳　圆顶壳　双曲扁壳　鞍形壳

5. 索网　边缘构件　下部支承结构

6. 气承式　气肋式

7. 防水涂料

8. 避雷针　避雷带

9. 环绕建筑　贯穿建筑的条形

10. 自然排烟　机械排烟

二、名词解释

1. 刚架是指横梁和柱以整体连接方式构成的一种门形结构。

2. 桁架是指由杆件组成的一种格构式结构体系。

3. 网架是指一种由很多杆件以一定规律组成的网状结构。

4. 帐篷薄膜结构是指利用骨架、网索将各种现代薄膜材料绷紧形成建筑空间的一种结构。

5. 中庭是指作为一个宏伟建筑的入口空间、中心庭院,并通常附有遮光顶盖的结构。

三、简答题

1. 桁架结构受力特点和适用范围:杆件内力为轴向力(拉力或压力),而且分布均匀,材料强度能充分利用,减少材料耗量和结构自重,使结构跨度增大。所以桁架结构是大跨度建筑常用的一种结构形式,主要用于体育馆、影剧院、展览馆、食堂、菜市场、商场等公共建筑。

2.折板结构形式:折板结构按波长数目的多少分为单波折板和多波折板;按结构跨度的数目有单跨与多跨之分;若按结构断面形式分为三角形折板和梯形折板;若依折板的构成情况,又可分为平行折板和扇形折板。

3.大跨度建筑的屋顶由承重结构、屋面基层、保温隔热层、屋面面层等组成。

4.有玻璃丝布的涂膜防水屋面构造做法:基层处理→分格缝→加强层→防水层→保护层。

5.优点:(1)轻质高强;(2)施工安装方便、速度快;(3)彩板色彩绚丽,质感强,大大增强了建筑造型的艺术效果。缺点:产品的质量有待于进一步改进;彩板屋面的造价较高。彩板屋面特别适合于大跨度建筑和高层建筑,对于减轻建筑物和屋面自重具有明显效果。

6.中庭防火分区面积应按上、下层连通的面积叠加计算,当超过一个防火分区时,应采取以下防火措施:(1)房间与中庭回廊相通的门窗应设自动关闭的乙级防火门窗;(2)与中庭相通的过厅通道,应设乙级防火门或耐火极限大于 3 h 的防火卷帘门分隔;(3)中庭每层回廊应设有自动灭火系统;(4)中庭每层回廊应设火灾自动报警设备。

第 10 章　民用建筑抗震构造

一、判断题
1.√;2.√

第 11 章　民用建筑工业化

一、填空题
1.设计标准化　施工机械化　生产工厂化　管理科学化
2.横向墙板承重　纵向墙板承重　双向墙板承重　部分梁柱承重
二、判断题
1.√

第 12 章　民用建筑构造实录

一、填空题
1.砖基础　混凝土基础
2.刚性角
二、绘图题
1.参考图 12.1(a)。
2.参考图 12.4。

3. 参考大挑口过梁。

三、简答题

1. 钢筋混凝土构造柱应砌成"五进五出"马牙槎，最小断面尺寸为 240 mm×180 mm，常用断面尺寸为 240 mm×240 mm、240 mm×300 mm、240 mm×360 mm，主筋一般采用 4φ12（角柱一般采用 6φ12），箍筋间距不大于 250 mm，并注意端部加密。为加强墙与构造柱的连接，沿墙高每 500 mm 设 2φ6 拉结筋，每边伸入墙内不小于 1 m。

2. 板的布置原则是板的类型越少越好；优先选用宽板，窄板只做调剂用；标准板缝取 40 mm；遇管道较多的部位，尽量选用局部现浇。

当板缝小于 60 mm 时，应调整板缝，但缝达到或超过 50 mm 时，应在缝内配筋；当板缝在 60～120 mm 时，应做挑砖处理；当板缝超过 120 mm，但小于 200 mm 时，应做局部现浇处理；当板缝等于或超过 300 mm 时，调整板型。

参 考 文 献

[1] 李春亭,苏川.民用建筑设计与构造[M].北京:科学出版社,2006.
[2] 郑忱.房屋建筑学[M].北京:中央广播电视大学出版社,2005.
[3] 房志勇.房屋建筑构造学[M].北京:中国建材工业出版社,2003.
[4] 赵研.房屋建筑学[M].北京:高等教育出版社,2002.
[5] 同济大学,等.房屋建筑学[M].北京:中国建筑工业出版社,1997.